北方马铃薯质量优势与鉴别
——以内蒙古为例

张福金　姚一萍◎编著

BEIFANG MALINGSHU ZHILIANG YOUSHI YU JIANBIE

——YI NEIMENGGU WEILI

中国农业出版社
农村读物出版社
北　京

摘 要

本书系统介绍了马铃薯的营养、保健价值，加工与资源利用，主粮化与保障技术，内蒙古马铃薯的膳食营养、微量成分、卫生品质、品种差异等质量信息，以及针对地域开展的马铃薯质量分级与产地识别技术的应用。本书适合食品、农产品检验技术与营养品质评价人员、科研工作者、相关管理者、企业技术人员等参考阅读。

编委会名单

前　言

Foreword

马铃薯是原产于南美洲安第斯山脉并在全球 100 多个国家和地区广泛引种的仅次于小麦、水稻和玉米的第四大粮食作物，极具营养价值、药用价值和经济价值，对人体有多种有益作用，在 2008 联合国粮食及农业组织（FAO）"国际马铃薯年"大会上被称为"地球未来的粮食"。马铃薯作为一年生茄科植物，耐寒、耐旱、耐贫瘠，适应种植范围广，产量高，具有集粮、菜、药于一身的生物特性，使其成为保障世界粮食安全的一大利器。我国于 2015 年正式启动马铃薯主粮化战略，明确提出在不影响其他三大主粮的前提下，增加马铃薯种植面积，提高马铃薯单产水平；到 2020 年，使适宜主食加工的品种种植比例将达到 30%，主食消费占马铃薯总消费量的 30%。截至 2018 年，我国主要薯类作物年种植面积超过 1.5 亿亩，占全国可用耕地面积的 8% 左右，其中马铃薯、甘薯等薯类种植面积和总产量均居世界第一位。2019 年 6 月，在北京召开的中国国际薯业博览会上，我国全面展示了从种子研发到种植加工、质量安全控制与品牌保护等多领域加大马铃薯主食化研究开发进程。马铃薯将更多作为人们日常生活的主食。内蒙古多年保持马铃薯种植面积和总产量全国前三甲，其一年一季累积产品的营养、质量和膳食供应如何值得探讨。

本书内容主要基于作者长期从事马铃薯质量与营养评价的数据分析和农业农村部农产品质量安全风险评估实验室（呼和浩特）信息识别与评价团队近年来的研究成果积累撰写，分为上下两篇。上篇四章从资源价值观角度重点介绍马铃薯的营养价值、保健价值、马铃薯的产品加工及其剩余物的资源化利用现状，从产业发展角度介绍了马铃薯的主粮化发展、量值演变，特别是北方一季作区马铃薯的生产适宜性，主栽品种、栽培技术和绿色防控等生产、保障技术。下篇五章以连续三年内蒙古自治区马铃薯生产和监控数据为基础，系统分析评价了内蒙古马铃薯的膳食营养优势、微量成分优势，重金属残留、农药残留等卫生品质特征，以及不同主栽品种的品质差异等信息，并充分挖掘和利用这些数据信息服务于生产。针对地域性产品开展马铃薯的加工质量、营养质量分级和近红外快检技术应用，以期为产品的提质增效服务；以特征性矿质元素、稳定碳氮同位素为鉴别指标，开展马铃薯产地溯源识别探索，以期为产品的标识、特色保护服务。本书力求充分、全面阐述内蒙古马铃薯的质量优势信息，进展研究分析力争语言通俗易懂，图表分析力图化繁为简，相关技术配以附录便于同行验证。

本书第一（1.1、1.2）、第四、第七、第九章（9.1、9.2）由张福金编写；第一（1.3、1.4、1.5）、第三章由王雪姣编写；第二、第五（5.3）、第六章由刘广华、范文强编写；第五（5.1、5.2）、第八、第九章（9.3、9.4）由张欣昕编写；附录由史培、狄彩霞编写；刘文完成了全书图表的清绘。全书各章前言及章节设计由张福金提出，并与姚一萍共同完成本书的最终统稿、定稿工作。本书得到了内蒙古农牧业科学院创新基金项目"内蒙古马铃薯质量优势与溯源鉴别关键技术研究"（2017CXJJ015）和内蒙古自治区财政推广项目"马铃薯品质快检与产地鉴别技术应用与推广"（2019TG03—4）的支持与资助。

限于编著者的水平，书中难免出现不足之处，敬请读者和同行专家批评指正。

编　　者

2019 年 9 月于呼和浩特

目 录

上篇　广域资源
——方兴未艾的马铃薯产业

马铃薯（*Solanum tuberosum* L.）是茄科（Solanaceae）茄属多年生块茎草本植物，与粮谷一起被归为"谷薯类"，其营养价值非常高，是我国居民膳食结构中的重要组成部分。马铃薯作为粮食、蔬菜、饲料兼具作物，其保健价值和经济价值很高，也是潜在的生物质能源作物，发展潜力巨大。随着我国马铃薯主粮化战略的提出，马铃薯生产技术、保障技术不断提高，马铃薯的种植面积和产量得到快速提升，传统的以马铃薯为原料的淀粉利用方式不断更新，各种各样的掺混马铃薯主食不断涌现，即便是低等品、残渣和废弃物都已成为可进一步开发利用的可增值资源。马铃薯产业发展方兴未艾。

第1章 | Chapter 1
马铃薯的营养功能

马铃薯最初起源于南美洲的安第斯山脉地区。16 世纪，西班牙人将其引入欧洲，随后在全世界范围内广泛栽培。目前已培育出 5 000 余个品种[1]。马铃薯具有耐贫瘠干旱、适应性强、产量高、可食用部分高等特点，其营养丰富，素有"地下苹果"和"第二面包"之美称，2008 年被联合国粮食及农业组织（FAO）确定为国际马铃薯年。为进一步提高马铃薯作为全球重要意义的粮食作物和商品形象，广泛宣传其生物和营养学特性，并促进其生产、加工、消费、销售和贸易的衔接，FAO 做了大量的工作[2]。马铃薯受国际市场的影响非常小，与其他粮食类谷物不同，其价格主要取决于当地的生产成本，因此，马铃薯作为昂贵的进口谷物替代品，越来越被视为重要的粮食安全作物。另外，因为它产量高且有很高的营养价值，是世界上仅次于小麦、水稻、玉米的第四大粮食作物，是欧美等发达国家和部分发展中国家的主要食物来源[3]。据 FAO 统计资料显示，中国现在是世界上最大的马铃薯生产国，其次是印度、俄罗斯、美国和乌克兰。中国马铃薯种植面积和产量均占世界的 1/4 左右，种植面积和产量均居世界第一，同时也是生产和消费的第一大国[4]，预计未来几年产量将持续增加。在发达国家，马铃薯为每人每天提供 540 kJ（130 kcal*）的能量，而发展中国家马铃薯仅为每人每天提供 170 kJ（42 kcal）的能量。除了可以提供能量（主要源自碳水化合物），马铃薯还含有蛋白质、膳食纤维、维生素、矿物质、类胡萝卜素等对人体健康有益的化学物质（表 1-1）。

表 1-1　每 100 g 马铃薯营养成分表

营养成分	含　量	营养成分	含　量
糖类	17.20 g	热量	76.00kcal
蛋白质	2.0 g	钾	342 mg
纤维素	0.70 g	磷	40 mg
脂肪	0.20 g	镁	23 mg
维生素 C	27 mg	钙	8 mg
烟酸	1.1 mg	钠	2.7 mg
维生素 A	5.0 mg	铁	0.8 mg
维生素 E	0.34 mg	锌	0.37 mg
硫胺素	0.08 mg	锰	0.14 mg
胡萝卜素	0.8 mg	硒	0.78 mg
胆固醇	0 mg	铜	0.12 mg

---

* cal 为非法定计量单位，1cal＝4.184J。

马铃薯对人体具有多种有益作用，被世界各国誉为"十全十美的食物"。我国也于2015年通过了关于推进马铃薯主粮化的决议，马铃薯主粮化作为一项重要的发展战略，明确提出在不影响其他三大主粮的前提下，增加马铃薯种植面积，提高马铃薯单产产量，提高马铃薯在主粮中所占的比重，使马铃薯成为我国第四大主粮。

马铃薯是全营养食品。谌珍等[5]研究添加50％马铃薯全粉的米粉，与普通米粉进行比较，结果表明，添加了50％马铃薯全粉的米粉明显提高了粗蛋白、膳食纤维、矿物质、B族维生素、多数矿物元素和多种氨基酸的含量。Xu等[6]研究了在小麦粉中添加一定比例马铃薯全粉制作面条，并对鲜湿面、干面、煮制后鲜湿面、煮制后干面4个不同状态的面条营养成分进行了比较分析。结果表明，添加了马铃薯淀粉的面条中粗蛋白、粗纤维、维生素、膳食纤维、多种矿物元素、多种氨基酸含量均有显著提高。马铃薯的营养非常丰富，与其他食物相混合可以起到营养均衡、营养改善的作用，更可以解决营养失衡的问题[7-8]，马铃薯将成为"地球未来的粮食"。

1.1 蛋白质

蛋白质是生命的物质基础，是构成细胞的基本有机物，是生命活动的主要承担者，对调节生理功能、维持正常新陈代谢起着极其重要的作用。人体内的一些生理活性物质如胺类、神经递质、多肽类激素、抗体、酶、核蛋白以及细胞膜、血液中的载体蛋白都离不开蛋白质。

马铃薯蛋白是由18种氨基酸组成的完全蛋白质，在块茎类作物中含量最高，在人体中易被吸收并且不易致敏[9]，其蛋白质含量约占2％。由于构成马铃薯蛋白质的氨基酸种类丰富，并且能与人类的需求相匹配，特别是赖氨酸、蛋氨酸、苏氨酸和色氨酸，组成成分十分合理，广大的科研工作者对马铃薯的研究投入了极大的热情。经研究表明，其人类必需氨基酸含量占到20.13％，在蔬菜类食品中处于较高水平。并且马铃薯块茎还可以提供由25％的球蛋白和40％的糖蛋白组成的贮藏蛋白，为人体提供了非常均衡的营养。

根据食物蛋白质所含氨基酸的种类和数量将食物蛋白质分为不完全蛋白质、半完全蛋白质和完全蛋白质。不完全蛋白质不能提供人体所需的全部必需氨基酸，单纯靠它们既不能促进生长发育，也不能维持生命。半完全蛋白质所含氨基酸虽然种类齐全，但其中某些氨基酸的数量不能满足人体的需要；它们可以维持生命，但不能促进生长发育；完全蛋白质是一类优质蛋白质，不但可以维持人体健康，还可以促进生长发育；完全蛋白质所含的必需氨基酸种类齐全，数量充足，比例适当。

马铃薯蛋白质可分为3种：①马铃薯糖蛋白，含量约为40％；②蛋白酶抑制剂，含量约为50％；③其他高分子蛋白，含量约为10％。马铃薯蛋白酶抑制剂可溶于较宽的pH范围，而马铃薯糖蛋白仅在pH＝4时呈现较低的溶解度[10]。其中马铃薯蛋白酶抑制剂具有抗癌、抗菌活性，同时可使人体获得高饱腹感，具有减肥效果。马铃薯蛋白含量、氨基酸组成、营养价值与马铃薯品种密切相关。

1.1.1 马铃薯糖蛋白

马铃薯糖蛋白的分子量在40～45 kDa，具有多种异构体，是存在于马铃薯块茎中的一组特异性糖蛋白，通常以二聚体形式存在[11]。马铃薯的不同品种间及同种品种内存在着糖蛋白的异构体，但此种异构体间的结构特性和热构象的稳定性不存在明显差异，由于基因家族和免疫的高度同源性，糖蛋白异型体常被作为一类蛋白[12]。具有抗氧化活性、脂酰基水解酶活性、良好的起泡性以及乳化性。

马铃薯糖蛋白可以作为红酒澄清剂替代动物蛋白，在不影响红酒色泽的前提下可降低红酒中总酚含量、单宁含量[13]，以达到改善口感的效果。马铃薯糖蛋白还具有较好的凝胶性，由于糖蛋白形成凝胶时所需离子强度更低，所形成的凝胶在外力作用时形变更小，因此糖蛋白可作为一种易于形成凝胶的蛋白应用于食品领域[14]。糖蛋白关于单酰基甘油的特异性还适用于甘油和脂肪酸的有机溶剂中生产高纯度单酰基甘油（纯度＞95％），而单酰基甘油又是最重要的乳化剂之一[15]。糖蛋白的醋酰基水解活性也使得其在工业生产中受到了广泛的应用，例如把糖蛋白用于乳脂中生产短链脂肪酸，可以提高奶酪在成熟过程中风味物质的含量[16]。

1.1.2　蛋白酶抑制剂

马铃薯蛋白酶抑制剂的种类繁多，其分子量为 $5\sim25$ kDa，具有抗癌、抗菌、增加饱腹感等功能。其蛋白种类繁多，可分为 Patain 蛋白、蛋白酶抑制剂和高分子量蛋白。Patain 蛋白是马铃薯中贮存的主要蛋白，具有抗氧化活性[17]。蛋白酶抑制剂约占马铃薯可溶性蛋白的 50％[18]，具有抑制蛋白酶的活性，可降低人体摄入蛋白的消化性，能有效调节饮食摄入，具有抗血栓活性和抗癌的作用[19]。根据蛋白组成的不同，可分为羧肽酶抑制剂、丝氨酸蛋白酶抑制剂、半胱氨酸蛋白酶抑制剂与天冬氨酸蛋白酶抑制剂等。目前已编码的马铃薯蛋白酶抑制剂的核苷酸序列已经公布的有 100 多种，过去很长一段时间，蛋白酶抑制剂作为抗营养因子被广泛研究[20]。随着研究的深入，近年来发现其具有调节饮食和抗癌的作用，并且在食品、制药等行业具有广泛的应用前景。还具有潜在的应用价值，如在抗癌、减肥、预防和治疗血栓性疾病等方面。研究表明，马铃薯蛋白酶抑制剂具有提高血浆中胆囊收缩素含量的作用。马铃薯蛋白酶抑制剂还可抵挡紫外线对人体皮肤的伤害，因此还可用于新型护肤品的研制。马铃薯蛋白酶抑制剂可以预防和治疗肛周炎。当粪便中的蛋白酶含量过高会引起肛周炎，而马铃薯蛋白酶抑制剂能有效抑制粪便中蛋白酶的活性，通过外敷马铃薯蛋白酶抑制剂可以有效预防和治疗蛋白酶引起的肛周炎[21]。此外，马铃薯羧肽酶抑制剂具有抗血栓活性[22]和抗肿瘤作用[23]。Kim 等[24]报道了 Kimitz 型丝氨酸蛋白酶抑制剂具有抗金黄色葡萄球菌、白色念珠菌、大肠杆菌、李斯特菌等人类和植物病原微生物活性的功能，因此可用于开发新型抗感染药或农药。

1.1.3　氨基酸

氨基酸是构成蛋白质的基本物质。在人体内通过代谢可以合成组织蛋白质，变成酸、激素、抗体、肌酸等含氨物质，最后转变为碳水化合物、脂肪以及氧化成二氧化碳、水和尿素，并产生能量。马铃薯蛋白的氨基酸的组成比例比较均衡，氨基酸评分为 88.0，营养价值明显比豆粕优良[25]。Galdo'n 等[26]对 10 种不同品种马铃薯的氨基酸组成进行评分，结果发现不同品种马铃薯氨基酸组成差异显著。含硫氨基酸是这些马铃薯品种的第一限制性氨基酸。Ba'rtova 等[27]比较分析了南美 5 种不同马铃薯品种的氨基酸组成、营养质量，结果发现，马铃薯糖蛋白的必需氨基酸指数［FAO/WHO 推荐的成年人必需氨基酸指数（EAA-I_{adult}）参考值］范围为 93.0%（S. phureja）～112.5%（S. goniocalyx）。马铃薯蛋白的营养价值高最重要原因是必需氨基酸含量高，如苏氨酸、赖氨酸和色氨酸[28]。

侯飞娜等人[29]比较分析了 22 种不同品种马铃薯的蛋白质并发现马铃薯全粉中必需氨基酸平均质量占总氨基酸质量的 41.92%，高于 WHO/FAO 推荐的必需氨基酸组成模式（36%），接近于鸡蛋蛋白。故将马铃薯作为主食可以弥补米饭、面条和馒头等谷物蛋白作为主食缺乏赖氨酸的缺陷。除此之外，马铃薯还含有人体不能合成且具有降低血压、降低血糖、保护心脏及解毒作用的牛磺酸。然而，马铃薯蛋白也存在着自身的缺陷，其中半胱氨酸和蛋氨酸的含量都很低，并且半胱氨酸含量低影响加工成品面条、馒头的性能。有研究报道，马铃薯蛋白中含硫氨基酸含量低的缺陷可通过分子育种技术得以解决[30]。利用马铃薯蛋白氨基酸的抗氧化抑制能力在食品生产中具有广泛的应用前景[31-32]。

1.2 脂类

脂类也称脂质，包括类脂和脂肪。脂肪是由 1 分子甘油和 3 分子脂肪酸组成的甘油三酯。虽然类脂与脂肪的化学结构不同，但理化性质非常相似。脂类是人体需要的重要营养素之一，可供给机体所需的能量，提供必需脂肪酸，是人体细胞组成的重要成分。在营养学上较重要的类脂有磷脂、胆固醇、糖脂、脂蛋白等。脂肪酸是一类由碳、氢和氧 3 种元素组成，并广泛存在于自然界中的生物活性物质，根据碳链长短的不同可以分为长链脂肪酸、中长链脂肪酸、短链脂肪酸；亦可根据是否含有碳碳双键分为饱和脂肪酸（SFA）和不饱和脂肪酸（UFA），其中不饱和脂肪酸依据碳碳双键数量还可分为单不饱和脂肪酸（MUFA）和多不饱和脂肪酸（PUFA）[33-36]。

1.2.1 脂肪酸

脂肪酸是指一端含有一个羧基的最简单的脂肪族碳氢链，贮存在脂肪细胞中，氧充足时可氧化分解为 H_2O 和 CO_2，并伴随大量能量的释放，因而脂肪酸是机体获得能量的主要来源之一。脂肪酸在人类的饮食中是最集中的食物能源。

分为饱和脂肪酸（SFA）与不饱和脂肪酸（UFA）两大类。其中不饱和脂肪酸又可分为单不饱和脂肪酸（MUFA）和多不饱和脂肪酸（PUFA）。脂肪酸按营养学角度分为非必需脂肪酸和必需脂肪酸。必需脂肪酸为人体健康和生命所必需，机体自己不能合成，必须依赖食物供应，它们都是不饱和脂肪酸，均属于 ω-3 族和 ω-6 族多不饱和脂肪酸。而非必需脂肪酸是机体可自身合成，不需要食物提供的脂肪酸，它包括饱和脂肪酸和一些单不饱和脂肪酸。目前比较肯定的必需脂肪酸有亚油酸。必需脂肪酸不仅为营养所必需，而且与儿童生长发育和成长健康有关，更有降血脂、防治冠心病等治疗作用，且与智力发育、记忆等生理功能有一定关联。

1.2.2 多不饱和脂肪酸

多不饱和脂肪酸是指含有两个或两个以上双键，并且是碳链长为 18～22 个碳原子的直链脂肪酸，是一类独特的经转化后进行代谢的前体物质[37]，是细胞和细胞膜的主要成分，在自然界中含量丰富，包括亚油酸、α-亚麻酸、γ-亚麻酸。亚油酸是多不饱和脂肪酸研究中最早被确认的必需脂肪酸，也是资源最为充分的功能性多不饱和脂肪酸。α-亚麻酸是另外一种重要的必需脂肪酸，其对于人类的健康有着极其重要的作用。α-亚麻酸是人体自身不能合成也是无法由其他营养来合成的，必须从膳食中获得。多不饱和脂肪酸为维护人体健康的一种物质，尤其与人类心脑血管等疾病密切相关[38]。

多不饱和脂肪酸具有较为突出的抗肿瘤作用，可以有效抑制癌细胞病变。由于 ω-3 系列不饱和脂肪酸可以干扰 ω-6 系列不饱和脂肪酸的生成，并且在一定程度上可以降低花生四烯酸的浓度，所以可以避免癌细胞生成[39]。癌细胞对于胆固醇需求度较高，而 ω-3 系列不饱和脂肪酸具有降低胆固醇含量的作用，因此可以在很大程度上抑制癌细胞生长[40]。除此之外，多不饱和脂肪酸对于血小板具有一定影响作用[41]，可以有效降低血脂[42]，还对视网膜和神经元组织具有特殊作用，保护幼儿视力[43]。

马铃薯中的总脂质（TL）占马铃薯块茎的 0.1%～0.5%。大多数脂质都位于块茎的果皮，因此，去皮后的马铃薯，其营养成分的含量有所减少。此外，马铃薯块茎的 TL 主要由磷脂（PL）、生物膜的结构元素乙二醇（EG）以及中性脂质（NL）如酰基甘油和游离脂肪酸组成。超过 94% 的块茎脂质是含有酯化脂肪酸的形式，包括 47.4% 的 PL、21.6% 的半乳糖脂、6.4% 的酯化甾醇糖苷、1.3% 的硫脂、2.4% 的脑苷脂和 15.4% 的甘油三酯等组成。大部分脂质和一部分三酰基甘油（TAG）与块茎膜有关[44]。

1.3　糖类

1.3.1　淀粉

淀粉是人类膳食中重要的碳水化合物。马铃薯块茎中含有大量的淀粉，生鲜马铃薯中淀粉含量为 9%～23%，马铃薯干物质中淀粉含量为 66%～80%。淀粉也是马铃薯的主要能量来源，在糊化之前属于抗性淀粉，几乎不能被人体消化吸收[45]。而糊化之后则很容易被小肠消化吸收，经过糊化后返生的马铃薯淀粉称为膳食纤维，同样不能被小肠消化吸收。

马铃薯淀粉粒径较大，呈椭圆形或圆形，粒径范围为 5～100μm，平均粒径范围为 23～30 μm，呈单峰粒度分布状。马铃薯原淀粉水分含量为 14%～18%，而其他谷物淀粉水分含量一般为 10%～12%。马铃薯淀粉中直链淀粉占比为 25%～33%。与其他谷物淀粉相比，马铃薯淀粉中脂肪和蛋白含量较低，磷含量较高（含量范围为每 100g 马铃薯淀粉含磷 36～116 mg，每 100g 马铃薯淀粉平均含磷 70mg）。与其他主要谷物淀粉相比，马铃薯淀粉颗粒的结晶度、表面积/体积比以及表面结合物均不同，未经烹饪的马铃薯原淀粉大部分为抗性淀粉（占总淀粉的 70%～80%）。

马铃薯淀粉具有很多独特性能，是其他淀粉不能代替的。与玉米、小麦等作物的淀粉相比，马铃薯淀粉具有高黏性，能调制出高稠度的糊；具有相对低的糊化温度；可获得高透明度淀粉糊[46]。马铃薯支链淀粉的含量比其他淀粉高得多（除木薯），聚合度高。高磷含量对马铃薯淀粉的吸水膨胀性、淀粉糊稳定性以及抗淀粉酶水解能力都有影响，磷以共价键和淀粉结合，形成天然磷酸基团，因此淀粉糊很少出现凝胶或退化现象，能很好地延长添加它的产品的保质期限，可用于食品等多行业作稳定剂。同时，马铃薯淀粉口味温和，无刺激，它没有玉米、小麦淀粉那样典型的谷物口味，并且蛋白残留低，淀粉颜色是纯白色，所以是食品添加剂的最佳选择。

马铃薯淀粉对人体健康的影响尚不明确。有的学者比较分析了烘焙、水煮、微波烹饪、烤箱烤制、螺杆挤出和油炸等不同加工方式对马铃薯淀粉的糊化、结晶度的影响。研究表明，油炸马铃薯中含有更多的抗性淀粉，而水煮马铃薯和马铃薯泥中可消化淀粉含量显著增加。挤出加工比传统烹饪方法加工的使马铃薯淀粉糊化度要高[47]。同时，水煮马铃薯、烤制马铃薯等随着马铃薯品种的不同，GI值（血糖生成指数）差异显著，与其淀粉结构存在差异有关。

另外，直链/支链淀粉比亦会影响马铃薯淀粉的营养特性。通常的加工条件下，线性直链淀粉分子容易发生重结晶和逆向排列，形成大量规则区域，从而抑制其在小肠中酶解、吸收。此外，加工过程中淀粉的糊化、溶胀不充分，进一步阻碍了直链淀粉与水解酶发生反应。马铃薯中直链淀粉含量受基因和生长条件的影响，存在一定差异，其含量范围为24％～32％[48]。目前，已有学者通过调控两种功能相反的淀粉分支酶异构体，使马铃薯淀粉中直链淀粉的占比增加至60％～89％，可与商用高链玉米淀粉相媲美[49]。因此马铃薯淀粉在灌肠制品、面制品中广泛被应用[50-51]。

1.3.2 膳食纤维

膳食纤维（Dietary fiber，DF）是指能在大肠内发酵，而不能被小肠消化吸收的植物性成分和碳水化合物及其类似物的总和，属多糖的一种，主要来自食物的细胞壁，包括纤维素、半纤维素、木质素、戊聚糖、果胶、树胶、低聚糖等。根据膳食纤维的溶解力，可分为不溶性膳食纤维（IDF）和可溶性膳食纤维（SDF）两大类，纤维素、半纤维素和木质素是3种常见的不溶性膳食纤维，通常把不可溶的膳食纤维叫粗纤维，主要存在于植物细胞壁中；而果胶、树胶、低聚糖等属于水溶性膳食纤维，则存在于自然界的非纤维性物质中。

膳食纤维的结构中有许多的亲水基，水合能力不但可增加焙烤食品的保水性和柔软性，还可维护胃肠道健康。膳食纤维结构表面具有活性基团，对于苯并芘、亚硝酸盐、葡萄糖、丙烯酰胺等物质都有吸附作用，因此可以减少胃癌发病率、控制血糖升高、保护小肠细胞免受损害。膳食纤维结构表面还有羟基、羧基、氨基等基团，使得膳食纤维具有类似弱酸性阳离子交换树脂的作用，从而使对消化道的酸碱度、渗透压及氧化还原电位等，为消化创造一个更缓冲的环境。膳食纤维还可经过微生物发酵后可产生短链脂肪酸，可以改变大肠环境的酸碱度，从而使对人体有益的好氧细菌大量繁殖，对人体肠道有害的厌氧菌被抑制，起到调节肠道菌群的作用。因此，近些年膳食纤维备受关注，在营养学界，被称为"绿色清道夫"。

关于马铃薯中的膳食纤维，人们最先想到的是马铃薯加工剩余的残渣。马铃薯残渣富含膳食纤维，干马铃薯渣（Dried potato residue，DPR）中膳食纤维质量约占总质量的50％，约为水稻、小麦的10倍。因为膳食纤维含量丰富，所以食用马铃薯有利于清理肠道，促进排便。从而及时将有害物质排出体外，对痔疮、大肠癌等具有良好的预防作用[52]。医学研究证明，马铃薯对调节消化不良有特效。马铃薯中含有的大量优质纤维素，可促进肠道蠕动，保持肠道水分，有预防便秘和肠道疾病的作用[53]。经常便秘的人可将约150g马铃薯带皮蒸熟后剥皮即食，能有效缓解便秘。

我国营养学会2000年提出：成年人膳食纤维的适宜摄入量为每天30g左右。但据测算，我国人均每日的实际摄入量仅为14克，摄入量严重不足，且摄入量随食品精加工水平的提高呈逐步下降趋势。澳大利亚有关机构指出，人均日摄入膳食纤维 25g，可明显减少冠心病发病率和死亡率。但食用膳食纤维过量也会对健康产生很大危害。大量补充纤维，可能导致低血糖、蛋白质的消化吸收率降低、糖分和脂类吸收的延缓，同时也在一定程度上阻碍了钙、铁、锌等元素的吸收，还可能使糖尿病患者的胃肠道"不堪重负"，出现不同程度的胃轻瘫。因此，补充膳食纤维应该做到食物多样，谷类为主，粗细搭配。

1.3.3 果胶多糖

多糖（Polysaccharide）是由至少超过 10 个以上的单糖以糖苷键结合组成的聚合糖高分子碳水化合物，可用通式（$C_6H_{10}O_5$）$_n$ 表示。果胶是由不同的单糖组成的多糖，一般无甜味，无变旋现象和还原性。可水解，往往产生一系列的中间产物，最终完全水解得到单糖。果胶多糖的分子结构非常复杂，一般以半乳糖醛酸含量除以岩藻糖、鼠李糖、阿拉伯糖、半乳糖以及木糖的和可以看做是果胶分子中的直链部分含量，鼠李糖与半乳糖醛酸比值可以看做是果胶链中毛发区的长度，阿拉伯糖与甘露糖含量之和与鼠李糖之比则可表示支链的多少，甘露糖与木糖比值可看做甘露糖在半纤维素中的含量。据研究，马铃薯细胞壁由多种多糖组成，其中约有 30％纤维素，56％果胶多糖和 11％木葡聚糖。

马铃薯果胶质是植物细胞壁的主要成分之一。在加热过程中纤维素和半纤维素的稳定性不变而果胶会分解并且溶解。果胶分子间通过疏水作用力、盐桥以及氢键等一系列连接方式维系其稳定性，同时果胶与微纤丝黏合，以维持组织的机械特性。果胶通过多样结合的形式表现出不同的黏结性，因此可按照不同的提取剂按顺序不断地从细胞壁多糖中提取出不同黏结特性的果胶多糖。廖原等[54]用柠檬酸抽提马铃薯渣为原料，通过超滤浓缩和喷雾干燥提取果胶产品，仅需 60min，果胶产率接近 20％，表明在适宜的提取条件和工艺下，薯渣是一种良好的果胶提取原料。

果胶一直是人类食品的天然成分，由于具有良好的胶凝性和乳化性，在食品工业中用处广泛，也是重要的保健品生产原料。果胶对维持血液中正常的胆固醇含量具有非常好的效果，果胶对较多的实验对象和在较宽的实验条件下都有助于降低血液中胆固醇含量，每天至少摄入 6g 果胶，才具有显著降低胆固醇的效果，摄入量少于 6g/d 则降低胆固醇效果不明显[55]。果胶可作为天然物质防止有毒阳离子中毒，如能有效地去除肠胃和呼吸道中的铅和汞。由于果胶具有强吸水能力，食用后会产生饱腹感，从而降低了食品的消耗。据报道，果胶与其他胶相结合被广泛用于治疗腹泻疾病，特别是婴幼儿的腹泻疾病；果胶、氢氧化铝和氧化镁的混合物对于治疗胃溃疡和十二指肠溃疡的效果也很显著。

1.4 矿物质

矿质元素是作物生长发育过程中的重要养分来源，作物体内多种酶或辅助酶的组成以及叶绿素和蛋白质的合成均离不开矿质元素的调控。作物生长发育离不开吸收积累营养性矿质元素，同时，提供营养元素也是作物服务人类的选择要求。

据调查，全世界普遍存在营养元素缺乏现象，全球约有 20 亿人缺乏微量营养素，由此导致 1.51 亿五岁以下儿童发育不良[56]。造成大面积铁、锌缺乏的主要原因在于以粮食作物为主的饮食结构中提供能量消耗部分过于单一，其能量和蛋白质的摄入来源存在营养元素不均衡现象，进而导致因缺乏营养元素而遭受疾病困扰的人数随着粮食作物种植面积的增加而增加[3]。马铃薯块茎中矿质元素的含量差异较大，矿质元素在不同品种中的含量也不尽相同，但其参与并促进同化产物的合成、转运和分配，其含量的多少也是品质评价的重要指标之一。作为食物来源，马铃薯营养元素的提供能力十分必要。

1.4.1 钾

钾是人体所需的常量元素，在人体内起到维持碳水化合物、蛋白质的正常代谢和细胞内的正常渗透压的作用[57]。钾在人体内是细胞、骨骼和牙齿保持健康的关键元素。钾也是心脏、肾脏、肌肉、神经和消化系统功能所需的最佳元素。因此每日钾的摄入量直接关系着人体的健康。钾的足够摄取对健康的好处包括：降低低钾血症、高血压、骨质疏松、肾结石、中风和哮喘的风险，摄入高钾低钠，可减少中风的风险[58]。钾缺失会出现手足麻木、心律失常、肌肉无力、麻木、易怒、恶心、呕吐、腹泻、低血压、诱发心肌梗死等病症，全世界有10％的人因缺钾而引起疾病。就矿物含量而言，马铃薯是饮食钾的重要来源[59]，平均含量2 800 mg/kg。马铃薯以富钾的营养粮食身份、低廉的价格、舒适的口感、多样的烹调方式进入了万千家庭的餐桌。

1.4.2 磷

磷是存在于马铃薯块茎中的重要矿物质元素，对人体的生命活动起到重要作用。磷是生物体细胞中的脱氧核糖核酸、核糖核酸的构成元素之一，在生物体的遗传代谢、能量供应、生长发育等方面不可缺少。磷也是生物体所有细胞的必需元素，是维持细胞膜的完整性、发挥细胞机能所必需的，是构成骨骼和牙齿的必要物质。磷的摄入不足会导致低血磷，从而引起贫血、肌无力、食欲缺乏、四肢极度发麻疼痛、骨痛、骨软化佝偻病、行走困难等。磷还参与糖类和脂肪的新陈代谢，若摄取不足，也会导致食物中的蛋白质和脂肪无法转化成能量供人体使用，从而使身体虚弱，影响肾脏功能的正常运作。磷属于酸性元素，还能调节人体的酸碱平衡，但是若摄入过多的磷，也会造成体质酸化，影响身体健康。马铃薯块茎中磷的含量按干基计算为1.3～6.0mg/g[59-60]，人体磷的每日需求量为800～1 000 mg。

1.4.3 钙

钙是人体的"生命元素"，在成人体内总量超过1kg。人体钙的99％沉积于骨骼和牙齿中，以促进其生长发育，并维持其形态与硬度；1%存在于血液和软组织细胞中，发挥调节生理功能的作用。从骨骼形成、心脏跳动、肌肉收缩、神经以及大脑的思维活动，直至人体的生长发育、消除疲劳、健脑益智和延缓衰老等，可以说生命的一切运动都离不开钙。马铃薯是钙的重要来源。研究报道，马铃薯中钙的含量高达1.30 mg/g（干基）和455 mg/kg（湿基）[61]。每天摄入钙量足够，才能维持人体正常的新陈代谢，增强身体对生活环境的适应力。钙能增强人的耐力，使人精力充沛。体内钙充足，将有效预防脑出血、癌症和心脏病的发生，有利于健康长寿。钙对骨骼和牙齿的结构、血液凝固和神经传递十分重要。钙缺乏与骨骼畸形和血压异常息息相关。当体内钙缺乏时，蛋白质、脂肪及碳水化合物不能被充分利用，可导致营养不良、厌食、便秘、发育迟缓、免疫功能下降。

1.4.4 铁

铁是人体中的微量元素，也是人体必需的微量元素中含量最多的一种，人体每天需从食物中摄取约 1mg 的铁，以维持正常的新陈代谢。铁缺乏会严重影响人类的健康，因缺乏铁元素而遭受疾病困扰的人数大概有 30 亿[56,62]，被世界卫生组织称为世界上最普遍的健康问题。铁和蛋白质组成血红素，而血红素又是红细胞的主要成分。血液细胞中 99% 是血红细胞。铁还参与细胞色素合成、体内气体交换、组织呼吸、脂类从血液中转运及药物在肝脏中解毒的过程。催化 β-胡萝卜素转化为维生素 A，催化胶原和嘌呤的合成，产生催化抗体，提高了各种杀菌酶、吞噬细胞的活性，提高免疫力。由于严重缺铁，每年有 6 万多妇女死于怀孕和分娩，且将近有 5 亿的孕龄妇女身患贫血症。膳食铁的需求取决于许多因素，例如年龄、性别及饮食搭配。马铃薯是铁元素的理想来源，据报道，一些安地山脉的马铃薯的铁含量比谷物中的高，马铃薯的铁元素是完全具有生物利用度的，因为它具有非常低的植酸，这一点与谷物不同。

1.4.5 镁

镁是人体必需的微量元素，在人体细胞内，是第二重要的阳离子，主要存在于线粒体中，含量仅次于钾，在细胞外液中含量仅次于钠和钙位居第三位。镁是体内多种细胞基本生化反应的必需物质[63]。主要存在于骨、齿、软组织中。镁还具有多种特殊的生理功能，是许多酶反应的辅助因子，能够激活体内多种酶，尤其是以核苷酸为辅助因子或底物的酶。镁能维持核酸结构的稳定性、参与体内核酸和蛋白质的合成、促进肌肉收缩和调节体温恒定，镁还能抑制神经异常兴奋、调控细胞的周期、维持细胞和线粒体结构的完整及物质与浆膜的结合，镁是影响钾、钙、钠离子细胞内外移动的"通道"，并有维持生物膜电位的作用。

镁普遍存在于食物中，主要存在于绿叶植物中，粮谷类植物中含量偏低，但是马铃薯中镁的含量相对较高。营养素之间存在一定的关联性，例如镁与钙、磷，钾与钠，β-胡萝卜素与维生素 A 等[64]。如果其中一种摄入过多或过少，其他营养素就会受到影响，从而引发健康问题。近年来越来越多的广大消费者增加了对马铃薯的喜爱，通过制备具有改变糊化特性的钙和镁强化的马铃薯淀粉[65]，不仅仅是可以提供大量的膳食纤维，更重要的还可提供含量和比例适宜的矿物质元素，更容易被人体吸收利用。

1.4.6 锌

作为人类和动物生命活动必不可少的微量元素锌（Zn），是蛋白质、核糖和多种酶的组成部分，同时也参与人体内组织呼吸，并与蛋白质、脂肪、糖和核酸等合成息息相关[66]。锌是机体的生长发育、组织再生必不可少的元素，如若锌元素缺乏，会导致碳酸酐酶（CA）的活性下降甚至丧失，身体发育迟缓、损伤神经系统、减弱智力和认知能力、贫血症等[67]。据有关人士统计，受锌元素缺乏困扰的人数占发展中国家人口的 33%。

马铃薯是不同膳食矿物质的重要来源，已被证实可提供钾的推荐每日膳食供给量（RDA）的 18%，铁、磷、镁的 6%，钙和锌的 2%。常吃马铃薯有助于预防因摄入过多钠盐而导致的高血压。还有报道认为，平均每天吃一个马铃薯，可使患中风的几率下降 40%；此外，它还有防治神经性脱发的作用，用新鲜马铃薯片反复涂擦脱发的部位，对促进头发再生有一定效果。马铃薯带皮煮熟后，其大多数的矿物质含量依旧很高，专家建议带皮烘烤马铃薯是一个很好的保留矿物质的烹饪方法[68]。

1.4.7 硒

马铃薯中含有丰富的硒元素，其天然含量为每 100g 马铃薯含硒 0.7～0.9 mg。硒是人和动物的抗氧化酶，是人类必需的微量元素之一，在体内起到一个平衡的氧化还原作用，可以提高免疫力。我国研究硒是从克山病开始的，一些有价值的实验证明，硒与人类的许多疾病有密切的关系[63]。硒可以维持正常免疫功能，保护细胞膜和细胞、心血管和心肌的健康、促进机体的生长和繁殖，同时也能够降低心血管病的发病率、缓解心绞痛、提高精力及工作效率；硒具有保护视力和健全视觉器官的功能，糖尿病人的失明可通过补硒、维生素 C、维生素 E 而得到缓解；适量的硒可抑制多种化学致癌物引起肝癌、皮肤癌和淋巴肉瘤等的发生和发展。前列腺癌、卵巢癌、乳腺癌、结肠癌、直肠癌、泌尿系统肿瘤和白血病等疾病，均与环境中缺硒有关。硒可降低黄曲霉毒素的毒性，还具有排除体内重金属的毒性作用[66]。由于硒和重金属有很强的亲和力，可作为一种天然的对抗重金属的解毒剂。硒在体内与金属结合，形成复合物，从而使金属得到解毒和排泄。

1.5 维生素

马铃薯是所有粮食作物中维生素含量最全面的，其含量相当于胡萝卜的 2 倍、大白菜的 3 倍、番茄的 4 倍，B 族维生素更是苹果的 4 倍[7]。特别是马铃薯中含有禾谷类粮食所没有的维生素 C 和胡萝卜素，其中所含的维生素 C 是苹果的 10 倍，且加热不会影响其含量。有营养学家做过试验：0.25 kg 的新鲜马铃薯便可满足 1 个人 24 h 所需要的维生素[66,69]。

1.5.1 维生素 C

马铃薯中维生素 C 含量丰富，每 100g 马铃薯约含维生素 C 27 mg，正是小麦所缺乏的。维生素 C 对人体正常代谢而言必不可少。维生素 C 对众多的酶而言是一种辅助因子，用作电子提供体，对植物的活性氧解毒可以起到重要作用。缺乏维生素 C 最典型的疾病是坏血病，在严重的情况下还会出现牙齿脱落、肝斑、出血等症状[62]。生活在现代社会的上班族，最容易受到抑郁、焦躁、灰心丧气、不安等负面情绪的困扰，而马铃薯可帮助解决这些困扰[8]。食物可以影响人的情绪，因为食物中含有的矿物质和营养元素能作用于人体，从而改善精神状态。做事虎头蛇尾的人，大多是由于体内缺乏维生素 A 和维生素 C 或摄取酸性食物过多，而马铃薯可有效补充维生素 A 和维生素 C，也可在提供营养的前提下，代替由于过多食用肉类而引起的食物酸碱度失衡。因此，多吃马铃薯可以使人宽心释怀，保持好心情。因此，马铃薯被称为吃出好心情的"宽心金蛋"[70]。但是，维生素 C 在 70℃以上温度时就会受到破坏，所以在烹调加工马铃薯时不宜长时间高温加工处理。

1.5.2 维生素 B_1

维生素 B_1 是一种水溶性维生素，由嘧啶环和噻唑环结合而成的一种 B 族维生素，又称硫胺素氯或抗神经炎素。呈白色结晶或结晶性粉末状，有微弱的臭味、味苦。广泛存在于蔬菜、肉类和粮谷类中，尤其在粮谷类的表皮部分含量更高。维生素 B_1 可以预防婴儿脚气病，是人体内多种辅酶的组成成分，可以参与碳水化合物代谢，特别是糖代谢所必需的物质，当人体的能量主要来源于糖类时，需要最多的是维生素 B_1[71]。其还能维护神经系统、消化系统和循环系统的正常功能。当维生素 B_1 缺乏时会出现情绪低落、忧郁、急躁、沮丧、淡漠、手脚麻木、肠胃不适、脚气病、食欲差、恶心和心电图异常。对于长期以米面为主食的人来说，要适当补充维生素 B_1，对大量饮茶叶的人来说，也会导致维生素 B_1 的缺乏，所以这类人群也要适当的补充维生素 B_1。马铃薯作为一种廉价又美味的食品，成为餐桌上必不可少的食物，可以为日常饮食提供充足的营养物质，也能与其他食物相互补充以达到人体所需营养物质的一个平衡。

1.5.3　维生素 B_6

维生素 B_6 可参与到更多的机体功能中去，也是许多酶的辅助因子，特别是在蛋白质代谢中发挥重要作用，也是叶酸代谢的辅助因子。维生素 B_6 具有抗癌活性[72]，也是很强的抗氧化剂，并在免疫系统和神经系统中参与血红蛋白的合成，以及脂质和糖代谢。维生素 B_6 缺乏可能导致的后果包括贫血、免疫功能受损、抑郁、精神错乱和皮炎等[73]。提起抗衰老的食物，人们很容易会想到人参、燕窝、蜂王浆等高档珍贵食品，而很少想到像马铃薯这样的"大众货"。其实，马铃薯是非常好的抗衰老食品。马铃薯中含有丰富的维生素和大量的优质纤维素，而这些成分在人体的抗老防病过程中有着重要的作用[74]。

1.5.4　叶酸

叶酸也称维生素 B_9，是一种水溶性的维生素。叶酸缺乏与神经管缺陷（如脊柱裂、无脑畸形）、巨幼细胞贫血、心脑血管疾病和一些癌症的风险增加息息相关[70]。不幸的是，叶酸摄入量在全世界大多数人口中仍然不足，甚至是在发达国家[75]。因此，迫切需要在主食中增加叶酸的含量并提高生物利用度[76]。众所周知，马铃薯在饮食中是一个很重要的叶酸来源。在芬兰，马铃薯是饮食中叶酸的最佳来源，提供量占总叶酸摄入量的 10% 以上[77-78]，Hatzis 等[74]在希腊人口中检测血清中的叶酸状况与食品消费之间的关联，研究表明，增加马铃薯的消费量与降低血清叶酸风险相关。

1.5.5　维生素 E

维生素 E（Vitamin E）是一种脂溶性维生素，又名生育酚。为浅黄色无嗅无味的油状物，不溶于水，易溶于油脂，耐热、耐酸碱，极易被氧化，是一种极好的抗氧化剂。1938年卡勒等人人工合成了 α-生育酚。α-生育酚可促进性激素分泌，使女子雌性激素浓度提高，男子精子数量和活力提高，从而提高生育能力，还可以预防流产。维生素 E 对人体具有极其重要的作用，可以延缓细胞因氧化而造成的衰老，可以保护机体细胞免受自由基的毒害，改善脂质代谢，也可有效抑制肿瘤生长，对慢性疾病、溶血性贫血起到预防的作用，并起到软化血管，改善血液循环，预防高血压。近年来还发现维生素 E 通过抗氧化作用起到减缓疾病发展的作用，对严重缺乏维生素 E 的人群进行营养相关的预防性的干预措施可以降低帕金森病发生概率[79]。维生素 E 可抑制眼睛晶状体内的过氧化脂反应，改善血液循环，使末梢血管扩张，预防近视眼的发展[80]。由于动物体内不能合成维生素 E，所需的维生素 E

必须从食物中摄取，研究发现多色马铃薯中含有丰富的维生素 E[81]，每 100 g 干基薯中含有人体不能自身合成的维生素 E 0.1～0.6 mg，每天摄入一定量的马铃薯不但可以满足人体营养物质的需求，还可以起到预防疾病的作用。

【参考文献】

[1] LUTALADIO N, CASTALDI L. Potato：the hidden treasure [J]. Journal of Food Composition and A-nalysis，2009，22（6）：491-493.

[2] (FAO) 联合国粮食与农业组织. 粮食和农业数据：农作物生产标准化数据 E [R/OL]. (2017-10-14) [2019-06-11]. http：//www. fao. org/faostat/zh/#home，2019.

[3] Camire M. E.，Kubow S.，Donnelly D. J.，et al. Potatoes and human health [J]. Critical Reviews in Food Science and Nutri-tion，2009，49（10）：823-840.

[4] 刘洋，高明杰，罗其友，等. 世界马铃薯消费基本态势及特点 [J]. 世界农业，2014（5）：119-124.

[5] 谌珍，胡宏海，崔桂友，等. 马铃薯米粉营养成分分析及食用品质评价 [J]. 食品工业，2016，37（10）：55-60.

[6] Xu F.，Hu H.，Dai X.，et al. Nutritional compositions of various potatonoodles：comparative analysis [J]. Int J Agric & Biol Eng，2017，10（1）：218-225.

[7] Burlingame G.，Mouillé B.，Charrondière R.，Nutrients，bioactiven on-nutrients and anti-nutrients in potatoes [J]. Journal of Food Composition and Analysis，2009，22：494-502.

[8] Leo L.，Leone A.，Longo C.，et al. Antioxidant compounds and antioxidant activity in "early potatoes" [J]. Journal of Agri cultural and Food Chemistry，2008，56：4154-4163.

[9] Friedman M.，Chemistry，biochemistry and dietary role of potato polyphenols：A review [J]. Journal of Agriculturaland Food Chemistry，1997，45，1523-1540.

[10] Amanda W.，Salwa K.，Inteaz A.，Potato protein isolates：recovery and characterization of their properties [J]. Food Chemistry，2014，142（1）：373-382.

[11] Pots A. M.，Gruppen H.，Hessing M.，et al. Isolation and characterization of patatin isoforms [J]. Journal of Agricultural and Food Chemistry，1999，47（47）：4587-4592.

[12] Park W. D.，Blackwood C.，Mignery G. A.，et al. Analysis of the heterogeneity of the 40000 molecu-lar weight tuber glycopro-tein of potatoes by immunological methods and by NH（2）-terminal sequence analysis [J]. Plant Physiology，1983，71（1）：156-160.

[13] 张笃芹，木泰华，孙红男. 马铃薯块茎特异蛋白 Patatin 的研究进展 [J]. 中国农业科学，2016，49（9）：1746-1756.

[14] Creusot N.，Wierenga P. A.，Laus M. C.，et al. Rheological properties of patatin gels compared with lactoglobulin，ovalbu-min and glycinin [J]. Journal of the Science of Food and Agriculture，2011，91（2）：253-261.

[15] 陈义欢. 马铃薯：被误解的"营养价值之王"[J]. 农经，2015（9）：37.

[16] Spelbrink R. E. J.，Lensing H.，Egmond M. R.，et al. Potato patatin generates short-chain fatty acids from milk fat that con-tribute to flavour development in cheese ripening [J]. Applied Biochemistry and Biotechnology，2015，176（1）：1-13.

[17] Pots A M，Gruppen H，et al. The effect of storage of whole potatoes of three cultivars on the patatin and protease inhibitor concent；a study using capillary electrophoresis and MALDI-TOF mass spectrome-try [J]. Journal of the Science of Food and Agriculture，1999，79（12）：1557-1564.

[18] Pouvreau L，Gruppen H，Piersma S R，et al. Relative abundance and inhibitory distribution of protease inhibitors in potato juicefrom cv. Elkana［J］. Journal of Agricultural and Food Chemistry，2001，49 （6）：2864－2874.

[19] Wang X，Smith P L，Hsu M-Y，et al. Murine model of ferric chloride induced vena cava thrombosis：evidence for effect of potato carboxypeptidase inhibitor［J］. Journal of Thrombosis and Haemostasis，2006，4（2）：403－410.

[20] Kennedy A. R.，Chemopreventive agents：protease inhibitors［J］. Pharmacology and Therapeutics，1998，78（3）：167－209.

[21] Embden R. V.，Lieshout L M. C. V.，Smits S. A.，et al. Potato tuber proteins efficiently inhibit human faecal proteolytic activity：implications for treatment of peri-anal dermatitis［J］. European Journal of Clinical Investigation，2004，34（4）：303－311.

[22] Wang X.，Smith P. L.，Hsu M. Y.，et al. Murine model of ferric chloride-induced vena cava thrombosis：evidence for effect of potato carboxypeptidase inhibitor［J］. Journal of Thrombosis and Haemostasis，2006，4（2）：403－410.

[23] Blanco-Aparicio C.，Molina M. A.，Fernandez-Salas E.，et al. Potato carboxypeptidase inhibitor，a T-knot protein，is an epidermal growth factor antagonist that inhibits tumor cell growth［J］. Journal of Biological Chemistry，1998，273（20）：12370－12377.

[24] Kim M. H.，Park S. C.，Kim J. Y.，et al. Purification and characterization of a heat-stable serine protease inhibitor from the tu-bers of new potato variety "Golden Valley"［J］. Biochemical and Biophysical Research Communications，2006，346（3）：681－686.

[25] 谢庆华，吴毅歆. 马铃薯品种营养成分分析测定［J］. 云南师范大学学报，2002，22（2）：50－52.

[26] Galdo′N B.，Mesa D.，Rodri′Guez E.，et al. Amino acidcontent in traditional potato cultivars from the Canary Islands［J］. Journal of Food Composition and Analysis，2010，23（2）：148－153.

[27] Ba′Rtova V.，Ba′Rta J.，Brabcova′A.，et al. Amino acidcomposition and nutritional value of four cultivated South Americanpotato species［J］. Journal of Food Coposition and Analysis，2015，40：78－85.

[28] 张泽生，刘素稳，郭宝芹，等. 马铃薯蛋白质的营养评价［J］. 食品科技，2007（11）：219－221.

[29] 侯飞娜，木泰华，孙红男，等. 不同品种马铃薯全粉蛋白质营养品质评价［J］. 食品科技，2015，40（03）：49－56.

[30] Goo Y. M.，Kim T. W.，Lee M. K.，et al. Accumulation of PrLeg，a perilla legumin protein in potato tuber results in enhanced level of sulphur-containing amino acids［J］. Comptes Rendus Biologies，2013，336（9）：433－439.

[31] Wang L. L.，Xiong Y. L.，Inhibition of lipid oxidation in cooked beef patties by hydrolyzed potato protein is related toits reducing and radical scavenging ability［J］. Journal of Agricultural and Food Chemistry，2005，53（23）：9186－9192.

[32] Cheng Y.，Xiong Y. L.，Chen J. Antioxidant and emulsifying properties of potato protein hydrolysate in soybean oil-in-water emulsions［J］. Food Chemistry，2010，120：101－108.

[33] Gary D，Howard V. D. Comparison of Fatty Acid and Polar Lipid Contents of Tubers from Two Potato Species［J］J. Agric. Food Chem，2004（52）：6306－6314.

[34] 楼乔明，杨文鸽，徐大伦，等. 多支链饱和脂肪酸质谱特征及其在海洋动物中的含量分析［J］. 核农学报，2013，27（3）：334－339.

[35] 柳泽深，姜悦，等. 花生四烯酸、二十二碳六烯酸和二十碳五烯酸在炎症中的作用概述［J］. 食品安全质量检测学报，2016（10）：3190－3199.

［36］肖良俊，张雨，吴涛，等 . 云南紫仁核桃脂肪酸含量及营养评价［J］. 检测分析，2014，39（4）：
94－97.

［37］段叶辉，李凤娜，李丽立，等 . n－6/n－3多不饱和脂肪酸比例对机体生理功能的调节［J］. 天然产
物研究与开发，2014，479（4）：626－631.

［38］舒奕，臧佳辰，郭艾，等 . ω－3多不饱和脂肪酸分离纯化以及生理功能研究进展［J］. 食品研究与
开发，2014，35（14）：115－119.

［39］郑征 . n－3多不饱和脂肪酸饮食对小鼠肥胖的影响及 fat－1转基因小鼠打靶载体的构建［D］. 青岛：
青岛大学，2010.

［40］李金玉 . 利用气相色谱—质谱联用技术测定燕麦中脂肪酸的组成［J］. 食品与机械，2011，27（3）：
82－83.

［41］龙伶俐，薛雅琳，张东，等 . 油茶籽油主要特征成分的研究分析［J］. 中国油脂，2012，37
（4）：78－81.

［42］马力 . 油茶籽的综合开发利用［J］. 中国食品添加剂，2007（3）：126－129.

［43］张雯婷 . OMEGA－3多不饱和脂肪酸在新生大鼠脑缺血缺氧损伤中的作用及机制研究［D］. 上海：
复旦大学，2010.

［44］Galliard T. Lipids of potato tubers 1. Lipid and fattyacid composition of tubers from different varieties of
potato［J］. J. Sci. Food Agric. 1973，24：617－622.

［45］曾凡逵，许丹，刘刚 . 马铃薯营养综述［J］. 中国马铃薯，2015，29（4）：233－243.

［46］谭秀环，李长乐，史海慧，等 . 论马铃薯淀粉特征及应用现状［J］. 粮食问题研究，2018
（05）：25－28.

［47］Liu Q.，Tarn R.，Lynch D.，et al. Physicochemical properties of drymatter and starch from potatoes
grown in Canada［J］. Food Chemistry，2007，105（3）：897－907.

［48］Schwall G.，Safford R.，Westcott R.，et al. Production ofvery-high-amylose potato starch by inhibi-
tion of SBE A and B［J］. Nature Biotechnology，2000，18（5）：551－554.

［49］Qin Yang，Zhang Hui，Dai Yangyong，et al. Effect of Alkali Treatment on Structure and Properties of
High Amylose Corn Starch Film. Materials，2019，12（10），1705.

［50］Kawaljit S. S.，Maninder K. M.，Studies on noodle quality of potato and rice starches and their blends
in relation to their physicochemical，pasting and gel textural properties［J］. LWT-Food Science and
Technology，2010，43：1289－1293.

［51］贲宁 . 鸡肉火腿的加工［J］. 肉类工业，2005，293（9）：8.

［52］师俊玲 . 新型保健食品：土豆面包的研制［J］. 食品科技，2002（9）：18－20.

［53］吕巨智，染和，姜建初 . 马铃薯的营养成分及保健价值［J］. 中国食物与营养，2009（3）：51－52

［54］廖原，刘刚，邵士俊，等 . 马铃薯渣提取果胶的工艺条件研究 . 安徽农业科学［J］. 2011，39（35）：
21770－21771，21796.

［55］Ghosh-J. S.，Downs S.，Singh A.，et al. Innovative matrix for applying a food systems approach for
developing interventions to address nutrient deficiencies in indigenous communities in India：a study pro-
tocol. BMC public health. 2019（19）：944.

［56］蔡为荣，孙元琳，汤坚 . 果胶多糖结构与降血脂研究进展［J］. 食品科学，2010，5
（31）：307－311.

［57］木土钟，谢长芳，徐芳，等 . 饮用天然矿泉水开发利用技术［M］. 北京：人民出版社，2003.

［58］Theodoratou E.，Farrington S. M.，Tenesa A.，et al. Dietary vitamin B6 intake and the risk of color-
ectal cancer［J］. Cancerepidemiology biomarkers and prevention，2008，17（1）：171－182.

［59］黄艳岚，张超凡，张道微，等 . 马铃薯氮磷钾效应试验分析初报［J］. 中国农学通报，2018，

27，39-44.

[60] 田世龙，李守强，葛霞，等．氮、磷、钾肥配比对马铃薯'新大坪'产量、品质及其耐贮性的影响
[J]．中国马铃薯．2018，32（3）：155-164.

[61] Tiwari P.，Joshi A.，Varghese E.，et al. Process standardization and storability of calcium fortified
potato chips through vacuum impregnation [J]．J Food Sci. Technol.，2018，55（08）：3221-3231.

[62] Welch R. M.，Graham R. D. Breeding for micronutrients in staple food crops from a human nutrition
perspective [J]．Journal of Experimetal Botany，2004，55：353-364.

[63] 孙远明，余群力．食品营养学 [M]．北京：中国农业大学出版社，2002：73-78.

[64] Mineo H.，Ohmi S.，Ishida K.，et al. Ingestion of potato starch containing high levels of esterified
phosphorus reduces calcium and magnesium absorption and their femoral retention in rats [J]．Nutr
Res，2009，29（9）：648-655.

[65] Noda T.，Takigawa S.，Matsuura-Endo C.，et al. Preparation of calcium-and magnesium-fortified po-
tato starches with altered pasting properties [J]．Molecules，2014，19（9）：14556-14566.

[66] 佚名．营养之王——马铃薯 [J]．农业工程技术：农产品加工业，2012（8）：63.

[67] Hotz C.，Brown K. H.，Assessment of the risk of zinc deficiency in populations and options forits con-
trol [J]．Food and Nutrtion Bulletin，2004，25：94-204.

[68] Tambasco-Studart M.，Titiz O.，Raschle T.，et al. Vitamin B6 biosynthesis in higher plants [J]．
Proceedings of the NationalAcademy of Sciences of the United States of America，2005，102（38）：
13687-13692.

[69] 曾凡逵，许丹，刘刚．马铃薯营养综述 [J]．中国马铃薯，2015，29（4）：233-243.

[70] 刘洪进．鲜为人知的马铃薯四大功效 [J]．甘肃农业，2015（15）：58.

[71] Saḡre NurAkçaHafsa，SenaSargin，Ömer FarukMizrak，MustafaYaman. Determination and assessment
of the bioaccessibility of vitamins B1，B2，and B3 in commercially available cereal-based baby
foods. 2019，（150）：104192.

[72] Theodoratou E.，Farrington S. M.，Tenesa A.，et al. Dietary vitamin B6 intake and the risk of color-
ectal cancer [J]．Cancer epidemiology biomarkers and prevention，2008，17（1）：171-182.

[73] Spinneker A.，Sola R.，Lemmen V.，et al. Vitamin B_6 status，deficiency and its consequences-an o-
verview [J]．Nutricion Hospitalaria，2007，22（1）：7-24.

[74] Hatzis C. M.，Bertsias G. K.，Linardakis M.，et al. Dietary and other lifestyle correlates of serum fo-
late concentrations in a healthy adult population in Crete，Greece：a cross-sectional study [J]．Nutri-
tion Journal，2005，5（1）：1-10.

[75] Finglas P. M.，De M. K.，Molloy A.，et al. Research goals for folate and related B vitamin in Europe
[J]．European Journal of Clinical Nutrition，2006，60（2）：287-294.

[76] Scott J.，Rebeille F.，Fletcher J. Folic acid and folates：the feasibility for nutritional enhancement in
plant foods [J]．Journal of the Science of Food and Agriculture，2000，80（7）：795-824.

[77] Vahteristo L.，Lehikoinen K.，Ollilainen V.，et al. Application of an HPLC assay for the determina-
tion of folate derivatives in some vegetables，fruits and berries consumed in Finland [J]．Food Chemis-
try，1997，59（4）：589-597.

[78] Alfthan G.，Laurinen M. S.，Valsta L. M.，et al. Folate intake，plasma folate and homocysteine sta-
tus in a random Finnish population [J]．European Journal of Clinical Nutrition，2003，57
（1）：81-88.

[79] 贾曰旺，曹安，田佳伟，等．维生素C、E对帕金森病营养干预效果研究进展 [J]．全科口腔医学杂
志，2019，6（18）：25-28.

［80］田军，吕勇，陈鹏．口服叶黄素蓝莓葡萄籽维生素 E 联合中药外敷及按摩延缓青少年近视眼进展的临床观察［J］．中华眼科医学杂志，2017（5）：228 - 233．

［81］李葵花，高玉亮，玄春吉等．不同马铃薯品种抗氧化物质含量及抗氧化活性比较［J］．吉林农业大学学报，2014，36（1）：56 - 60．

第 2 章 | Chapter 2
马铃薯的保健价值

马铃薯富含许多生物活性物质：多酚、多胺、黄酮类、类胡萝卜素，拥有极高的保健价值（表 2-1）。比如：彩色马铃薯中富含的多酚类、类黄酮物质是天然的抗氧化剂，具有减肥、降血糖、降血脂、防止血管硬化等保健功能。Luceri 等研究发现通过膳食摄入人体的对香豆酸（多酚类）可抑制二磷酸腺苷（ADP）诱导的血小板凝结，且不影响血液凝固[1]。Suzuki 和 Murata 等分别通过大鼠实验证明酚酸具有增强内皮细胞血管舒张的功能和预防高血压作用[2-3]。Corrales 等用紫薯中的花青素（黄酮类）提取液治疗患糖尿病大鼠，结果显示实验组大鼠中肝脏脂肪变性明显减弱，血清中谷草转氨酶和谷丙转氨酶活性均比模型组有所下降，说明花青素在一定程度上能修复肝损伤[4]。

表 2-1 马铃薯中常见的生物活性成分及分子式

种　类	主要物质	分子式
酚酸类	绿原酸	$C_{16}H_{18}O_9$
	原儿茶酸	$(HO)_2C_6H_3COOH$
	咖啡酸	$C_{17}H_{16}O_4$
花色苷（花青素）	矢车菊素	$C_{15}H_{11}O_6$
	牵牛花素	$C_{15}H_{11}O_6$
	矮牵牛花素	$C_{22}H_{23}O_{12}$
类胡萝卜素	α/β-胡萝卜素	$C_{40}H_{56}$
	叶黄素	$C_{40}H_{56}O_2$
	玉米黄素	$C_{40}H_{56}O_2$
生物碱	$\alpha/\beta/\gamma$-茄碱	$C_{45}H_{73}O_{16}N$
	$\alpha/\beta/\gamma$-卡茄碱	$C_{45}H_{73}NO_{14}$
多糖	抗性淀粉	$(C_6H_{10}O_5)_n$
	果胶	$C_5H_{10}O_5$
	纤维素	$(C_6H_{10}O_5)_n$

马铃薯"性平味甘无毒，能健脾和胃，益气调中，缓急止痛，通利大便。对脾胃虚弱、消化不良、肠胃不和、脘腹作痛、大便不畅的患者效果显著"。传统的中医理论逐渐被现代研究所证明，马铃薯对调节消化不良有特效，含有的抗性淀粉可以促进肠道蠕动，保持肠道水分[5]，有预防便秘和肠道疾病的作用。同时马铃薯中的茄碱有消炎、抑制微生物生长的功能[6]，食用马铃薯对于慢性胃病患者具有很好的恢复作用，对于胃炎及十二指肠溃疡有一定

治疗作用[7]。因此，经常便秘的人，晚餐将150g左右的马铃薯带皮蒸熟后，剥除表皮食用会有效解除便秘烦恼。

事实上，马铃薯已广泛用于食品、医药、卫生领域，在预防肠胃疾病、抗衰老、抗氧化、降低胆固醇、防止动脉硬化、补气养血、健脑益智、保护视力等方面发挥着良好的保健食品作用。

2.1 抗性淀粉

抗性淀粉（RS）又称抗酶解淀粉或难消化淀粉[1]，是不能被健康人体小肠消化吸收的淀粉及其降解物的总称。不能为人体提供葡萄糖，但能在大肠中被生理性细胞发酵分解，产生短链脂肪酸（SCFAs）和气体，属膳食纤维中的一种，是一种具有良好生理功能和食品加工特性的原料。

2.1.1 抗性淀粉的特性

抗性淀粉根据其来源和抗酶解性的不同可分为5类[8]：物理包埋淀粉、抗性淀粉颗粒、回生淀粉、化学改性淀粉、直链淀粉—脂肪复合淀粉。其中，回生淀粉具有良好的热稳定性和安全简便的制备方法，受到广泛关注和应用。抗性淀粉颗粒可从直链玉米淀粉中获得，成本低，属于天然来源，同样是一类适合商业化应用的抗性淀粉。抗性淀粉颗粒仍保持天然淀粉的结构，因细胞壁的屏障作用或蛋白质的隔离作用难以与酶接触，发生抗酶解现象，不易被消化。但在加工或咀嚼后，屏障或隔离作用容易消失而变成可消化淀粉。粉碎、碾磨及咀嚼等物理处理可降低其含量（图2-1）。

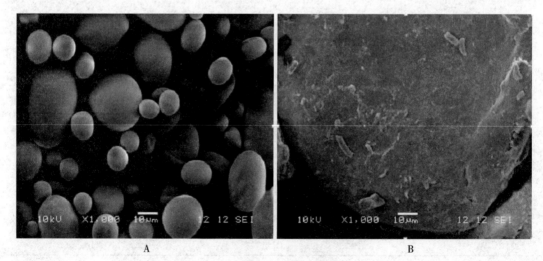

图2-1　淀粉颗粒扫描电子显微镜图
A. 马铃薯原淀粉　B. 马铃薯抗性淀粉

物理性包埋淀粉（Physically trapped starch，RS1），由包埋在食物基质中的淀粉形成。抗性淀粉颗粒（Resistant starch granules，RS2）通常指具有天然致密结构和部分结晶结构的淀粉，具有抗消化性，主要存在于生的马铃薯、香蕉和高直链玉米淀粉中，而RS2的抗性会随加工、糊化等过程的进行而消失。回生淀粉（Retrograded starch，RS3）指变性淀粉或老化淀粉，是糊化后的淀粉在冷却或储存过程中部分重结晶产生的凝沉聚合物，存在于冷面包、炸土豆片和玉米片等产品中。RS3 主要成分是回生的直链淀粉、支链淀粉和少量脂类，这类淀粉即使经加热、油炸等方法处理，也能保持其抗消化性。由于良好的稳定性和安全性，RS3 作为食品添加剂被广泛地应用，具有良好的商业价值。化学改性淀粉（Chemically modified starch，RS4）是由基因改造或化学方法引起的淀粉分子结构变化，如羧甲基淀粉、交联淀粉等。此类抗性淀粉也具有较好的稳定性。

直链淀粉—脂肪复合淀粉（Amylose-lipid complexed starch，RS5）指一种以高直链淀粉为原料制备的淀粉，其需要更高的糊化温度，且更易于回生。淀粉—脂肪复合物的结构与数量取决于它的植物来源，淀粉—脂肪颗粒在烹调过程中耐膨胀，耐膨胀性可控制淀粉酶的进入，减少淀粉水解。Frohberg 和 Quanz 将 RS5 定义为一种含有水溶性的、线型的聚 α-1，4-D-葡聚糖的多糖，而且聚 α-1，4-D-葡聚糖被发现能促进 SCFAs，特别是丁酸盐的形成[9]。

2.1.2　抗性淀粉的保健功效

2.1.2.1　降低血糖的功能

糖尿病是一类代谢性疾病，以高血糖为特征，高血糖的长期存在，会导致各种组织的慢性损害，甚至功能障碍。国内外大量研究表明，抗性淀粉可增加胰岛素敏感性，明显降低空腹和餐后血糖含量，降糖机制是通过抗性淀粉维持胰高血糖素样肽-1（GLP-1）和多肽 YY（PYY）的分泌。特别是对于非胰岛素依赖型病人，经摄食高抗性淀粉食物，可延缓餐后血糖上升，可有效控制糖尿病病情。Brubaker 等研究发现，抗性淀粉对糖代谢的影响是通过维持体内高浓度的 GLP-1 和 PYY 的分泌从而达到治疗糖尿病和肥胖的效果，肠道在餐后分泌的 GLP-1 和 PYY，具有葡萄糖浓度依赖性降糖作用，而 GLP-1 和 PYY 在分泌后或注射后都会在短时间内降解[10-11]。Zhou 等研究了抗性淀粉对小鼠体内 GLP-1 和 PYY 分泌的影响发现其摄入能在一天的时间内持续刺激 GLP-1 和 PYY 的分泌[12]；同时在肠道后段被微生物发酵并释放出 SCFAs，用抗性淀粉喂食的糖尿病小鼠可提高自身对葡萄糖的耐受性。Bodinham 等对 17 位患糖尿病病人的研究表明，增加抗性淀粉的摄入量能显著降低餐后血糖浓度，促进上臂肌肉对血糖的吸收[13]。

2.1.2.2　对脂代谢的影响

抗性淀粉是一种新型膳食纤维，而膳食纤维降解胆固醇的功效已被证实，抗性淀粉同样被证实具有降胆固醇的特殊保健功效。有研究认为，膳食纤维降解胆固醇的能力与在大肠内产生的 SCFAs 有关。Liu 等给小鼠喂食不同膳食纤维含量（主要为抗性淀粉）的玉米淀粉 21 天后发现，小鼠血浆总胆固醇浓度随膳食纤维含量增加而降低，而盲肠中的 SCFAs、小肠中的胆汁酸、粪便中的中性固醇呈对数性增长[14]。同时小鼠的体重随膳食纤维含量的增加而下降，而排粪量和粪便胆汁酸的排泄呈线性增长。Britto 等人用豚鼠进行的喂养试验，结果表明抗性淀粉降低胆固醇的作用主要表现为低密度脂蛋白（LDL）的降低，LDL 颗粒中主要是甘油三酯的数量减少[15]。Dedckere 等人用不同含量抗性淀粉的饮食饲喂动物后发现，高含量抗性淀粉的饮食可显著降低血中总胆固醇值与三羧酸甘油酯[16]。Nichenametla 等以代谢综合征患者为研究对象，以抗性淀粉代替其日常饮食 30% 的普通淀粉发现，抗性淀粉的摄入使高密度脂蛋白胆固醇降低 10％以上，非高密度脂蛋白胆固醇降低 5％以上，因此抗性淀粉在降低胆固醇和预防心血管疾病方面有重要用途[17]。

2.1.2.3　对体重控制的影响

热量摄入过量会引起肥胖，因此降低热量的摄取能有效地控制体重。有研究表明，抗性淀粉能够减少热量供给，因为抗性淀粉本身几乎不含热量，可以降低膳食摄入能量密度；同时抗性淀粉可增加机体饱腹感，同样减少热量摄取。越来越多的动物试验结果表明，以抗性淀粉代替快速消化淀粉能有效减少动物体重。Aziz 等研究发现，给肥胖小鼠喂食高含量抗性淀粉的饲料时体重最多可减少 40％[18]，Belobrajdic 等研究表明，给小鼠分别喂食含量为 4％、8％、16％的抗性淀粉饲料，当抗性淀粉含量超过 8％时，小鼠的体重相对于对照组减轻，每增加 4％抗性淀粉含量每天可减少 9.8kJ 的热量摄入[19]，基于抗性淀粉几乎不含热量，当将其替换快速消化淀粉后可降低膳食的能量密度。Rolls 等研究表明，降低膳食能量密度可增加饱腹感和控制体重增加[20]，Willis 等为志愿者分别提供低纤维的松饼或高抗性淀粉含量的松饼作为早餐时发现，高抗性淀粉的松饼可激发饱腹感并延长其消化时间[21]。Bodinham 等给成年男性摄入 48g 抗性淀粉时，发现抗性淀粉的摄入对其食欲无影响，但是接下来的 24 h 中食物摄入可减少约 1 300 kJ[22]。

2.1.2.4　作为益生元和抗癌的功效

除具备降血糖、影响脂代谢、控制体重等功效外，抗性淀粉还具备益生元潜在性能；目前已知的益生元主要包括多糖、低聚果糖及其他抗性低聚糖等。益生元最基本的结构单元为碳水化合物，通过减少有害菌种，同时刺激健康菌种增殖或其产生的有益物质达到益生效果。Gibson 等称抗性淀粉作为一种膳食碳水化合物，能通过小肠进入大肠，并在大肠中发酵产生对寄主健康有益的 SCFAs 和其他产物[23]。Bird 等研究认为抗性淀粉具有促进双歧杆菌、乳杆菌显著增殖的作用[24]，Chang 等同样认为，高直链玉米淀粉（以抗性淀粉为主）可降低肠道 pH，促进肠道双歧杆菌增殖[25]。曾绍校等研究发现，莲子淀粉对双歧杆菌增殖效应显著，其推测作用与其能形成高含量的抗性淀粉有关[26]。谷豪等为比较抗性淀粉与桃胶多糖、低聚果糖对正常大鼠肠道益生菌生长的影响，分别设置了对照组、桃胶多糖组、抗性淀粉组和低聚果糖组，每日以 5 g /kg 的抗性淀粉与桃胶多糖、低聚果糖等量连续灌胃，20d 后检测大鼠体质量和肠道益生菌的生长变化。结果表明，抗性淀粉同桃胶多糖和低聚果糖一样，具有益生菌样作用，可通过改善肠道内菌群状况[27]。

众所周知，膳食纤维在改善直肠癌病变方面具有积极作用。当前越来越多的研究发现，抗性淀粉在预防直肠癌和肠道炎症疾病上具有潜在的功效。Le Leu 等以氧化偶氮甲烷（Azoxymethane）诱导结肠癌的大鼠为研究对象，开展了系列抗性淀粉对直肠癌的功效研究，结果表明喂食抗性淀粉对直肠癌有明显的防治作用，同时 RS 在肠道中的发酵产物主要是 SCFAs（丁酸、丙酸、乙酸等），降低粪便 pH，减少有害的蛋白质发酵产物，促进上皮细胞凋亡和毒素的分解和排出，从而预防结肠癌的发生[28-30]。Ridlon 等研究发现，抗性淀粉自身不被小肠吸收，但可被肠内细菌发酵利用产生丙酸、丁酸等短链脂肪酸，通过降低 pH 而减少有害物质的发酵，因此抗性淀粉能有助于稀释致癌的有毒物[31]。

2.1.3　抗性淀粉的应用前景

随着市场对功能性食品的需求量逐年增加，食品加工业一直在寻找适合添加到食品中的物质，特别是膳食纤维，以提高其保健价值。抗性淀粉是一种新型膳食纤维，在改善血脂和血糖水平、控制体重、促进肠道健康等方面发挥了有益的作用，成为国内外的研究热点。许多研究表明，抗性淀粉具有良好的加工特性，其颗粒小、白色、无不良气味、稳定性好、持水性低等。因此，抗性淀粉作为膳食纤维强化剂和益生元等被广泛地应用在包括烘焙食品、油炸食品和乳制品等中。天然抗性淀粉广泛存在于淀粉作物中，但是含量低，且易在加工过程中被破坏，通过制备工艺的完善，可以显著提升淀粉原料中抗性淀粉的含量。制备抗性淀粉，一方面可以提升普通淀粉的经济价值，另一方面在食品中添加适量的抗性淀粉，可以提升食品的保健价值和经济效益。通过加工工艺的改良，例如循环蒸煮冷却技术，也可提升淀粉食品中的抗性淀粉含量，从而提升其保健价值。

在饼干中的应用。以 RS2、RS3 为添加剂制作松饼，并对松饼的结构、色泽和顾客满意度进行了对比。结果表明：两种 RS 均使松饼的结构更蓬松，但 RS3 的蓬松度更高。与对照组相比，添加了 RS2 的松饼色泽更浅，而添加了 RS3 的则没有区别。两款松饼的顾客满意度均优于对照组。

在饮料中应用。抗性淀粉在饮料中具有独特性能，且在大部分液体食品应用中都不会影响感官指标。由于抗性淀粉具有较好的黏度稳定性、很好的流变特性及低持水性，在液体、固体饮料中可以作为食品增稠剂使用。由于它可加工成很细的粒度，添加到饮料中后，只要充分分散，则不会形成沉淀，也不会有砂粒感。现在已经有一些配合抗性淀粉使用的稳定剂。

2.2 黄酮类花青素

花青素（$C_{15}H_{11}O_6$，分子量：287.2437），是一种天然水溶性色素，又称为花色素，是目前世界上发现最强效的自由基清除剂，广泛存在于自然界的高等植物中，属于黄酮类化合物[32]。已有研究表明，酚酸和类黄酮是彩色马铃薯中主要的多酚类物质。其中黄酮类主要包括花青素和黄酮醇（如芦丁和槲皮素）。不同品种彩色马铃薯的花青素含量差异很大，范围在248.5～2 257.8 mg/kg。花青素的基本结构包含二个苯环，并由一3碳的单位联结（图 2-2）。花青素的合成可由苯基丙酸路径和类黄酮合成途径在许多酶调控催化完成。

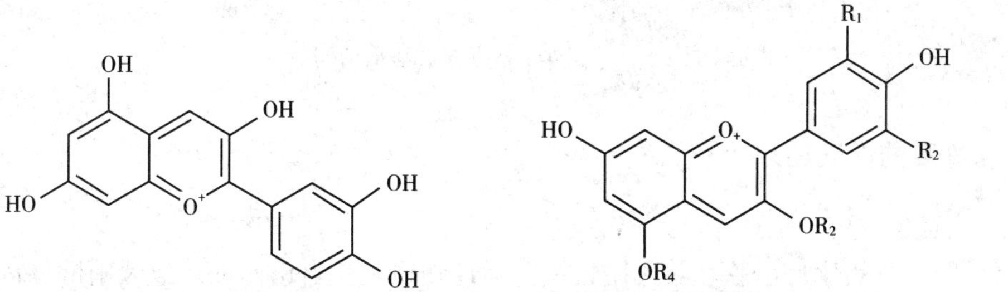

R_1和R_2为–H、–OH或–OCH$_3$，R_3为–糖基或–H，R_4为–H或–糖基

图 2-2 花青素基本结构

2.2.1 常见的花青素

花青素是植物组织的主要成色物质，花青素成分的差异决定了植物组织颜色的不同，常

见种类包括：天竺葵素（Pelargonidin）、矢车菊素（Cyanidin）、飞燕草素（Delphinidin）、芍药花素（Peonidin）、矮牵牛素（Petunidin）以及锦葵素（Malvidin）。有研究表明，天竺葵素表现为砖红色，矢车菊素和芍药素则表现为紫红色，而飞燕草素、矮牵牛素和锦葵素则呈现蓝紫色[33]。不同品种和不同生长期或成熟期的马铃薯花青素含量也不相同，每100g新鲜马铃薯中含量在20～600 mg[34-35]（图2-3）。

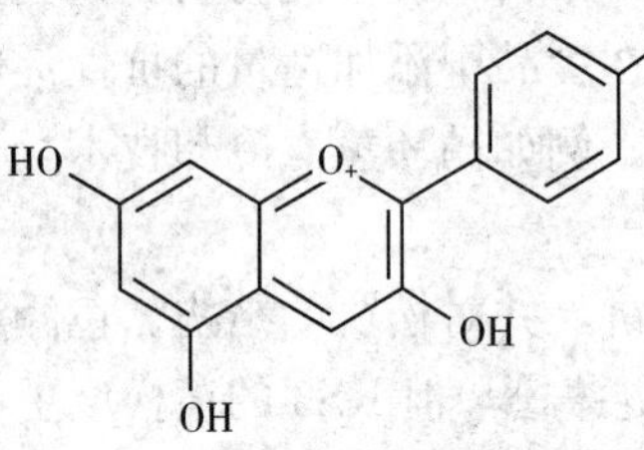

天竺葵色素

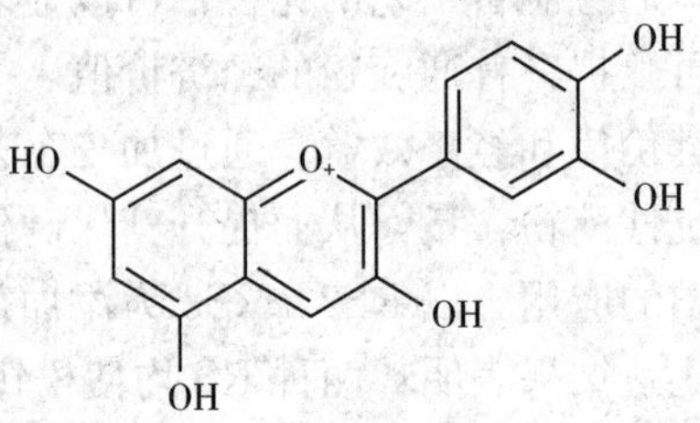

矢车菊色素

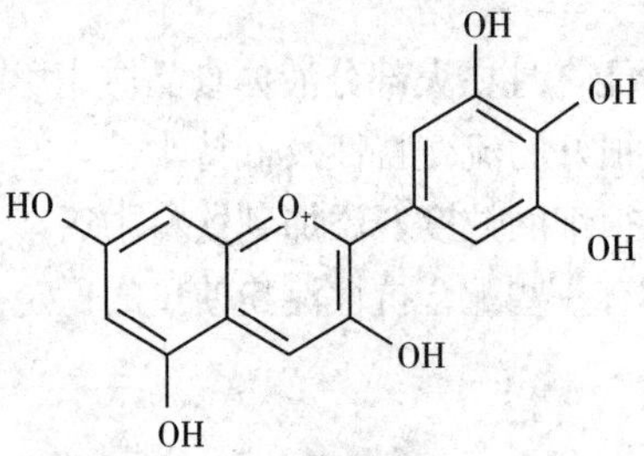

飞燕草色素

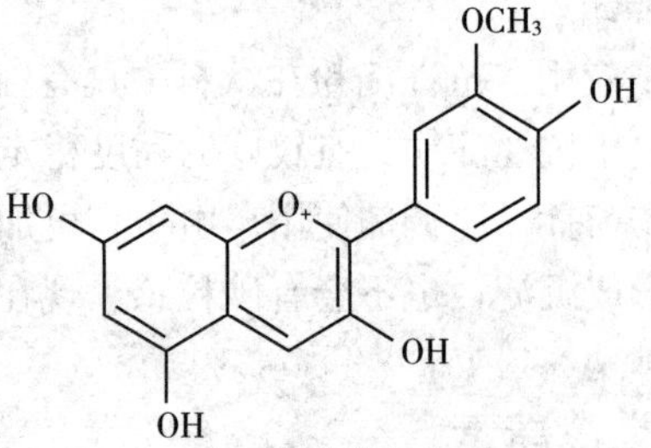

芍药色素

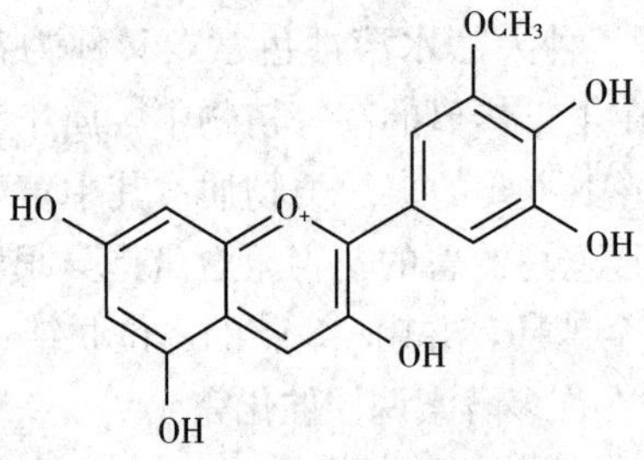

牵牛花色素

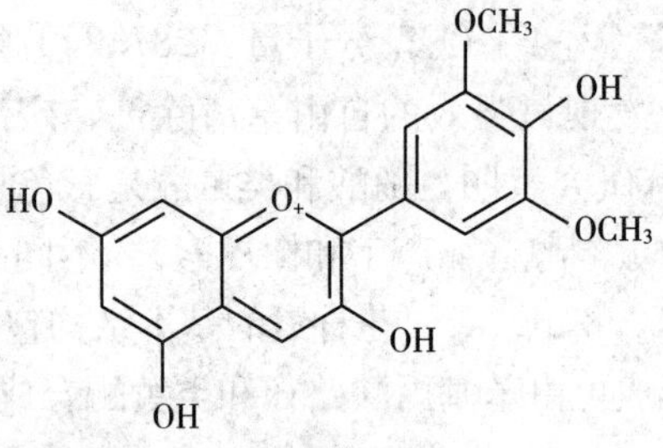

锦葵色素

图2-3　不同种类花青素基本结构

2.2.2　花青素的保健功效

2.2.2.1　抗氧化作用

抗氧化即指抗氧化自由基，其作用机制为活性物质阻止自由基的形成或清除体内自由基的残留，花青素是目前知晓的最为有效的天然自由基清除剂，其清除自由基的能力明显强于维生素C和维生素E等活性物质。花青素主要通过以下途径减少机体内自由基的产生：一是与机体内某些特定的金属离子螯合来阻止羟基自由基的产生；二是由于其具有很好的生物利用度，易与胶原蛋白作用形成保护屏障，隔离组织与外界自由基的接触；三是抑制脂质过氧化反应，如丙二醛的生成。同时，研究还发现花青素抑制丙二醛的能力明显强于白藜芦醇和抗坏血酸两种天然抗氧化剂[36]，Ogawa等对各种莓类产品中花青素的抗氧化能力进行比较评价，发现红莓中花青素清除自由基的能力最强，而紫甘薯中花青素种类丰富，陈伟平等给患高脂症的 SD 雄性大鼠饲喂甘薯，结果显示饲喂甘薯能够显著降低高脂大鼠中脂肪含量，同时还能减弱肝脏的氧化应激，这一点基于花青素的抗氧化能力[37-38]。从化学结构上看，花青素含有多个羟基，而决定其抗氧化能力强弱的关键部位是邻位的羟基，一旦该部位被酰基化或甲基化时，就会影响其抗氧化能力，花青素抗氧化能力除受邻位羟基结构影响外，还受环境影响。例如：Yoshinaga 等给将紫薯中经酰基化的花青素作用于大鼠后，可显著提高其抗氧化能力。当花青素所处环境发生变化时，其抗氧化能力会受到影响[39]。日本学者 Tamura 等研究了马斯喀特贝利葡萄中花青素的抗氧化能力，发现在 pH 为 7.4 条件下其抗氧活性最强[40]。临床医学上报道称许多重大疾病如癌症、心血管疾病、艾滋病、非典型病原体肺炎等都伴有自由基的参与[41]，花青素具有强大的清除自由基的能力，在该类疾病防控方面具有广泛前景。

2.2.2.2 改善肝功能损伤作用

研究发现，花青素对肝损伤具有较好的理疗性能和修复功效。Corrales 等将其用于治疗患糖尿病的大鼠发现，大鼠血清中谷草转氨酶和谷丙转氨酶活性均有所下降，肝脏脂肪变性明显减弱，而这两种酶水平的高低可以间接反映机体中肝受损的程度[42]。闫倩倚等研究发现从紫薯中提取花青素对小鼠急性乙醇性肝损伤具有较好的保护作用[43]。Taylor 等从信号通路方面解释了花青素保护肝的作用，机制为花青素通过激活 Akt 和 ERK1 /2 /Nrf2 信号通路，清除机体内过多的活性氧，并调节抗氧化酶中的血红素氧化酶活性，最终达到护肝效果。除紫甘薯外，林清华等还报道了蓝莓中花青素对由四氯化碳诱导的小鼠急性肝损伤同样具有保护作用[44]。

2.2.2.3 抗癌潜能

癌症是人类健康的"第二"大杀手，抗癌技术是当今世界亟须突破的课题，当前癌症的治疗方法主要依靠手术和物理化学方法，而物理化学治疗偶尔会使患者出现不适甚至伴随不良反应的出现。因此，天然、高效、无副反应抗癌药物的研发成为重要研究课题。大量研究证实花青素具有抗癌作用，对食道癌、结肠癌、皮肤癌、肺癌有预防和治疗的功效。曹东旭等研究发现紫薯中的花青素能抑制宫颈癌细胞和肝癌 HepG（2）细胞增殖[45]；Seeram 等研究发现蔓越橘汁中花青素对结肠癌细胞的增殖扩散具有较好的抑制效果[46]；Somasagara 等报道了草莓中的花青素能够抑制癌细胞增殖、转移，最终引发乳腺癌细胞凋亡，对乳腺癌的防治具有一定作用[47]。

而当前有关花青素抗癌作用的研究尚处于初级阶段，但因其独特的生物活性值得关注和探索，有关花青素抗癌的作用机制推测如下：一是基因调控，即在转录时，通过调节癌细胞的基因表达和信号传播途径，使其向凋亡进化；二是，减少其高通表达量，即通过破坏表皮生长因子受体与癌细胞膜的配体结合，防止癌细胞发生转移和侵袭周边器官；三是减缓癌细胞扩增，在癌细胞进行分裂时，通过降低其周期蛋白和相关酶的表达量，以减缓癌细胞无限增殖的进程并使其分化；四是饥饿式控制，即切断癌细胞所需营养环境，使其长时间处于"饥饿"状态，因缺乏"食物"长期饥饿被饿死[48]。

2.2.2.4 抗炎抗感染作用

大量报道称花青素具有抗炎抗感染作用，对镇痛的减缓、病变感染的防治有重要意义。Rossi 等利用黑莓中花青素来治疗卡拉胶诱导大鼠的急性肺炎发现其能下调机体炎症因子的表达，减少炎症物质渗出及中性粒细胞剧增，实现抗炎效果[49]。Tall 等研究发现酸樱桃中花青素可以减轻实验大鼠的炎症性疼痛[50]。钟文君等有报道称蔓越橘中的花青素可有效抑制肠道中大肠杆菌的附着，同时对幽门螺旋杆菌也较好的抑制作用[51]。王静等研究发现金叶女贞果实花青素通过降低抗炎因子的释放发挥抗炎作用，同时还可以起到镇痛效果[52]。

Wang Q 等人研究发现，PPARγ 减弱 THP‑1 细胞在炎症反应过程中的副作用实现消炎过程[53]，Min S W 等人研究发现，NF‑KB 和 MAPK 基因的表达可以表现出极强的抗炎作用[54]。然而当前用于临床治疗的抗感染药物以抗生素类为主，如克拉霉素、甲硝唑、阿莫西林和四环素等，此类药物的长期使用会增强菌株耐药性，因此充分开发花青素的抗炎抗感染药效是永恒课题。

2.2.3 花青素的应用前景

花青素是一种天然色素，来源广、安全性高、种类多。具备抗氧化、降脂、降血压、抗癌、抗炎等特殊的生理功能，在医药、食品、化妆行业等领域有着重要的用途。

基于其特殊的抗氧化、抑制炎症与过敏、改善血液循环等药理作用，在保健品市场备受重视。目前与花青素相关的保健品众多，大多以胶囊、片剂、口服液等形式出售。利用其在不同 pH 条件下显色的差异临床上将花青素添加到某些药物中加以区分药物。由于花青素溶解度较小，药物研发的高成本，在医药生产和应用等方面受到一定限制，但特殊的生理功效使之拥有广阔的前景，因此，如何改善其溶解性能、降低药物研发成本、拓展应用空间成为当下研究的重要课题。

随着生活质量的提高，养生成为了重要话题，花青素的抗氧化性能使其在食品行业有着重要应用，作为保健膳食品，可增强机体抵抗力。茄子、桑葚、紫薯、草莓、葡萄和紫玉米均富含花青素，对人身体健康有益。紫薯牛奶、紫薯酒、紫薯汁、紫薯饼、葡萄酒等饮品同样是富含花青素产品。目前有关紫薯产品较多，有报道称以紫薯和大米为主要原料压榨酿出的紫薯酒，其体外抗氧化性强于葡萄酒[55]。因其拥有的抑菌性能，可作为食品添加剂使用，还被开发成防腐剂产品，有望实现代替苯甲酸等合成防腐剂。众所周知，苯甲酸等化学合成类防腐剂的长期摄入存在健康风险。

随着审美认知和保养意识的逐渐增强，花青素在化妆品领域有着广泛的应用前景，在欧洲有着"口服的皮肤化妆品""天然的维生素"的美誉。随着年龄的增长，人体抗自由基的能力下降，体内酶系统受自由基的侵袭，会释放胶原酶和硬弹性蛋白酶，皮肤中产生过多的胶原蛋白和硬弹性蛋白，二者的相互作用致其交联并降解，使皮肤失去弹性、光泽，甚至产生皱纹。当前市场对化妆护肤品的需求日趋增多，而合成化妆品的长期使用会对机体产生副反应，特别是一些化学物质对人体皮肤有刺激，如邻苯二甲酸盐。因此，花青素的无毒性和抗氧化性能优势在化妆品领域有着广泛开发潜能。由于合成色素安全风险的存在，天然植物色素的开发利用是食品行业的研究热点。

2.3 酚酸类多酚

酚酸类化合物（Phenolic acid）常称为植物多酚，是一类广泛存在于植物体内的次生代谢产物，属于酚类物质的一种，大多以对羟基苯甲酸和对羟基肉桂酸的衍生物为主，由于其分子结构羟基具有高反应活性和吞噬自由基的能力，从而具备较好的抗氧化活性，使其在医学、食品和日用化工等相关领域有广泛地应用[56-57]。

2.3.1 常见的马铃薯酚酸

马铃薯中酚酸种类丰富，是日常饮食中重要的抗氧化活性物质来源[58]。包括了绿原酸、原儿茶酸、咖啡酸、香草酸、芥子酸、没食子酸、丁香酸、对香豆酸、阿魏酸、水杨酸、桂皮酸等多种成分，而含量主要以绿原酸与咖啡酸为主。Chun 等人经综合评估发现，马铃薯是继苹果和橘子之后的第三个酚类物质的重要来源[59]。有报道称，彩色马铃薯富含酚酸类化合物，这类物质含量为 $530\sim1\ 770\ \mu g/g$，含量高于传统的白色马铃薯[60]。因此，在过去的 10 年中，彩色马铃薯的食用量提高了 17%，而传统白色马铃薯的消耗量则有所降低，而这些多酚类物质大多属于天然的抗氧化剂，在减肥、降血糖、降血脂等方面具有积极作用。

2.3.2 酚酸的保健功效

现代医学研究表明，人体代谢过程中由于环境等各种因素而产生过剩自由基会引起各种病变的发生，酚酸类物质具有较强的清除自由基能力，具有利胆保肝、抗菌、抗病毒、抗肿瘤、预防心血管疾病等多种生物活性，对人体健康具有特殊的保健功效。其中绿原酸及其衍生物是一类清除自由基能力较强酚酸类物质，比抗坏血酸、咖啡酸和生育酚有更强的自由基清除效果，酚酸类化合物表现出的保健功能基于其清除体内自由基和抗脂质过氧化能力。有研究表明，肿瘤、白血管疾病等多种病变的形成与机体内多余的自由基有关。因此对酚酸类化合物的抗氧化机制研究及其保健产品的开发具有重要的意义。

2.3.2.1 抗氧化活性

酚酸类物质高效清除自由基的能力使其表现出抗氧化活性。有研究表明，酚酸类物质抗氧化活性与本身结构、环境条件及对外源物的应答等有关，Rice Evans 等多人都指出酚酸的抗氧化活性与其结构密切相关。羟基数目越多，抗氧化活性越强；羟基个数相同，取代位置不同时，空间位阻是影响其抗氧化活性的关键；当取代基相同时，肉桂酸型酚酸的抗氧化效力优于苯甲酸型酚酸，而咖啡酸的抗氧化力大于原儿茶酸[61-62]。陈莹对 5 种酚酸抗氧化性比较时发现，酚酸化合物抗氧化能力与酚羟基的脱氢能力有关，酚酸溶液的极性对其清除自由基同样有影响[63]。Fukumoto 等发现向浆果提取物的酚类混合物中添加低浓度的酚酸时，可增强氧化活性[64]。Yamanaka 等人发现酚酸的抗氧化活性不仅与自身浓度有关，还与保护物的氧化程度相关。随着 Cu^{2+} 诱导低密度脂蛋白氧化的推进，$0.5\mu mol/L$ 的咖啡酸和绿原酸溶液的抗氧化功效逐渐减弱、消失，甚至加速其氧化速率，但当其浓度为 $5\ \mu mol/L$ 时可持续抑制氧化的发生，可能是酚酸与 LDL 反应后形成具有活性的氧化产物，如琨，使激活反应继续发生[65]。环境因素对酚酸的抗氧化活性也有影响，咖啡酸在不同模型环境中对鱼肉脂肪氧化的抑制与促进作用不同[66]。

2.3.2.2 抗肿瘤活性与抗菌活性

有研究认为，膳食中多酚类化合物是重要的抗癌剂，具有抗肿瘤活性。Weng 等人称没食子酸、绿原酸、咖啡酸及其苯基酯对胃癌、肥大细胞瘤、神经胶质瘤、肝癌、纤维肉瘤、前列腺癌、结肠癌和内皮细胞的抗癌机制是通过抑制癌细胞入侵和转移[67]。王丽萍等指出绿原酸通过抑制癌细胞生长、调节细胞周期、诱导凋亡等途径预防结肠癌和口腔癌等疾病的发生[68]。Nichenametla 等指出酚酸还可能通过抑制致癌物摄入与激活、钝化解毒致癌物、阻止致癌物和 DNA 连接等方面的作用起到抗肿瘤效果。同时，酚酸类化合物还具备抗菌活性[69]，Sanchez-Maldonado 从构效关系的角度比较了酚酸的抗菌活性发现，相同取代基的肉桂酸型酚酸抗菌能力优于苯甲酸型酚酸，羟基个数与苯甲酸型酚酸抗菌效力呈负效应，而对肉桂酸型酚酸影响不大；氧甲基基团取代后，苯甲酸型酚酸抗菌作用增强，而肉桂酸型酚酸的抑菌能力无显著性变化[70]；Ponts 等研究发现，酚酸亲脂性越强，对镰孢菌生长繁殖和单端孢霉毒素生成的抑制作用越明显[71]。Ayaz 等人研究了游离型、可溶性酚酸酯、酚酸糖苷和不溶性酚酸酯等不同形式的酚酸对 3 种革兰氏阳性菌（如金黄色酿脓葡萄球菌）和革兰阴性菌（如大肠杆菌）及毒性很强的卡他莫拉菌的抗菌作用，结果发现不同部位、不同类型的酚酸对上述细菌具有抗菌活性[72]。除此之外，酚酸在一定程度上可以抑制真菌、酵母等微生物的生长繁殖[73]。

2.3.2.3 减肥、护肝、护心血管作用

酚酸在控制体重、护肝及心血管疾病的防治等方面具有积极作用。Liu C.W 等饲喂小鼠 25 g/L 龙眼花水提物（主要成分为酚酸类物质）后发现，小鼠血浆甘油三酯含量显著降低[74]。Hsu 等人通过体外细胞试验发现绿原酸、没食子酸和不同羟基取代的香豆酸对前脂肪细胞生长繁殖的抑制作用与它们的抗氧化活性线性相关，进一步经体内动物模型证明摄入没食子酸和邻羟基香豆酸可抑制高脂肪膳食诱导的小鼠血脂异常、肝脂肪变性和氧化压力[75]。Luceri 等研究还发现，人体膳食摄入香豆酸可抑制 ADP 诱导的血小板凝结，且不影响血液凝固[76]。小鼠实验同时证明酚酸具有增强内皮细胞功能，血管舒张和预防高血压作用[77]。

2.3.2.4 抗炎、抗病毒活性

有报道称酚酸在抗炎、抗病毒等方面具有积极作用。Lee 等人研究发现绿原酸可通过抑制巨噬细胞和淋巴细胞（关节炎发生的重要步骤）繁殖时一氧化氮的生成，从而发挥其对关节炎的抗炎作用[78]。金属蛋白酶的过量表达是造成在软骨退化（骨关节炎的一种病变）的重要因素，Chen W.P 等从基因和蛋白分子水平证明了绿原酸浓度达到 20mmol/L 时对金属蛋白酶的表达具有抑制作用[79]。Sakai 等研究发现咖啡酸抗病毒作用很强，阿魏酸和异阿魏酸对感染呼吸道病毒 RSV 蛋白的合成有抑制作用，如单纯疱疹病毒和腺病毒，绿原酸对抗11 型腺病毒的效果也很明显（EC50＝13.3 μg/mL）[80]。没食子酸可抵抗生殖器单纯疱疹病毒 HSV-2[81]。还有研究发现香草酸是一种良好的蛇毒抑制剂[80-83]。

2.3.3 酚酸的应用前景

当前我国对植物多酚的研究虽然较多，关键性、急需突破性技术难题依然存在，应用技术总体相对落后，对植物多酚重要性的认识和利用比较欠缺，大多研究停留在理论阶段，产业化程度不够。基于其特殊的生理功效，从开展其生物学活性研究与利用的视角出发，开发系列与心血管疾病、抗癌等有关的具有医疗用品和保健产品具有重要现实意义。

酚酸在自然界天然存在，种类丰富，广泛分布在水果、蔬菜、谷物等系列农产品和其他

植物中，天然、绿色和可再生性的优势备受关注，随着科学技术的发展和环保要求的提高，天然酚酸类物质有望成为人类最重要的资源宝库。基于其天然、绿色和可再生的特点，酚酸产品的开发与应用具有广泛前景，如制革、石油、木材等方面。随着生活质量的提高，人们的保健意识也在增强，植物多酚所具有的天然抗诱变、抗肿瘤、抗病毒、抗微生物、抗衰老等活性的应用与开发将是热点方向，与之对应的食品、医药、日用化妆品和保健品实体产品具有广阔市场前景。

2.4 糖苷生物碱

马铃薯糖苷生物碱（Steroidal glycoalkaloid，SGAs）是马铃薯植株和块茎中具有甾体结构的生物碱，是马铃薯的糖苷类物质次生代谢物。糖苷生物碱主要分布在马铃薯芽、幼叶、花、未成熟块根以及成熟薯皮组织等器官中，含量和种类均有差异。一般幼嫩器官中SGAs 含量最高，随生育期的推进含量逐渐增加，当器官衰老后含量逐渐下降。还有研究发现，马铃薯地下茎、块茎、根中 SGAs 含量在整个生长发育阶段变化不大，地上茎含量最少，叶子 SGAs 含量在生长发育初期变化不大，随后呈线性积累过程，直到叶片发育成熟含量趋于稳定。糖苷生物碱作为马铃薯的一种次生代谢产物，生物活性很强，具有抗真菌、抗细菌、抗肿瘤、抗疟、强心、降低血液胆固醇、预防鼠伤寒沙门氏菌感染、果蔬保鲜等作用，因此有很好的药用价值和开发潜力[84]。

2.4.1 常见的糖苷生物碱

甾环是马铃薯糖苷生物碱结构的共同特征，在甾环的 D 环（环戊烷）上有一个氮杂环，甾环和氮杂环构成了糖苷生物碱的糖苷配基——茄啶（Solanidine），茄啶在植物体内以糖苷的形式存在[85]，主要有 6 种类型，包括 α-茄碱、β-茄碱、γ-茄碱和 α-卡茄碱、β-卡茄碱、γ-卡茄碱，而 β-茄（卡）碱、γ-茄（卡）碱是 α-茄（卡）碱的水解产物[86]。马铃薯糖苷生物碱主要由茄碱和查茄碱组成，二者占总糖苷生物碱的 90%以上[87]，其中 α-查茄碱含量占总糖苷生物碱的 60%左右。在马铃薯野生种中，除了茄碱和查茄碱外，部分野生和栽培马铃薯品种中还存在以茄解啶（Solasodine）、番茄啶（Tomatidine）、垂茄啶（Demissidine）、茄玛碱（Solamarine）、勒帕茄次碱和乙酰勒帕茄次碱等为糖苷配基的糖苷生物碱，可能是生物合成和降解的中间产物，其结构类似于茄碱和卡茄碱[88]。

2.4.2 生物碱的保健功效

中医认为马铃薯"对脾胃虚弱、消化不良、肠胃不和、脘腹作痛、大便不畅的患者效果显著"。现代研究证明，马铃薯中的茄碱有消炎、抑制微生物生长等功能。因此，食用马铃薯对于胃炎及十二指肠溃疡有一定治疗作用，对于慢性胃病患者具有很好的保健和恢复作用。因此，马铃薯是肠胃病和心脏病患者的良好保健食品。

2.4.2.1 抗真菌活性和抗病原菌

糖苷生物碱对真菌和植物病原真菌有抑制作用，是抵抗微生物病原菌浸染的植物保护剂。Allen 等最早报道了马铃薯 SGAs 具有抑制病原真菌侵入其体内的作用。实验证明，α-查茄碱是马铃薯 SGAs 中抗单纯疱疹病毒等真菌活性最强、最有效的成分，其糖链部分在 SGAs 与膜糖受体相互关系中起重要作用[89]。此外，糖链上的羧基会影响糖苷生物碱的抗真菌活性，赵翼民等研究查茄碱、茄碱和番茄碱抗真菌的防御时发现，α-茄碱和α-查茄碱抗真菌活性的消失与糖链上的 6 位羟基硫酸酯化密切相关[90]。Alison M. 等研究表明，茄碱和查茄碱能够抑制真菌 Alternaria brassicicola 和 Phoma medicaginis 正常的生长发育[91]。为进一步研究茄碱和查茄碱的作用机制，1993 年，Alison M. 等人比较了两种混合生物碱与单独一种的抗菌活性，发现马铃薯中茄碱和查茄碱混合时对真菌的抑制活性比单独的茄碱和查茄碱的抑制效果显著，进一步表明茄碱和查茄碱具有显著协同效应[92]。马铃薯糖苷生物碱是一类天然植物活性物质，表现出的生物活性与其结构有关，Thome 等报道称茄碱、卡茄碱能够有效抑制单纯疱疹病毒，其生物活性与糖链和苷元结构密切相关[93]。赵雪淞等研究发现马铃薯糖苷生物碱对腐皮镰孢霉（F. solani）和茄链格孢（A. solani）具有抑制作用[94]。Keukens 等研究表明，α-茄碱对灰葡萄孢菌的体外抑菌活性较强，且抑制强度呈剂量依赖性[95]。陈艳等同样报道称茄碱及马铃薯芽中总糖苷生物碱粗提取物能显著增强固有免疫系统的抑制细菌作用[96]。Roddick 等发现 α-茄碱和 α-查茄碱具有协同溶膜作用，将 2 种无效作用浓度的糖苷生物碱混合，却能对真菌产生显著的抵抗和抑制作用。当 α-茄碱和 α-查茄碱浓度的比率达到 1:1 时，协同作用最强[97]。Smith 等用马铃薯的 α-茄碱和 α-查茄碱共同和单独喂养蜗牛，均可抑制蜗牛生长，而两种混合物却产生显著的抑制作用[98]。

2.4.2.2 抗癌活性

有研究表明，糖苷生物碱在抗前列腺癌、肺癌、肝癌、前列腺癌、鼻咽癌等方面有积极作用，同时还可以抑制黑色素细胞增殖。李志雄等人发现，α-茄碱对前列腺癌 LNcaP 及 Dul45 细胞有明显的抑制作用，主要通过抑制 PC-3 细胞增殖、诱导凋亡、活化 PC-3 细胞中 IKBα 蛋白以及抑制 Bcl-2 蛋白表达等机制发挥抗前列腺癌作用[99]，陈来等人研究了中药龙葵提取物澳洲茄碱对肺癌细胞的抑制效果及其可能的机制，发现澳洲茄碱可抑制肺癌细胞的生长，其机制主要是诱发细胞的凋亡和相关蛋白表达，同时还发现龙葵果中的茄碱能够显著抑制小鼠黑色素 B16 癌细胞的生长，作用机制可能是通过激活 p53 通路和抑制相关蛋白表达，加速黑色素瘤细胞死亡[100]。Son 等人报道龙葵碱能够诱导人肝癌细胞 HepG2、胸腺癌细胞 MCF-7 凋亡，为肝癌的预防与治疗提供了新思路[101]。同时，民间还利用含龙葵碱的中草药作为配方用于预防和治疗鼻咽癌，再辅以其他中药，能够起到解毒、清热、排脓、消肿、止血、凉血的疗效。

2.4.2.3 其他药理活性

马铃薯中糖苷生物碱还具有消炎、活血、镇痛和降胆固醇的药理活性。江昕昕等人开展动物实验，给小鼠皮下注射、肌肉注射及口服马铃薯糖苷生物碱提取物发现，糖苷生物碱可以显著抑制小鼠水肿，并且随着剂量的加大抑制效果愈发明显，经药理学评价也显示糖苷生物碱具有一定抗炎功效[102]。GELINAS 等报道称，马铃薯糖苷生物碱还可以降低血管的通透性和 HAase 酶的活性，从而起到缓解水肿、活血、化瘀的作用[103]。此外，糖苷生物碱还具有降低胆固醇和低密度脂蛋白的活性，杨津等人在大鼠日粮中添加 α-茄碱发现其可以降低血浆中胆固醇、甘油三酯的水平[104]。

2.4.3 正确认识马铃薯糖苷生物碱

糖苷生物碱虽是存在于茄科植物中的有毒甾体类化学物质，但其独特的药理活性对人体有较好的生理益处。马铃薯属于茄科本草作物，糖苷生物碱是马铃薯中一类重要次生代谢物，具有抗真菌、抗细菌、抗肿瘤、强心、降低血液胆固醇等特殊生物活性，具有很好的药用保健价值和开发前景，在发挥其特殊生理活性的同时，马铃薯糖苷生物碱致使人体中毒的潜在风险引发人们的关注。通常新鲜马铃薯中糖苷生物碱维持在合理水平，人体膳食摄入后无健康风险。有报道称，新鲜成熟的马铃薯中，糖苷生物碱的含量一般为 0.01～0.10 mg/g，此时食用是安全的。当马铃薯由于贮存不当而变绿或发芽时，会产生大量的糖苷生物碱，当糖苷生物碱的含量超过食用性总重阈值 200 mg/g 时，人食用后可能会导致中毒甚至死亡[105]。而糖苷生物碱在马铃薯芽、叶、未成熟块茎及薯皮组织器官等部位含量及种类均存在差异，马铃薯暴露于光照下，随着光照时间的增加，糖苷生物碱含量也会增加，光照会促使糖苷生物碱迅速合成，含量比未经光照增加近 1 倍，马铃薯的保存方法、储藏条件等都会影响马铃薯糖苷生物碱的积累，储藏过程中造成的严重出芽、创伤和腐烂会使糖苷生物碱含量达到鲜薯的 50 多倍[106]。Rayburn 等人研究发现，马铃薯中 α - 查茄碱毒性高于 α - 茄碱，β-，γ-形式的糖苷生物碱毒性高于 α - 茄碱和 α - 查茄碱[107]。以内蒙古居民为例，内蒙古地区属于全国马铃薯消费大省，人均摄入量 150g，摄入糖苷生物碱含量 1.5～15.0mg/d，低于食用性阈值的 0.1%。因此，膳食新鲜马铃薯糖苷生物碱从健康风险的角度看是安全的。

2.5 类胡萝卜素

类胡萝卜素是一类天然脂溶性色素群体，一般不溶于水，其基本结构是通过多个异戊二烯基本单元缩合形成 C40 或 C30 的萜类化合物。一方面，类胡萝卜素中普遍存在共轭双键，因此类胡萝卜素分子在可见光下呈黄色、橙色、红色。另一方面，不同数目 C=C 双键的存在使类胡萝卜素在强光照、高温、有氧和酸性条件下不稳定，易降解或异构化，而在碱性条件下一般较稳定。

2.5.1 常见的类胡萝卜素的分类

在高等植物中，类胡萝卜素作为光合作用辅助色素起到光吸收和光保护作用，同时对植物花和果实的着色也具有重要的作用。在动物体内类胡萝卜素最重要的作用是抗氧化，人类自身不能合成类胡萝卜素只能从食物中获取，维生素 A 是人体中必需的微量营养素，具有维持视觉、促进细胞分裂、提高免疫力等功能。而类胡萝卜素是一种重要的维生素 A 原，但仅有不到 10% 的类胡萝卜素能够提供维生素 A，如：β-胡萝卜素（β - carotene）、α - 胡萝卜素（α - carotene）、γ-胡萝卜素（γ - carotene）、β-隐黄质（β - cryptoxanthin）、叶黄素（Lutein）[108]。不同类别的类胡萝卜素在人类的健康生活中起到重要的作用，如叶黄素和玉米黄素对眼睛有保护作用，β-胡萝卜素对皮肤起到保护作用；β-隐黄质能够促进骨健康、预防骨质疏松症（图 2-4）。

2.5.2 类胡萝卜素的保健功效

2.5.2.1 维生素 A 的重要来源，发挥保健价值

维生素 A 是人体中一种必需的微量营养素，具有维持视功能、促进细胞分裂、提高免

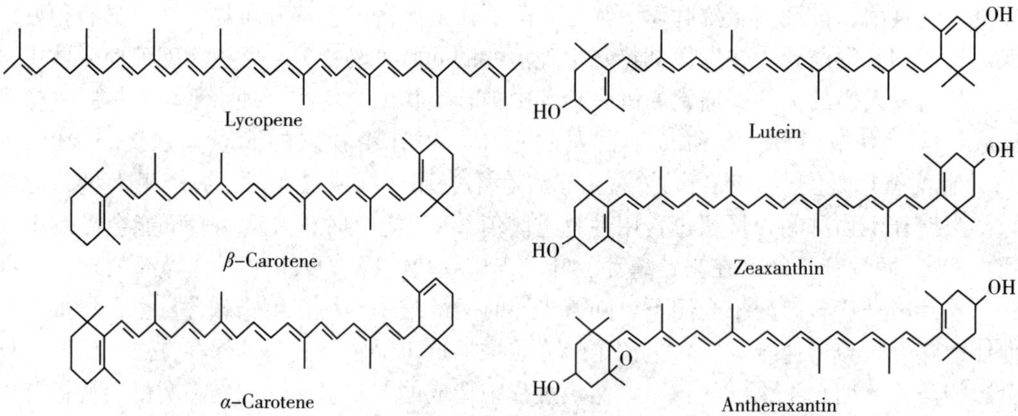

图 2-4　常见的几种类胡萝卜素的化学结构

疫促进胚胎发育等功能[8]。其缺乏会导致皮肤变厚、干燥、发生皱纹，增加患癌症、心脏病、眼疾等多种疾病的风险。维生素 A 缺乏是现今发展中国家普遍存在的问题，据世界卫生组织估测，由于维生素的营养水平不足导致学龄前儿童每年至少有 200 万人死亡。目前，世界上仍有 2 亿儿童患有维生素 A 缺乏症，而类胡萝卜素是一种重要的维生素 A 来源，在发展中国家类胡萝卜素提供了 70% 的维生素 A 来源，在西方国家类胡萝卜素提供了 30% 的维生素 A 来源[109]。尽管自然界中已经发现的类胡萝卜素有 700 多种，但是仅有不到 10% 的类胡萝卜素能够提供维生素 A，除了已知的 β-胡萝卜素、α-胡萝卜素、γ-胡萝卜素；从结构上看可能含有的种类还有：β-隐黄质、β-玉米胡萝卜素（β-zeacarotene）、异隐黄质（Isocryptoxanthin）、草分枝杆菌叶黄素（Phleixanthophyll）、网孢盘菌黄素（Aleuriaxanthin）、红盘菌黄素（Plectaniaxanthin）、红酵母红素（Torularhodin）、海胆酮（Echinenone）、柑橘黄素（Reticulataxanthin）、柠檬黄素（Citranaxanthin）、链孢霉黄素（Neurosporaxanthin）等 12 类胡萝卜素。上述提及的类胡萝卜素除 β-胡萝卜素 1 分子能提供 2 分子的维生素 A，其他的只能提供 1 分子的维生素 A。

2.5.2.2　抗氧化功能

几乎所有的类胡萝卜素都具有抗氧化功能，大量体外试验、动物模型和人体试验证明类胡萝卜素可以猝灭单线态氧、消除自由基、防止低密度脂蛋白的氧化。但是 β-胡萝卜素抗氧化功能会随着外界的条件变化而变化、消失，甚至转化为促氧化功能。Burton 研究证明高氧分压（>150 mm Hg，20% O_2）和高浓度的胡萝卜素会发生自氧化（体外），当 β-胡萝卜素浓度达到 $10\mu mol/L$ 时增加了活性氧的产生（细胞培养）[110]。Omenn 等进一步的人体试验也证明：当给吸烟者摄入药理水平的 β-胡萝卜素时，肺癌和心血管疾病的发病率会得以控制[111]。

2.5.2.3　抗癌活性

长期以来，人们认为抗氧化功能是类胡萝卜素的主要抗癌机制，因为类胡萝卜素能够清除对 DNA 产生损伤的活性氧，也有的学者认为细胞间隙联接通讯可能是类胡萝卜素抗癌的另外一个机制。加强胞间联结交流能力，从而抑制或降低癌症的发生，通过定性构效关系分析类胡萝卜素的抗癌机制，结果发现它们抗癌的分子机理是不同的，抗氧化主要与中间链的长短有关，而细胞间隙联接功能主要是与分子末端的五元环和六元环有关。自牛津大学 Petol 等首次提出膳食中类胡萝卜素可能降低人类癌症发生率[112]以后，引起了流行病学研究者极大的关注。但是，随后的一些关于β-胡萝卜素的临床研究却出现了相反的结果，在美国进行的 CARET 研究也显示，给吸烟者或石棉病患者补充大量的β-胡萝卜素不仅起不到保护作用，而且可能增加肺癌发生的危险性[111]。而 Michaud 和 Feskanich 研究显示，这与类胡萝卜素的结构有关，a-胡萝卜素和番茄红素摄入量与肺癌风险降低显著正相关，而β-胡萝卜素、叶黄素和黄连霉素摄入量与肺癌风险降低呈负相关但不显著[113]。

2.5.2.4 保护眼睛和皮肤的作用

对眼睛的保护作用是基于叶黄素和玉米黄素的预防光损伤和抗氧化功能，作为视网膜黄斑的组成色素，主要功能体现在以下几个方面：临床研究发现叶黄素的摄入可以提高黄斑的色素含量，并能够提高 AMD 病人的视力；叶黄素能够消除自由基，预防白内障；吸收蓝光，防止对眼睛的损伤。最新研究还发现，叶黄素对长期荧屏光暴露者的视野功能有明显的改善作用。Ribaya-Mercado 等研究发现，当受紫外线照射时，皮肤和血浆中的类胡萝卜素含量下降，当口服 24 mg/d 时，12 周后皮肤的光照红斑会消失[114]。González 等人开展动物实验发现叶黄素和玉米黄素可预防紫外线损伤，对皮肤具有保护作用[115]。Sesso 等发现口服 6mg/d 叶黄素和玉米黄素的混合物，皮肤中的脂肪过氧化物明显减少，皮肤的保水性和弹性增强[116]。

2.5.2.5 其他药理活性

类胡萝卜素还具有预防心血管疾病、促进骨健康、预防骨质疏松症的重要药理活性，类胡萝卜素可以通过抑制 LDL 的氧化来减少冠心病（CHD）的发生，还有降血压的作用。口服类胡萝卜素（15mg/d）8 周后，血压可以从 144mmHg 降到 134 mmHg[117]。动物试验和流行病学研究表明叶黄素和玉米黄素都会减少冠心病的发生。流行病学调查发现叶黄素的摄入可以减少局部缺血性中风的发生。最新的研究报道发现β-隐黄质在促进骨健康和预防骨质疏松症方面具有独特的功能，而其他的类胡萝卜素经过试验发现却没有此功能。体外试验发现β-隐黄质能够促进骨的钙化作用，并且能够促进成骨细胞的形成和破骨细胞的凋亡[118]。人体试验还发现富含β-隐黄质的柑橘（温州蜜柑）汁对健康人和更年期妇女的骨形成有促进作用，而对骨吸收有抑制作用，流行病学研究发现β-隐黄质能够降低骨质疏松症和风湿性关节炎发生的风险。

2.5.3 类胡萝卜素的应用前景

类胡萝卜素是一类脂溶性黄红色色素，最早从胡萝卜中提取得到。随着化学分离方法的日趋成熟和应用研究的不断深入，对胡萝卜素结构、种类和生物活性的认识更加清晰。由于类胡萝卜素功能的多样化、分布的广泛性和性能的独特性，类胡萝卜素在食品、保健品及医药行业有着良好的应用前景。近年来研究表明，类胡萝卜素具有保护淋巴细胞功能。多年来，类胡萝卜素一直被成功应用于治疗内源叶啉病，而此类病变是由于叶啉环在皮肤表面的积累导致的皮肤伤害。类胡萝卜素还是一类重要的抗氧化剂，分子结构中的共轭双键结构使其具有清除自由基和高效淬灭单线态氧的作用，能够抵御自由基对细胞遗传物质、细胞膜、如蛋白质、脂质和碳水化合物的损伤，因此在保健品市场具有良好的应用价值。不同结构和种类的类胡萝卜素抗氧化能力存在明显的差异，特定的类胡萝卜素还具有其独特的生物学功能，例如，叶黄素和玉米黄素是人眼睛视网膜中黄斑色素的主要成分，可吸收对视网膜损伤最大的蓝色光波，老年人群缺乏叶黄素和玉米黄素可能造成视力丧失和不可逆失明的潜在风险，同时，类胡萝卜素还可以增强人体免疫系统功能，增强肿瘤的免疫性，在医药行业具有重要价值。目前，世界各国还将类胡萝卜素用于色素添加剂，已有 50 多个国家批准 β-胡萝卜素作为黄色色素加入食品中，在发挥其抗氧化活性功能的同时，还起到润色的效果，大量用于带色人造黄油、饮料和烘焙食品等食品加工领域。

【参考文献】

［1］ Suzuki A，Yamamoto N，Jokura H，et al. Chlorogenic acid attenuates hypertension and improves endo-thelialfunction in spontaneously hypertensive rats ［J］. Journal of Hypertension，2006，24（6）：1065 - 1073.

［2］ Murata Y，Nagaki K，Kofuji K，et al. Functions of Chitosan-Ferulic Acid Salt for Prevention of Hyper-tension ［J］. Food Science and Technology Research，2010，16（5）：437 - 442.

［3］ Corrales M，Toepfl S，Butz P，et al Extraction of anthocyanins from grape by-products assisted by ul-trasonics high hydrostatic pressure or pulsed electric fileds：a comparison ［J］. Innov. Food Sci. Emerg. Technol.，2008（9）：85 - 91.

［4］ 薛山. 新型膳食纤维—抗性淀粉在食品工业中的应用及前景 ［J］. 中国高新技术企业，2009（3）：85 - 88.

［5］ 赵翼民. 茄科植物糖苷生物碱 Chaconine，Solanine 和 Tomatine 抗真菌的防御作用及生态意义 ［D］. 长春：东北师范大学，2006.

［6］ Mendel Friendman. Potato Glycoalkaloids and Metabolites：Roles in the Plant and in the Diet ［J］. Agric. Food Chem. 2006（54）：8655 - 8681.

［7］ Luceri C，Giannini L，Lodovici M，et al. P-coumaric acid，a common dietary phenol，inhibits platelet activity invitro and in vivo ［J］. British Journal of Nutrition，2007，97（3）：458 - 463.

［8］ Maziarz M. P，Preisendanz S，Juma S，et al. Resistant starch lowers postprandial glucose and leptin in o-verweight adults consuming a moderate - to - high - fat diet：A randomized - controlled trial ［J］. Nutrition Journal，2017，16（1）：14 - 25.

［9］ Arns B，Bartz J，Radunz M，Evangelho J. A. D，et al. Impact of heat-moisture treatment on rice starch，applied directly in grain paddy rice or in isolated starch ［J］. LWT-Food Science and Technology，2015，60（2）：708 - 713.

［10］ Brubaker P L. Incretin-based therapies：mimetics versusprotease inhibitors ［J］. Trends Endocrinol Metab，2007，18（6）：240 - 245.

［11］ Saltiel A R，Kahn C R. Insulin signalling and the regulationof glucose and lipid metabolism ［J］. Nature，2001，414（6865）：799 - 806.

［12］ Zhou J，Martin R J，Tulley R T，et al. Dietary resistantstarch upregulates total GLP - 1 and PYY in a sustainedday-long manner through fermentation in rodents ［J］. AmJ Physiol Endocrinol Metab，2008，295（5）：E1160 - E1166.

［13］ Bodinham C L，Smith L，Thomas E L，et al. Efficacy ofincreased resistant starch consumption in human type 2diabetes ［J］. Endocrine Connections，2014，3（2）：75 - 84.

［14］ Liu X，Ogawa H，Ando R，et al. Heat-moisture treatmentof high-amylose corn starch increases dietary fibercontent and lowers plasma cholesterol in ovariectomizedrats ［J］. Journal of Food Science，2007，

72 (9)：652-660.

[15] Britto M T，Dveellis R F，Hmuong R W，et al. Health care preferences and pritority of adolescent with chornic illnesses [J] . Pediatrics, 2004，114 (5)：1272-1280.

[16] De Deckeer E A，Pentieva，Mckillo P D, et al. Acute absorption of folic acid low-fat spread [J] . Eur J Clin Nutr, 2003，57 (10)：1235-1241.

[17] Nichenametla S N，Weidauer L A，Wey H E，et al. Resistant starch type 4-enriched diet lowered blood cholesterolsand improved body composition in a doubleblind controlled cross-over intervention [J]. MolecularNutrition & Food Research, 2014，58 (6)：1365-1369.

[18] Aziz A A，Kenney L S，Goulet B，et al. Dietary starchtype affects body weight and glycemic control in free-lyfed but not energy restricted obese rats [J] . Journal of Nutrition, 2009，139 (10)：1881-1889.

[19] Belobrajdic D P，King R A，Christophersen C T，et al. Dietary resistant starch dose-dependently reduces adiposityin obesity-prone and obesity-resistant male rats [J] . Nutrtion & Metabolism, 2012，9 (1)：93-103.

[20] Rolls B J，Roe L S，Meengs J S. Salad and satiety：energy density and portion size of a first-course salad affectenergy intake at lunch [J] . Journal of the American Dietetic Association, 2004，104 (10)：1570-1576.

[21] Willis H J，Eldridge A L，Beiselgel J，et al. Greater satiety response with resistant starch and corn bran inhuman subjects [J] . Nutrition Research, 2009，29 (2)：100-105.

[22] Bodinham C L，Frost G S，Robertson M D. Acute ingestion of resistant starch reduces food intake in healthyadults [J] . The British Journal of Nutrition, 2010，103 (6)：917-922.

[23] Gibson G R，Probert H M，Van Loo J，et al. Dietarymodulation of the human colonic microbiota：updatingthe concept of prebiotics [J] . Nutrition Research Reviews, 2004，17 (2)：259-275.

[24] Bird A R，Conlon M A，Christophersen C T，et al. Resistant starch, large bowel fermentation and a broader perspective of prebiotics and probiotics [J] . BeneficialMicrobes, 2010，1 (4)：423-431.

[25] Chang M J，Soel S M，Bang M H，et al. Interactions of high amylose starch and deoxycholic acid on gut functionsin rats [J] . Nutrition, 2006，22 (2)：152-159.

[26] 曾绍校，林鸳缘，郑宝东. 莲子及莲子淀粉对双歧杆菌增殖作用的影响 [J] . 福建农林大学学报, 2009，38 (4)：417-419.

[27] 谷豪，夏毅伟，韦莉萍，等. 桃胶多糖、抗性淀粉和低聚果糖对正常大鼠肠道益生菌生长的比较研究 [J] . 安徽中医学院学报, 2013，32 (2)：68-70.

[28] Le Leu R K，Brown I L，Hu Y，et al. Effect of dietary resistant starch and protein on colonic fermentation and intestinal tumour igenesis in rats [J] . Carcinogenesis, 2007，28 (2)：240-245.

[29] Le Leu R K，Hu Y，Young G P. Effects of resistant starch and non starch polysac charides on colonic lumina lenvironment and genotoxin-induced apoptosis in the rat [J] . Carcinogenesis, 2002，23 (5)：713-719.

[30] Le Leu R K，Brown I L，Hu Y，et al. Suppression of azoxymethane-induced colon cancer development in ratsby dietary resistant starch [J] . Cancer Biology & Therapy, 2007，6 (10)：1621-1626.

[31] Ridlon J M，Hylemon P B. A potential role for resistantstarch fermentation in modulating colonic bacterial metabolismand colon cancer risk [J] . Cancer Biology &Therapy, 2006，5 (3)：273-274.

[32] 张晓箱. 彩色马铃薯杂种 Fi 优良无性株系选育及 SSR 分析 [D] . 呼和浩特：内蒙古农业大学, 2013.

[33] 殷丽琴，彭云强，钟成，等. 高效液相色谱法测定8个彩色马铃薯品种中花青素种类和含量 [J] . 食品科学, 2015，36 (18)：143-147.

［34］姜超，于肖，夏于卓，等．彩色马铃薯新品系花青素组分和含量的液质联用分析［J］．草业学报，2017，26（10）：99-107.

［35］李先平，包丽仙，李山云，等．彩色马铃薯块茎色素研究进展［J］．作物杂志，2009（1）：4-8.

［36］郭磊．乙醇的基因毒性及原花青素的保护作用研究［D］．沈阳：沈阳药科大学，2008.

［37］Ogawa K，Sakakibara H，Iwata R，et al. Anthocyanincomposition and antioxidant activity of the crowberry and otherberries［J］．Agric. Food Chem，2008，56（12）：4457-4462.

［38］陈伟平，毛童俊，樊林，等．紫心甘薯对高脂血症大鼠脂质代谢及氧化应激的影响［J］．浙江大学学报：医学版，2011，40（4）：360-364.

［39］Yoshinaga M，Tanaka M，Nakatani M，et al. weetpotato［J］．Breed. Sci，2000（50）：59-64.

［40］Tamura H，Yamagami A. Antioxidative activity ofmonoacylated anthocyanins isolated from Muscat Bailey A grape［J］．Agric. Food Chem，1994，42（8）：1612-1615.

［41］郑荣梁，黄中洋．自由基生物学［M］．北京：高等教育出版社，2007.

［42］Corrales M，Toepfl S，Butz P，et al. Extraction of anthocyanins from grape by-products assisted by ultrasonicshigh hydrostatic pressure or pulsed electric fileds：a comparison［J］．Innov. Food Sci. Emerg. Technol，2008（9）：85-91.

［43］闫倩倚，周玉珍，张雨青．紫甘薯花青素对小鼠急性乙醇性肝损伤的预防保护作用［J］．江苏农业科学，2012，40（5）：265-266.

［44］林清华．蓝莓花青素对CCl4诱小鼠肝损伤的保护作用及其抗氧化机制研究［D］．北京：北京林业大学，2012.

［45］曹东旭，董海叶，李妍，等．紫薯花色苷对人肝癌HepG2作用［J］．天津科技大学学报，2011，26（2）：9-12.

［46］Kang S Y，Seeram N P，Nair M G. et al. Tart cherryanthocyanins inhibit tumor development in Apc（Min）mice andreduce proliferation of human colon cancer cells［J］．CancerLett，2003，194（1）：13-19.

［47］Somasagara R R，Hegde M，Chiruvella K K，et al. Extracts of strawberry fruits induce intrinsic pathway of apoptosis inbreast cancer cells and inhibits tumor progression in mice［J］．PLoS One，2012，7（10）：1-11.

［48］彭晓莉，余小平．花青素对乳腺癌防治作用及机制研究进展［J］．成都医学院学报，2011，3（1）：226-229.

［49］Rossi A，Serraino I，Dugo P，et al. Protective effects ofanthocyanins from blackberry in a rat model acute lung351 inflammation［J］．Free Rad，Re，2003，37（8）：891-900.

［50］Tall J M，Seeram N P，Zhao C，et al. Tart cherryanthocyanins suppress inflammation-induced pain behavior inrat［J］．Behav. Brain Res，2004，153（1）：181-188.

［51］钟文君．蔓越莓的保健功能［J］．国外医学卫生学分册，2004，31（6）：370-373.

［52］王静，王建安，姜玉新，周萍萍，王海华．金叶女贞果实花青素抗炎镇痛的作用机制［J］．中国应用生理学杂志，2015，31（5）：431-436.

［53］Wang Q，Xia M，Liu C，et al. Cyanidin-3-O-beta-glucosideinhibits iNOS and COX-2 expression by inducing liver Xreceptor alpha activation in THP-1 macrophages［J］．Life Sci，2008，83（5-6）：176-184.

［54］Min S W，Ryu S N，Kim D H. Anti-inflammatory effects ofblack rice，cyanidin-3-O-beta-D-glycoside，and itsmetabolites，cyanidin and protocatechuic acid［J］．Int. Immunopharm，2010，10（8）：959-966.

［55］张毅，钮福祥，孙健，等．不同地区紫薯的花青素含量与体外抗氧化活性比较［J］．江苏农业科学，2017，45（21）：205-207.

[56] 吴建华，吴志瑰，裴建国. 多酚类化合物的研究进展 [J] . 中国现代中药，2015，17（6）：630-636.

[57] 初乐，赵岩，和法涛，等. 植物多酚提取与检测方法的研究进展 [J] . 中国果菜，2014，34（4）：62-65.

[58] Sonia Pascual-Teresa, Maria Teresa Sanchez-Ballesta. Anthocyanins：from plant to health [J] . Phytochemistry Reviews，2008，1（7）：281-299.

[59] Chun O K, Kim D O, Smith N, et al. Daily consumption of phenolics and total antioxidant capacity from fruit and vegetablesin the American diet [J] . Journal of the Science of Food and Agriculture，2005，85（10）：1715-1724.

[60] 王耀红. 彩色马铃薯种质资源遗传多样性及多酚类物质的研究 [D] . 咸阳：西北农林科技大学，2017.

[61] RiceEvans C. A, Miller N. J, Paganga G. Structure-antioxidant activity relationships of flavonoids and phenolic acids [J] . Free Radical Biology and Medicine，1996，21（3）：417.

[62] 林亲录，施兆鹏. 类黄酮与酚酸等天然抗氧化剂的结构与其抗氧化力的关系 [J] . 食品科学，2001，22（6）：85-90.

[63] 陈莹，徐抗震，宋纪蓉，等. 酚酸抗氧化活性的理论计算 [J] . 食品科学，2011，32（9）：36-39.

[64] Fukumoto L. R., Mazza G. Assessing antioxidant and prooxidant activities of phenolic compounds [J] . Journal of Agriculturaland Food Chemistry，2000，48（8）：3597-3604.

[65] Yamanaka N, Oda O, Nagao S. Prooxidant activity of caffeic acid, dietary non-flavonoid phenolic acid, on Cu^{2+}-induced low density lipoprotein oxidation [J] . FEBS Letters，1997，405（2）：186-190.

[66] Medina I, Undeland I, Larsson K, et al. Activity of caffeic acid in different fish lipid matrices：A review [J] . Food Chemistry，2012，131（3）：730-740.

[67] Weng C. J, Yen G. C. Chemopreventive effects of dietary phytochemicals against cancer invasion and metastasis：Phenolic acids, monophenol, polyphenol, and their derivatives [J] . Cancer Treatment Reviews，2012，38（1）：76-87.

[68] 王丽萍，郭栋，王果，等. 中药绿原酸的研究进展 [J] . 时珍国医国药，2011，22（4）：961-963.

[69] Nichenametla S. N, Taruscio T. G, Barney D. L, et al. A review of the effects and mechanisms of polyphenolics incancer [J] . Critical Reviews in Food Science and Nutrition，2006，46（2）：161-183.

[70] Sanchez-Maldonado A. F, Schieber A, Gaenzle M. G. Structure-function relationships of the antibacterial activityof phenolic acids and their metabolism by lactic acid bacteria [J] . Journal of Applied Microbiology，2011，111（5）：1176-1184.

[71] Ponts N, Pinson-Gadais L, Boutigny A. L, et al. Cinnamic-derived acids significantly affect Fusarium graminearumgrowth and in vitro synthesis of type B trichothecenes [J] . Phytopathology，2011，101（8）：929-934.

[72] Ayaz F. A, Hayirlioglu-Ayaz S, Alpay-Karaoglu S, et al. Phenolic acid contents of kale（Brassica oleraceae L. var. acephala DC.）extracts and their antioxidant and antibacterial activities [J] . Food Chemistry，2008，107（1）：19-25.

[73] Harris V, Jiranek V, Ford C. M, et al. Inhibitory effect of hydroxycinnamic acids on Dekkera spp [J] . Applied Microbiologyand Biotechnology，2010，86（2）：721-729.

[74] Liu C. W, Yang D. J, Chang Y. Y, et al. Polyphenol-rich longan（Dimocarpus longan Lour.）-flower-water-extractattenuates nonalcoholic fatty liver via decreasing lipid peroxidation and downregulating matrix metalloproteinases-2 and-9 [J] . Food Research International，2012，45（1）：444-449.

[75] HsuC. L, YenG. C. Effect of gallic acid on high fatdiet-induced dyslipidaemia, hepatosteatosis and oxidative stressin rats [J] . British Journal of Nutration，2007，98（4）：727-735.

[76] Luceri C，Giannini L，Lodovici M，et al. P-coumaric acid，a common dietary phenol，inhibits platelet activity invitro and in vivo [J]. British Journal of Nutrition，2007，97 (3)：458 - 463.

[77] Murata Y，Nagaki K，Kofuji K，et al. Functions of Chitosan-Ferulic Acid Salt for Prevention of Hypertension [J]. Food Science and Technology Research，2010，16 (5)：437 - 442.

[78] Lee J. H，Park J. H，Kim Y. S，et al. Chlorogenic acid，a polyphenolic compound，treats mice with septic arthritiscaused by Candida albicans [J]. International Immunopharmacology，2008，8 (12)：1681 - 1685.

[79] Chen W. P，Tang J. L，Bao J. P，et al. Anti-arthritic effects of chlorogenic acid in interleukin - 1 beta - induced rabbitchondrocytes and a rabbit osteoarthritis model [J]. International Immunopharmacology，2011，11 (1)：23 - 28.

[80] Chiang L. C，Chiang W，Chang M. Y，et al. Antiviral activity of Planta go major extracts and related compounds invitro [J]. Antiviral Reasearch，2002，55 (1)：53 - 62.

[81] Kratz J. M，Andrighetti-Frohner C. R，Leal P. C，et al. Evaluation of anti - HSV-2 activity of gallic acid and pentylgallate [J]. Biological and Pharmaceutical Bulletin，2008，31 (5)：903 - 907.

[82] Sakai S，Kawamata H，Kogure T，et al. Inhibitory effect of ferulic acid and isoferulic acid on the production ofmacrophage inflammatory protein-2 in response to respiratory syncytial virus infection in RAW264. 7 cells [J]. Mediatorsof Inflammation，1999，8 (3)：173 - 175.

[83] Dhananjaya B. L，Nataraju A，Gowda C. D. R，et al. Vanillic acid as a novel specific inhibitor of snake venom 5'-nucleotidase：A pharmacological tool in evaluating the role of the enzyme in snake envenomation [J]. Biochemistry-Moscow，2009，74 (12)：1315 - 1319.

[84] Hajslova J，Schulzova V，Slanina P，et al. Quality of or ganically and conventionally grown potatoes：four-year study of mi-cronutrients，metals，secondary metabolites，enzymic browning and organoleptic properties [J]. Food additives and contaminants，2005，22 (6)：514 - 534.

[85] 段光明，冯彩萍. 马铃薯糖苷生物碱 [J]. 植物生理学通讯，1992，28 (6)：457 - 461.

[86] 梁克红，卢林纲，朱大洲，等. 马铃薯糖苷生物碱的研究进展 [J]. 食品研究与开发，2017，38 (21)：195 - 199.

[87] 曾凡逵，周添红，康宪学，等. HPLC 法测定马铃薯块茎中糖苷生物碱的含量 [J]. 中国马铃薯，2015，29 (5)：263 - 268.

[88] Smith D B，Roddick J G，Jones J L. Potato glycoalkaloids：some unanswered questions [J]. Trends in food science and technology，1996，7 (4)：126 - 131.

[89] Allen E H.，J. Kúc. A-Solanine and α-chaconine as fungitoxic compounds in extracts of Irish potato tubers [J]. Phytopathology，1968 (58)：776 - 781.

[90] 赵翼民. 茄科植物糖苷生物碱 Chaconine，Solanine 和 Tomatine 抗真菌的防御作用及生态意义 [D]. 长春：东北师范大学，2006.

[91] Alison M. Fewell and James G. Roddick. Interactive antifungal activity of the glycoalkaloid solanine and chaconine [J]. Phytochemistry，1993，33 (2)：323 - 328.

[92] Alison M. Fewell，James G. Roddick and Martin Weissenberg. Interactions between the glycoalkaloids solasonine and solamargine in relation to inhibition of fungal growth [J]. Phytochemistry，1994，37 (7)：1007 - 1011.

[93] Thome H V，Clarke G F，Skuce R. The inactivation of herpes simplex virus by some solanaceae glycoalkaloids [J]. Anti Viral Res：1985 (5)：335 - 343.

[94] 赵雪淞，李盛钰. 马铃薯糖苷生物碱抗真菌活性构效关系研究 [J]. 食品工业科技，2013，34 (6)：159 - 163.

［95］Keukens E A J，T de Vrije，C van den Boom，et al. Molecular basis of glycoalkaloid induced membrane disruption ［J］. Biochimica et Biophysica. Acta 1240，1995：216 - 228.

［96］陈艳. 糖苷生物碱的抗癌活性研究 ［D］. 长春：东北师范大学，2006.

［97］Roddick J. G，1980，A sterol-binding assay for potato glycoalka-loids ［J］. Phytochemistry，19 (11)：2455 - 2457.

［98］Smith D. B，Roddick J. G，Jones J. L，2001. Synergism be-tween the potato glycoalkaloids α-chaconine and α-solanineinhibition of snail feeding ［J］. Pytochemistry，57 (2)：229 - 234.

［99］李志雄，梁蔚波，唐晖，等. 龙葵碱对前列腺癌 LNCaP 及 Du145 细胞系的作用及机制 ［J］. 广东医学，2013，34 (8)：1153 - 1157.

［100］陈来，李姗姗，金德忠，等. 中药龙葵提取物澳洲茄碱对肺癌细胞抑制作用 ［J］. 时珍国医国药，2015，26 (2)：333 - 334.

［101］Son Y O，Kim J，Lim J C，et al. Ripe fruit of Solanum nigrum L. inhibits cell growth and induces ap-optosis in MCF - 7 cells ［J］. Food and Chemical Toxicology，2003 (41)：1421 - 1428.

［102］江昕昕. 马铃薯抗炎活性物质基础研究 ［D］. 合肥：安徽医科大学，2013.

［103］Gelinas P，Barrette J. Protein enrichment of potato processing waste through yeast fermentation ［J］. Biores Tech，2007，98 (5)：1138 - 1143.

［104］杨津，董文宾，李娜，等. 马铃薯生物活性成分的研究进展 ［J］. 食品科技，2009，34 (6)：150 - 152，156.

［105］董晓茹，沈敏，刘伟. 龙葵素中毒及检测的研究进展 ［J］. 中国司法鉴定，2013 (2)：35 - 41.

［106］王旺田，张金文，王蒂，等. 光质与马铃薯块茎细胞信号分子和糖苷生物碱积累的关系 ［J］. 作物学报，2010，36 (4)：629 - 635.

［107］Rayburn J. R，Bantle J. A，Fri edman M. Role of car-bohydrate side chains of potato glycoalkaloids in develop-mental toxicity ［J］. Journal of Agricultural and Food Chemistry，1994，42 (7)：1511 - 1515.

［108］惠伯棣. 类胡萝卜素化学及生物化学 ［M］. 北京：中国轻工业出版社，2005：281 - 336.

［109］Oshima S，Ojima F，Sakamoto H，et al. Supplementation with carotenoids inhibits singlet oxygen-mediated oxidationof human plasma low-density lipoprotein ［J］. Journal of Agricultural and Food Chemistry，1996 (44)：2306 - 2309.

［110］Burton G. W，Ingold K. U. Beta-Carotene：an unusual type of lipid antioxidant ［J］. Science，1984，224 (4649)：569 - 573.

［111］Omenn G. S，Goodman G. E，Thornquist M. D，et al. Effects of combination of beta carotene and vita-min A onlung cancer and cardiovascular disease ［J］. The New England Journal of Medicine，1996，334 (18)：1150 - 1155.

［112］Peto R. ，Dool R. ，Buckley J. D. Can dietary beta-carotene materially reduce human cancer ［J］. Na-ture，1981 (290)：201.

［113］Michaud D. S，Feskanich D，Rimm E. B，et al. Intake of specific carotenoids and risk of lung cancer in prospective US cohorts ［J］. American of Clinical Nutrition，2000，72 (4)：990 - 997.

［114］Ribaya-Mercado J. D，Garmyn M，Gilchrest B. A，et al. Skin Lycopene Is Destroyed Preferentially o-ver β-Carotene during Ultraviolet Irradiation in Humans ［J］. Journal of Nutrition，1995，125 (7)：1854 - 1859.

［115］González S，Astner S，Wu A，et al. Dietary lutein/ m zeaxanthin decreases ultraviolet B-induced epi-dermal hyperproliferationand acute inflammation in hairless mice ［J］. Journal of Investigative Derma-tology，2003 (121)：399 - 405.

[116] Sesso H. D, Buring J. E, Norkus E. P, et al. Plasma lycopene, other carotenoids, and retinol and the risk ofcardiovascular disease in women [J] . American Journal of Clinical Nutrition, 2004, 79 (1): 47 - 53.

[117] Yamaguchi M, Uchiyama S, Effect of carotenoid on calcium content and alkikine phosphatase activity in rat femoraltissues in vitro: The unique anabolic effect of β - cryptoxanthin [J] . Biological & Pharmaceutical Bulletin, 2003 (26): 1188 - 1191.

[118] Yamaguchi M, Igarashi A, Uchiyama S, et al. Prolonged intake of juice (Citrus unshiu) reinforced with β - cryptoxanthinhas an effect on circulating bone bio chemical markers in normal individuals [J]. Journal of Health Science, 2004 (50): 619 - 624.

第3章 | Chapter 3
马铃薯加工品与剩余物开发利用

马铃薯作为一种重要的全球作物，可以转化为许多影响人类健康的产品，可以解决营养不足、食品安全、疾病预防和过度营养等诸多问题。加工以后的马铃薯产品通常被归类为低脂肪、低钠类食物，并提供以淀粉为主要形式的碳水化合物来源。世界50%~70%的马铃薯被加工升值，发达国家加工比例高达80%。我国虽然是世界上最大的马铃薯种植生产国，但目前马铃薯加工水平却远远落后于发达国家，加工比例不到5%。据专家分析，马铃薯投入产出比为1:4，优于大豆1:2.5、小麦1:2的加工比。因此，马铃薯生产和加工的市场前景纷纷被政府、企业和农民看好。

同时，马铃薯加工厂也将面临着如何处理加工剩余物并避免环境污染的重要课题。马铃薯的加工剩余物很多，主要包括加工后的薯皮、薯渣，含有水、细胞碎片、残余淀粉颗粒、薯皮细胞或细胞结合物。其化学成分包括淀粉、纤维素、半纤维素、果胶、游离氨基酸、寡肽、多肽、生物活性物和灰分等，具有很高的开发利用价值。如果加工厂不加选择地排放废物，会对环境产生不利影响，但通过一定工艺作为饲料、发酵培养基、能源原料等生产，可以成功利用剩余物来产生增值产品达到良好的效益，保护环境。

3.1 国内外加工现状

目前，发达国家马铃薯的加工比例在50%以上。消费者更倾向于方便产品，传统的鲜食薯正在被马铃薯加工产品所替代，这些产品包括薯片、薯条、全粉、薯块、淀粉、罐头、去皮薯、薯粒、薯泥、薯酥沙拉，以及经冷冻和切削便于微波加热和烹炒的半成品。随着发展中国家经济的增长和消费水平的提高，马铃薯食品的消费也随之增长，前景十分广阔。国外对马铃薯食品加工技术的研究和应用历史悠久，马铃薯从原料生产、贮藏、产品加工、生产过程的质量控制以及产品的市场营销等产业链完整，呈现出饲用向食用深加工转化、由原料加工向快餐食品转化的特征[1]。个别发达国家加工比例更高，加工产品种类多，技术水平先进。在西欧国家，20%~50%的马铃薯用于淀粉、酒精的工业生产，其剩余物多用于饲料加工[2]。荷兰80%的马铃薯深加工后进入市场；美国70%以上的马铃薯用于深加工，年人均消费马铃薯食品40kg以上，其生产的马铃薯食品有上百种之多，2003年美国就有300多个马铃薯深加工企业[3]。

国际上马铃薯加工产品种类较多，可作为原料生产化工产品，如乙醇、茄碱、卡茄碱、乳酸等，但最主要的加工产品为淀粉、薯片、薯条和全粉。马铃薯淀粉具有黏性高、聚合度高、口感温和等特点，其应用范围广，将马铃薯淀粉添加在饼干、面包等食品中，既可改善其加工性能，又可以增加其营养和保健功能。利用马铃薯淀粉和全粉还可以生产出更多其他产品，如马铃薯方便粉丝、马铃薯面包及利用生物工程方法生产糖源等，2005 年日本仅利用马铃薯淀粉就开发出 2000 多种加工产品[1]。

在欧美国家，马铃薯制品很多，如薯泥、薯丁、薯卷、薯饼和薯丸等，其马铃薯的综合加工技术代表了当今世界马铃薯加工的技术水平。薯泥的制造工艺基本上采用马铃薯全粉和其他配料相混合，食用时用开水一冲即可，生产量最大的国家是法国。由于欧美等部分国家全粉的生产量较大，供应充足，所以生产薯泥成本相对较低，质量好；薯饼则是利用制作薯条的边角余料进行加工成型后冷冻而成的半成品，食用时需要深度油炸，可以改善口感、完善色泽。国外对薯饼的研究较为成熟，已形成了一定的规模产业和成型的生产线装备[4]。

在西方发达国家，马铃薯主要以主食形式被人们食用，是生活中不可缺少的食物之一，深受广大消费者的喜爱。但在我国居民膳食结构中，马铃薯主要以蔬菜或杂粮形式被人们所食用[1,5]。马铃薯富含维生素、矿物质、膳食纤维，其营养价值高，随着我国马铃薯主食化战略的提出，各种各样的马铃薯主食产品不断涌现，马铃薯面包、冷冻面团、马铃薯薯饼在我国市场上已有产品销售，主要被当做冷冻速食食品[6-7]。特别是马铃薯米粉[8]，深受广大消费者喜爱。随着我国学生营养餐、早餐工程、方便米食、主食产业化等举措的实施，将进一步促使米粉生产业的健康快速发展，米粉的商业化生产日益提高。

目前，我国马铃薯全粉生产企业大约有 34 家，生产能力 28 万 t。马铃薯全粉是以新鲜马铃薯为原料，经多次的高温处理，马铃薯全粉已经成为一种熟化全粉。这种熟全粉主要市场和用途是快餐店制作薯泥、食品企业加工再生薯片、膨化薯片、食品添加填充料等。目前市场容量在 15 万～20 万 t。

有研究报道，可以将马铃薯全粉添加在小麦粉中制作面包、馒头、面条、饼干等主食产品[9-10]。但是，大量试验表明，馒头当中马铃薯（熟）全粉的添加量超过 40%，会出现馒头成型难、饧发难等问题，面条中马铃薯全粉的添加量超过 35%，生产的混合面条易断条。主要原因是现有马铃薯全粉经过高温蒸煮和干燥过程已经将马铃薯淀粉糊化、蛋白变性、维生素破坏，类似于"死面粉"，将这种"熟"全粉添加到面粉当中，会对面团的面筋结构、流变学特性和机械性能等加工特性造成不利的影响。但用于开发对面筋含量要求不高的饼干、蛋糕等焙烤类食品具有广阔的市场前景。

马铃薯薯泥、薯饼、薯丸已被人们所接受，这些产品的加工对马铃薯原料的形状、大小没有特殊要求，但目前国内的这几种产品主要依靠进口。这也与我国马铃薯加工业起步晚、加工综合效益低直接相关。

当前，我国马铃薯的加工产业链短，综合利用率和增值率较低，大部分仅局限在简单食用、饲料，与其应有的经济价值差距相当大[11]。虽然我国马铃薯加工企业有 5000 家左右，但规模化的加工企业不足 100 家，大多数加工企业生产规模小、设备陈旧、技术落后、产能闲置，占总数的 70% 以上，且管理方式和经营理念不适应现代市场经济发展的要求，直接制约着马铃薯产业的持续健康发展[12]。

同时，我国马铃薯加工的综合效益不高。马铃薯加工产品种类、数量有限。主要加工产品有马铃薯淀粉、薯条、薯片、脱水薯块和全粉。其中淀粉的加工量占全部马铃薯加工量的 90% 以上，其他产品大多仍处于初期阶段，马铃薯加工转化增值极为有限。代表我国马铃薯加工技术水平的是薯类淀粉及其制品加工、马铃薯膨化小食品加工、油炸鲜马铃薯片以及少量的马铃薯全粉和速冻马铃薯薯条加工，加工总量约占马铃薯总产量的 10%[4]。由于没有现代化的储藏设备和科学的储藏方法，每年损失的马铃薯量在15％～20％之间，储藏成本高而加工周期短。大量马铃薯食品加工技术还待开发。

3.2 深加工产品

3.2.1 淀粉

马铃薯的块茎之中淀粉大约占70％，经过清洗、磋磨、离心和干燥等工序，很容易萃取这些淀粉。马铃薯淀粉具有较高的透明度、白度以及黏度等优点，在各类食品加工过程中具有其他淀粉不可取代的作用和效果，尤其在膨化食品、方便休闲食品、果冻布丁、火腿肠等各种食品的制作过程中应用广泛，即使是玉米淀粉也不可取代。

据专家推测，马铃薯淀粉在我国餐饮业之中的消耗量每年约70万t。很多菜品都需要用马铃薯淀粉作为增稠剂、肉类食品的吸附剂，尤其在西餐制作过程中，商家会将马铃薯淀粉当做西点制作过程中首选的胶凝剂及膨松剂使用；同时，利用其糊化温度低和糊透明度高的特性可制作高级方便面、水晶粉丝和粉条等；利用其稳定性高、不易老化的特性可作为冷冻食品的原料，添加在糕点面包中可增加营养成分，还可防止面包变硬，从而延长保质期。

随着市场经济的飞速发展，也带动了其他领域对马铃薯淀粉的大量需求。造纸行业所使用的淀粉主要用于表面施胶、内部添加剂、涂布和纸板黏合剂等，用于改善纸质和增加强度，使纸和纸板具有良好的物理性能、表面性能、适印性能和其他方面的特殊质量要求。马铃薯淀粉在纺织业中也有应用，主要用于棉纱、毛织物和人造丝织物的上浆，以增强和保持轻纱在编织时的耐磨性和光洁度，纱染色后能得到鲜艳的色泽，而用马铃薯淀粉精梳的棉纺品具有一个良好手感和光滑表面。马铃薯淀粉还可以应用到降解塑料制造过程中，也可以加工成酒精，并在机械、化工、医药、石油、印刷等多个行业领域应用。

马铃薯淀粉加工技术，通过预分流技术和旋流精制组合技术，能有效提升淀粉的提取率，淀粉得率也从之前的90％增加至95％，生产的淀粉产品品质也得到了明显提高。采用高线速磋磨技术、快速换刀技术，从而提升了磋磨设备运行效率以及淀粉的游离率，淀粉的游离率可达97％。

现阶段，我国精淀粉加工的总产量约200万t，由于马铃薯原料相对不足，使得精淀粉的实际生产能力略显不足。国内马铃薯加工企业约5 000家，但这些企业之中能达到规模化深加工标准的仅有100家。目前，我国的薯片加工企业约有30家，年生产能力约为10万t，实际加工数量约为7万t；每年生产马铃薯粉皮、粉丝约6万t。另外，我国每年需从国外进口速冻薯条约8万t。

3.2.2 全粉/熟全粉

马铃薯全粉是以干物质含量高的新鲜优质马铃薯为原料，经清洗、去皮、挑选、切片、漂洗、预煮、冷却、蒸煮、捣泥等工艺流程，再经高温干燥脱水而得到的细颗粒状、片屑状或粉末状的产品。但多次的高温处理，马铃薯全粉已经成为一种熟化全粉，含水率为7％～8％[13]。马铃薯全粉因廉价且营养丰富的特性在食品的深加工领域应用广泛，作为食品原料被制作成各种风味不同的马铃薯泥、马铃薯脆片等；作为食品添加剂在制作糕点、面包、薯泥、复合薯片等膨化食品以及各类营养粉之中被广泛地应用。近年来，马铃薯全粉加工品的消费量占马铃薯总消费量的比例呈逐年上升趋势。

马铃薯全粉加工过程中，出粉率与干物质含量、芽眼数量、熟肉色泽密切相关。出粉率与干物质含量成正比，干物质含量越高出粉率越高，芽眼越多且深，出粉率越低，薯肉白的马铃薯制得的全粉色泽浅。多酚氧化酶、还原糖含量高的马铃薯制得的全粉色泽深，芽眼多的龙葵素含量就高，祛毒素的难度大，工艺复杂。因此，生产马铃薯全粉需选用薯形好、薯肉色白、芽眼浅、还原糖含量低、龙葵素含量少的品种。

马铃薯全粉生产在国外已经具有几十年的历史，已经形成了一套相当成熟的生产体系。目前国外适用于马铃薯全粉加工的品种较多，并且拥有较先进加工设备，马铃薯全粉的研究主要集中在生产工艺的优化以及全粉衍生产品的开发等方面。Yadav. A. R 等[14]研究了经滚筒干燥和热风干燥方式在马铃薯全粉加工过程中对全粉性能的影响，结果表明，热风干燥制得的全粉质量较好，滚筒干燥在很大程度上改变了马铃薯颗粒全粉的功能特性。Cess V D 等[15]经研究发现马铃薯原料中所含干物质越高，在加工过程中所需要的外力越大。同时发现加工过程中预热处理可以增强马铃薯细胞的抗破损能力。S Binner 等[16]探究了马铃薯在蒸制过程中细胞壁的变化。马铃薯的细胞壁在 70℃和 100℃蒸制条件下所含果胶的去甲基化程度与甘薯相似。

目前，我国马铃薯的全粉加工还处于起步阶段。截至 2013 年，我国马铃薯全粉加工企业达到 25 家，同时产量也以每年 30％的增加量逐年增加[17]。国内对马铃薯全粉的研究主要集中在马铃薯全粉主食化食品工艺优化以及适宜马铃薯全粉生产的品种培育等方面[18−19]。肖莲蓉[20]对挤压膨化进行研究，并提出制备马铃薯全粉膨化食品的最佳工艺。张晴晴[21]、田鑫[22]等人研究发现当马铃薯淀粉添加量为 25.0％，果葡糖浆添加量为 6.0％，乳清蛋白添加量为 2.0％，谷朊粉添加量为 25.0％时，以马铃薯全粉为主要原料的馒头具有较好的感官品质[23]。周清贞[23]研究表明添加了马铃薯全粉的饼干不仅味道酥脆、口感细腻而且营养结构更加均衡。孟庆琰[24]通过红外光谱技术对马铃薯全粉进行内部指标检测，建立了马铃薯蛋白质、淀粉、干物质以及还原糖含量的预测模型，为马铃薯全粉在线检测提供了参考。王常青等人研究发现，当马铃薯颗粒全粉的温度为 39℃时，水分含量为 50％～60％，葡萄糖氧化酶（GOD）对还原糖的降解速度最快，在此条件下反应 180min，可以有效降低马铃薯全粉中还原糖及葡萄糖的含量[25]。

3.2.3　生全粉

马铃薯生全粉是指采用低温条件（≤70℃，或者短时间高温）脱水干燥制备出来的，蛋白质未发生变性、淀粉未糊化（颗粒结构完整）、其他热敏营养物质破坏小，加工性能优良的粉末状马铃薯制品。马铃薯生全粉除了皮其余马铃薯块茎当中的干物质都被保留了下来，属于马铃薯半成品，但是将马铃薯块茎粉碎后快速脱水然后干燥得到的马铃薯脱水产品导致了水溶性营养物质流失，因此不属于马铃薯生全粉。

以高温脱水生产的（熟）全粉，其淀粉已糊化、蛋白变性失活，几乎失去了加工性能，只能当做填料，制作再生薯片或土豆泥等食品使用。倘若替代部分面粉加工馒头会出现成型难、饧发难、口感差，加工的面条易断条、易混汤、不筋道等问题，更严重的是以滚筒式高温干燥脱水的（熟）全粉，能耗高、原料成本高，价格几乎是普通面粉的 3 倍，作主食化产品没有竞争优势，因此，开发新型马铃薯主食半成品原料及产品势在必行。2014 年年底，中国科学院兰州化学物理研究所先后对马铃薯冷冻真空干燥生全粉、热风干燥生全粉等技术进行了深入的研究，采用 SEM 探索了生全粉的细胞结构、淀粉颗粒结构，测试了蛋白质活性以及维生素 C 等热敏物质保留情况，建立了一套生全粉测试鉴定方法，为马铃薯生全粉半成品加工技术的研究奠定了基础。

马铃薯全粉的熟化度是传统马铃薯全粉生产过程中一直被忽视的一点。马铃薯全粉的熟化度一般是指全粉中的占比 80% 左右的淀粉的糊化度，传统的雪花全粉和颗粒全粉由于生产过程中热处理十分剧烈，使得其淀粉糊化度在 90% 以上，严重破坏了一些热敏性的营养和风味物质。同时，由于淀粉的糊化，其后续的加工性能较差，不利于食品加工，特别是在需要再次蒸煮的传统中式主食中的应用。因此，生产开发一种淀粉糊化度低，后续加工性能好的马铃薯生全粉，已成为马铃薯全粉研究和开发中的热点。研究表明，雪花全粉和颗粒全粉的熟化主要发生在其脱水干燥阶段，如何降低马铃薯原料在高温干燥过程中的淀粉糊化是生全粉生产的关键。因此，改进原有的干燥工艺技术，引入新的干燥工艺对于马铃薯生全粉具有重要的意义。

闪蒸干燥是工业中较为常用的一种直接干燥方法，通过间接或非间接加热产生的热空气，与干燥物料在干燥管路内直接接触并进行干燥，并同时将物料和蒸发的水汽带出。相比传统全粉生产中所采用的滚筒干燥和热风干燥，闪蒸干燥的热接触时间短，干燥效率更高，同时在干燥过程中，物料的温度一直处于一个较低的水平，因此适合干燥一些热敏性的原料[26]。已有文献报道利用闪蒸干燥生产制备大米蛋白粉，干燥后的大米蛋白变性少，营养价值高。

3.2.4　鲜薯品

3.2.4.1　鲜薯泥

鲜薯经清洗、去皮、挑选、切片、漂洗、预煮、冷却、捣泥等工艺过程，然后直接与小麦面粉按一定比例混合后直接加工制作面条、馒头。近两年各地科研人员和相关企业竞相开展相关研发，2015 年中国科学院兰州化学物理研究所研究人员率先开展了此项工作，有不少企业陆续研发出以鲜薯为原料的挂面、馒头、曲奇饼、饼干、饺子等产品。部分企业还将鲜薯泥与面粉混合后再进行干燥脱水，加工成营养丰富、方便快捷的配方面粉等半成品原料，深受广大消费者的喜爱。鲜薯泥直接掺混面粉加工马铃薯的主食化产品的关键技术在于鲜薯泥的熟化程度和脱水程度，以确保鲜薯泥中蛋白不变性、淀粉不完全糊化，以及控制含水量，从而确保与面粉的添加比例适宜。鲜薯泥加工主食产品，缩减了马铃薯的脱水过程，从而大大缩减了加工能耗和加工成本，是一项非常具有潜力的马铃薯主食化加工技术。

3.2.4.2　薯条

油炸薯条，在相当长的时期内是西方国家贫困人口的主要食物来源，一直都是以家庭自制方式存在，直到 1945 年左右才开始工业化生产，并于 1950 年开始兴起。在薯条的制作过程中，首先应把马铃薯薯块按照大小分级分类处理，然后将马铃薯去皮并清洗干净，制作成统一规格的横截面大约 1cm×1cm 的条状，用冷水浸泡去除多余的淀粉和还原糖，最后将表层水分沥干，经高温油炸处理，制作成为浅黄色的半成品薯条。此种薯条方便快捷，口感好，深受广大消费者的青睐。通常情况下，加工到三成熟左右的薯条便会输送到 −40℃ 环境中冷冻，然后将其放置于 −20℃ 环境中进行储存，以便更好地保存马铃薯的营养物质。半成品的薯条在食用之前，要经过再次油炸至金黄色，这样才能满足广大消费者对薯条的色泽以及营养品质的要求。

3.2.4.3 薯片

通常意义上所说的薯片是把马铃薯切割成为厚度约 1.5mm 的片状物，经过高温油炸处理，去除绝大部分的水分，使其成为颜色均一，质地可口酥脆的薯片。通常情况下，油炸薯片中的水分含量在 1.5% 以下。在油炸薯片过程中，由于使用的植物油种类不同，薯片风味也会有所不同。由于薯片具有较大的表面积，油炸过程中所吸收的油脂也相对较多，通常薯片中脂肪含量一般为 40%～45%。为了追求更为健康的休闲食品，降低薯片中油脂的含量，薯片加工企业开始使用真空油炸技术，经油炸处理后，采用离心的方式把薯片之中的多余的油脂去除。采用真空油炸技术制作的薯片较传统的薯片加工技术更为健康，薯片之中的油脂成分以及丙烯酰胺成分会相应减少，薯片的风味也更加独特。

在油炸薯片方面，我国马铃薯深加工技术与设备不断发展，使得薯片在加工过程中的油耗以及薯片中的含油量明显降低，同时也有效地避免了薯片加工过程中发生褐变的现象。例如采用滑切式切片设备以及连续油炸设备，以确保工艺与设备之间的吻合性，降低了薯片产品中油脂含量，并使得含水量在 2% 以内[27]。滑切式切片设备，有效地保证了薯片的美观性，使薯片厚度更为均匀，表面更为光洁，有效地降低了薯片在加工过程中的油耗，同时废油率也显著降低。生产的薯片品质得到了很大的提高，口感更为细腻，得到了广大消费者的一致认可。

3.2.4.4 脱水马铃薯

脱水马铃薯加工技术出现的时间相对较早，1945 年已经申请了有关脱水马铃薯加工技术的专利。早在二战时期，马铃薯泥粉的加工已实现工业化，因脱水马铃薯的体积更小而且新鲜，储存和食品加工也更为便捷。但是，二战之后，脱水马铃薯的需求量减少，其产量也随之降低。另外，脱水马铃薯产品在储存时品质会逐渐下降。不过，如果能够将其水分减少到 6% 以下，再向其中加入亚硫酸盐以及抗氧化剂，脱水马铃薯产品便能够在室温环境中储存 180d。脱水马铃薯产品包含雪花粉及颗粒粉，这些产品在加工过程中所采用的干燥方式不同，雪花粉是通过滚筒干燥技术进行加工，颗粒粉是通过回填工艺以及热气流烘干工艺进行加工。马铃薯脱水产品要比淀粉的营养更加丰富，因此，食用脱水马铃薯食品较食用淀粉食品对人体健康更为有利。

3.2.5 复配主食

3.2.5.1 米粉

马铃薯被列为主粮，并不是说以后在餐桌上可将"来一碗米饭"改为"来一碗马铃薯"，鲜食只是马铃薯吃法的一部分。马铃薯真正担当起主粮的角色，第一步是加工成全粉，与米粉或者面粉混合，可以加工成深受消费者喜爱的米粉、各种糕点，以及馒头、面条、包子等。有数据称马铃薯全粉最长能保存 15 年，与大米相比，更适合长期战略储备。

马铃薯米粉是以优质早籼米和马铃薯为主要原料，通过核心装备创制、配方工艺革新，减少或不用添加剂，突破了马铃薯米粉产品中存在的易粘连、易断条、易浑汤、难松丝等技术难题[27]。所制得的马铃薯米粉富含 B 族维生素、维生素 C、膳食纤维及钙、锌、钾等矿物质。马铃薯米粉中脂肪含量低，富含 18 种氨基酸，包括人体不能自身合成的各种必需氨基酸，具有营养丰富、健康饮食、全面均衡等优点。马铃薯米粉食用多种多样，可蒸可煮可炒，非常便利，其口感爽滑、筋道、柔软，是餐桌上一道崭新的健康主食。

3.2.5.2 面条

马铃薯面条以马铃薯全粉和小麦粉为主要原料，经过和面、醒面、压面、压延、切面等一系列工序加工制作而成。由于马铃薯全粉中缺乏面筋蛋白，使得全粉的添加会造成了面条质构特性的劣变，马铃薯面条在加工过程中存在易断条、难成型、易浑汤等问题。如何改善马铃薯面条品质，是技术面临的一个重要难题。主要原因在于：马铃薯全粉的添加明显地改变了面团的微观结构和流变特性。使面团黏度升高；随着振荡频率增加，面团弹性增大。降低了面团在应力作用下的应变回复率和形变，同时也延迟了面团的糊化进程。破坏了面筋网络结构，但提高了面条的弹性。张翼飞[28]研究表明，添加马铃薯全粉熟制作的面条回复性好，黏结性好，说明添加马铃薯淀粉能有效提高面条品质。Kawaljit 等[29]研究表明，马铃薯淀粉可以减少面条蒸煮时间，但蒸煮损失较高。

目前，市场上的面条主要以小麦粉为主要原料，随着营养型主食需求越来越高，市场上出现了小麦粉中添加其他杂粮或蔬菜而制得的新型营养面条，如玉米面条、荞麦面条、甘薯面条、燕麦面条、胡萝卜面条等，成为面条发展的一大新趋势。但都存在着面团的加工适应性变差、面筋网络质量变差、流变性变劣等成型问题。在杂粮面条中常用的改良剂是增稠剂，以魔芋粉、食用明胶、海藻酸钠、羧甲基纤维素钠、聚丙烯酸钠为代表。杂粮或蔬菜面条品质变劣的主要原因是添加的杂粮及蔬菜中缺少面筋蛋白，所以添加外源性蛋白质可以起到改善面团品质的作用，如大豆蛋白、小麦蛋白、花生蛋白等。邢本鑫等研究了添加花生蛋白粉对面条品质的影响，结果表明花生蛋白粉有利于增加面团的面筋持水率和面筋含量。李向阳等研究了添加大豆分离蛋白对面团特性及挂面品质的影响，结果表明添加适量的大豆分离蛋白可以明显改善挂面的品质。

3.2.5.3 面包

马铃薯全粉与马铃薯淀粉有所不同，马铃薯全粉具有一定的抗挤压性，能在一定程度上保持薯肉细胞的完整性，并且保持了新鲜马铃薯的营养与风味。由于基因型和生长条件的差异，不同品种的马铃薯在营养结构、糊化温度、热稳定性等方面都存在着一定差异。但是，马铃薯全粉除了具有与玉米、小麦等谷物类粮食的营养物质外，还具有粮食类谷物所不含有的维生素，另外还具有磷、钾含量高的特点。并且马铃薯蛋白中必需氨基酸比例可以与鸡蛋中的氨基酸相媲美，含量占氨基酸总量的 47.9%，氨基酸组成接近于 FAO/WHO 模式，且部分品种比大豆蛋白（FAO/WHO 模式贴近度 0.896）更接近于 1，还有部分品种的蛋白质贴近度比猪瘦肉蛋白（FAO/WHO 模式贴近度 0.919）还高，是一般粮食作物无法比拟的，是植物蛋白质的优质来源。此外，马铃薯含有的类胡萝卜素和酚类物质还具有调节血糖、抗炎、抗氧化的功能。因此，马铃薯全粉无论是作为主食直接食用，还是作为辅料加入饼干、面包和馒头等食品中，都可以提供人体必需的营养物质，深受广大消费者的喜爱。

制作面包时在小麦粉中添加适量的马铃薯全粉，不仅提高了面包的营养价值，而且改善了面包的品质特性。添加不同浓度的马铃薯全粉制作的面包品质也不同，研究发现马铃薯全粉的添加量为 15% 时面包品质最佳。由于马铃薯全粉中不含面筋蛋白，添加过多的马铃薯全粉，会降低混合粉中面筋蛋白的含量，进而弱化面筋蛋白形成的网状结构，对面包的稳定性有一定影响。添加适量的马铃薯全粉可在保持面包酸度不变的同时增大含水量，使面包更加耐贮藏，且不易老化。

在研制藜麦—小麦混合全粉和马铃薯—小麦混合全粉面包时，发现马铃薯全粉的水溶性、吸水性和膨胀能力均好于藜麦全粉；将4％的马铃薯全粉与其他脱水蔬菜粉混合制作面包，可得到营养价值更高的面包，且感官品质更好。添加10％马铃薯全粉制作出的面包与全麦面包的物理特性基本相同。马铃薯全粉还可添加进主食中，目前，已研制出第一代马铃薯全粉馒头作为主食食用，其矿物质、维生素、膳食纤维含量均高于纯小麦馒头。中国农业科学院马铃薯研发团队解决了马铃薯全粉主食产品发酵难、成型难、整型难、易开口、口感差等难题，先后研制出了马铃薯全粉占比达30％、40％、50％的马铃薯全粉馒头、马铃薯全粉面包等主食产品，并已初步实现产业化生产。

3.3 剩余物开发利用

3.3.1 薯皮提取活性物质

工业生产马铃薯淀粉、薯条、薯片等产品时会产生大量的马铃薯皮，每年产生70 000～140 000 t的马铃薯皮[30]。但是大部分马铃薯皮被廉价出售，用作廉价的肥料、动物饲料以及生物气体的原材料[31-32]。甚至有的剩余的马铃薯皮会被直接丢弃。这样不仅是资源的极大浪费，而且对环境造成了污染。

马铃薯皮中含有多种生物活性物质，如酚类、生物碱、黄酮类、绿原酸和花青素等，含量均高于马铃薯薯肉中的含量[33]。这些物质具有一定的抗菌、抗氧化、消炎和抗凋亡的作用，在药物合成、食品添加剂生产等方面均有应用。如果这部分废弃的马铃薯薯皮能够被有效利用，将大大提升马铃薯产业的附加值。

3.3.1.1 生物吸附剂的应用

国外一些研究学者用马铃薯皮来制造生物吸附剂和生物膜[34-35]，将其作为吸附剂应用于污水处理和食品包装的重金属处理中。也有研究学者将马铃薯皮应用于制药、生物合成和食品加工等方面，从而提高了马铃薯皮回收的价值，拓宽了马铃薯的应用范围[36]。在生物活性物质研究中，马铃薯皮还可应用于果胶、纤维素、多酚和生物碱的提取。

3.3.1.2 真菌抑制剂的应用

糖苷生物碱对植物病原真菌具有一定的抑制作用，是一种可以抵抗微生物病原菌浸染的植物保护剂。研究表明，茄碱经过温和条件提取，并在提取条件下可对大部分真菌都有不同程度的抑制活性[37]。这些病原微生物主要包括真菌、茄壳针孢菌（*Septoria lycopersici*）、交链孢菌（*Alternaria. sp*）、匍枝根霉（*Rhizopus stolonifer*）、黑曲霉（*Aspergillus niger*）、灰葡萄孢菌（*Botrytis cinerea*）、尖孢镰刀菌（*Fusarium oxysporum*）、茄链格孢（*Alternaria solani*）等[38]。比如：从马铃薯皮中分离的 α-茄碱对灰葡萄孢菌具有较好的抑菌效果。当加热温度低于80℃时，α-茄碱的抑菌活性比较稳定，而当温度升高到121℃时，随着加热时间的增加，抑菌效果随之减弱。当 α-茄碱浓度为 $50 \mu mol/L$ 时，对灰葡萄孢菌表现出高度敏感性。

3.3.1.3 抗病原微生物的应用

卡茄碱、茄碱能有效抑制单纯疱疹病毒，其生物活性与苷元结构和糖链紧密相关[39]。糖苷生物碱的活性主要在于C-3位的糖链。但有些寄住于马铃薯、番茄等植物的病原微生物能够切去 C-3 位连接的糖链合成部分脱毒酶，因而可减轻植物中糖苷生物碱如茄碱、卡茄碱和番茄碱等对此类病原微生物的杀伤作用。

在国内，关于病害病原菌马铃薯糖苷生物碱抑菌方面的研究仍处在初级阶段。赵翼民[40]通过探究茄科植物糖苷生物碱茄碱、查茄碱和番茄碱抗真菌的防御作用及生态意义，研究表明 α-茄碱和 α-查茄碱抗真菌活性的消失与糖链上的 6 位羟基硫酸酯化密切相关。赵雪淞[41] 等的研究表明马铃薯糖苷生物碱对腐皮镰孢霉（*F. solani*）和茄链格孢（*A. solani*）具有抑制作用，主要机制在于糖链上的羧基会影响糖苷生物碱的抗真菌活力。

3.3.1.4 作为抗癌活性剂应用

研究表明，包括 α-茄碱和 α-查茄碱在内的多种糖苷生物碱对人类结肠癌细胞（HT-29）和人类肝癌细胞的活性具有很好的抑制作用。Lee 等采用微量培养四甲基偶氮唑盐（MTT）试验证明 α-查茄碱对 HT-29 和 HepG2 的抗癌活性高于抗癌药物阿霉素和喜树碱。Yang 等人通过流式细胞检测分析，证实 α-查茄碱通过抑制细胞外信号调节激酶活性而杀死 HT-29 细胞。李盛钰采用 MTT 法证明了 α-茄碱和 α-查茄碱对 HCT-8 肿瘤细胞具有很好的抑制作用。不同浓度的马铃薯糖苷生物碱 α-茄碱和 α-卡茄碱，β_1-卡茄碱，β_2-卡茄碱，γ-卡茄碱以及它们共同的糖苷配基（茄碱）均可以抑制肿瘤细胞的生长，但不同类型糖苷生物碱不同组合对肿瘤细胞的作用需要进一步研究。

3.3.2 薯渣生产动物饲料

3.3.2.1 单一功能增强型饲料

马铃薯薯渣中含有丰富的果胶、纤维素等大分子氨基酸、多糖、多肽等物质，将马铃薯淀粉加工产生的剩余物加工成动物饲料是一个很好的选择。不经处理的薯渣直接制作成动物饲料会存在一些问题，如：薯渣中含有难以消化的不溶性膳食纤维，导致饲料的口感差，薯渣中含有的大量纤维素果胶使得饲料干燥困难，直接压榨难以去除全部水分，而烘干法所耗时长，使得成本大大增加。因此，顾正彪等人研究分析了酶法处理对薯渣成分的影响[42]。结果发现经纤维素酶和淀粉酶处理后的薯渣，可溶性膳食纤维和单糖成分的含量有所提高，提高了营养物质的吸收效率，改善了饲料的适口性。并且探究了果胶含量与干燥时间之间的关系，发现经果胶酶处理后的薯渣的干燥时间大大缩短了，大大提高了干燥效率，降低了干燥成本[43]。为提高饲料的营养价值与适口性，杨谦、钟振声等团队人员研究开创了应用芽孢杆菌、真菌、酵母等利用马铃薯薯渣以液态发酵的方式生产单细胞蛋白的资源化利用方式[44-47]。研究解决了马铃薯薯渣资源蛋白化循环利用的工艺技术难题。

3.3.2.2 复合型饲料

用加工马铃薯片、淀粉淤泥薯渣制成复合饲料，明显提高了蛋白质的消化系数。生产马铃薯淀粉的副产物与谷物麦芽、麸皮、尿素、硫酸铵、盐和矿物质添加剂混合制成复合型饲料。与传统饲料相比，其营养结构更加多元化，营养物质更易消化。还有将马铃薯或豆瓣加工剩余物与从食品厂的活性污泥中得到的蛋白一起加工成饲料，这种饲料含蛋白质 17%～20%、脂肪 0.75%、纤维 1.19%、磷 1.6%、灰分 0.37%、含水率 73%～78%，每 100g 饲料中含维生素 B_1 0.25mg、维生素 B_2 0.6mg，营养物质丰富全面，满足了动物的营养需求。从马铃薯淀粉加工副产物中分离出的可溶性固体中含有一定量的蛋白质和可溶性糖，经加热去掉胰蛋白酶抑制剂并加入氧化钙，该产品可作小鸡的日粮。将碱性马铃薯皮渣与鱼加工过程中产生的酸性废水混合也是一种理想的动物饲料。将马铃薯汁液与马铃薯淀粉加工产生的固体薯渣混合后加热，使淀粉糊化，冷却后可制成一种富含蛋白质和矿物质的饲料。

马铃薯加工后的薯渣可以替代大麦作为肉牛的能量来源。马铃薯淀粉加工的副产物经磷酸处理，干燥后湿度仅为13%，是一种理想的牛饲料，在消化率上也比未经处理的淀粉加工副产物要好。经干燥、粉碎后马铃薯、薯肉、薯皮渣等制得的马铃薯粉在饲料中完全可以与玉米相媲美。作为家畜的日粮，马铃薯粉具有脂肪、粗纤维含量高、粗蛋白含量低，氨基酸组成合理等特点，并且含有少量的胱氨酸、精氨酸、蛋氨酸和芳香族氨基酸等。上述的马铃薯副产物还可以与牧草一起青贮，作为奶牛泌乳期的饲料，可以明显提高奶牛的产奶量。

3.3.3 薯渣发酵生产酶制剂、乙醇和乳酸

将食品和农业副产物转化成更具有经济价值的产物是一项环境友好型的转化方式。近年来，许多研究都将这类副产物转化为应用广泛、具有不同功能的系列酶制剂、乙醇和乳酸产品。

3.3.3.1 生产酶制剂

马铃薯薯渣的碳氮源含量都比较丰富，是生产酶制剂的重要物质资源。对于丝状真菌米曲霉来说，马铃薯薯渣的淀粉含量丰富，是固体发酵的一种适宜的培养基。Satoshi S 利用马铃薯薯渣发酵生产广泛被用于果酒和果汁澄清制造的聚半乳糖醛酸酶[48]，将 PG 基因克隆到米曲霉中，然后利用马铃薯薯渣中的营养物质进行固态发酵，获得最大酶活达到了 173 U/g。在发酵过程中，向培养基中添加淀粉能够诱导淀粉酶的大量合成，同时也能够提高果胶酶的产量，且对纤维素酶的合成没有明显影响；但在培养基中添加了果胶进行酶发酵时，能够诱导果胶酶的合成，对纤维素酶的合成无明显抑制作用，却会降低淀粉酶的产量[49]。Gao M T 分析了支顶孢属利用不同培养基的产酶情况，发现与其他发酵培养基相比，以马铃薯薯渣作为培养基时，发酵液中的淀粉酶、果胶酶和纤维素酶的酶活都相对较高，底物抑制的情况几乎不存在，而在添加了半乳糖和乳糖的培养基中，纤维素酶、淀粉酶以及果胶酶的合成均受到了不同程度的抑制[50]。可见，马铃薯薯渣的产酶发酵优势明显。

3.3.3.2 生产生物质燃料乙醇

清洁能源受全世界的追捧[51]。目前商业化应用的乙醇主要依赖于淀粉和糖蜜类等，但此种生产成本较高，且存在商业生产与人争粮的劣势局面。近年来，随着马铃薯薯渣对环境污染问题的日益突出，生物质能源研究学者对马铃薯淀粉工业的废渣产生了极大的兴趣[52-53]。越来越多的学者报道了利用马铃薯薯渣生产乙醇的相关研究[54-56]。Mohamed Hashem 利用马铃薯薯渣采用液态发酵的方式生产乙醇，由于酿酒酵母自身不能产生葡糖淀粉酶和 α-淀粉酶，故无法利用薯渣中的大分子聚糖淀粉，所以，首先采用盐酸和硫酸对薯渣进行了糖化预处理然后加入酿酒酵母进行乙醇生产。添加适量的 $ZnCl_2$，在35℃条件下发酵 36h 达到乙醇最大产量 5.52 g/L[55]。也有研究者通过物理预处理的方法来增加马铃薯薯渣中还原糖的含量。Wenhua Miao 分别采用超声波和微波两种方式对薯渣进行预处理，并采用 DNS 法对还原糖处理前后含量的变化进行了检测，发现两种方法都对薯渣中还原糖含量的提高具有明显的作用[54]。在早期的尝试中，Verma G 应用糖化酵母（*Saccharomyces diastaticus*）和酿酒酵母（*Saccharomyces cerevisiae*）的共培养体系对淀粉进行一步发酵法

生产乙醇做出了尝试，结果表明共培养体系的乙醇得率比单一用糖化酵母提升了48％，产量从16.8 g/L增加到24.8 g/L，证明一步发酵法比先用酶糖化，再进行乙醇发酵的发酵效率高[56]。国内利用薯渣进行发酵产乙醇的研究报道较少，Xu Z利用安琪酿酒酵母进行乙醇发酵，并对影响乙醇产量的各因素（接种量、发酵时间、发酵温度和固液比）进行了初步摸索，并在各因素最优的条件下达到了最大产率0.183 mL/g[57]。

3.3.3.3 生产乳酸

用薯渣发酵生产乳酸是马铃薯剩余物利用的有效途径。21世纪初期，在欧美等国家重点围绕米根霉（Rhizopus oryzae）、毛霉等真菌产乳酸能力及降解机制开展研究。米根霉可以在各种结构复杂的碳水化合物上进行乳酸的合成，是生产乳酸的常用菌种。Yuji Oda比较研究发现[58]，米根霉（Rhizopus oryzae IFO 5834）是在以葡萄糖为碳源的培养基上产乳酸最多的菌株，而在受研究的38株米根霉中，米根霉（Rhizopus oryzae IFO 4707）在马铃薯薯渣培养基中的乳酸产量是米根霉（Rhizopus oryzae IFO 5834）的两倍之多，Yuji Oda同时比较分析了发酵作用前后薯渣中的淀粉、纤维素、脂肪、蛋白质的变化，发酵过程中果胶酶、纤维素酶和半纤维素酶的分泌情况，以及发酵产物中乳酸、乙醇等成分的变化机制问题。Saito K在比较了几种毛霉与米根霉的产果胶能力时发现，在同等发酵条件下，毛霉（Amylomyces rouxii CBS 438.76T）的产乳酸量远远小于米根霉[59]。近些年薯渣发酵生产乳酸的研究热度逐渐趋于平缓。

国内近年来也有利用米根霉、鼠李糖乳杆菌、乳酸菌发酵薯渣生产乳酸的报道，重点在甘薯渣的产酸工艺上探索较多。沈寿国等对米根霉PW352利用甘薯渣进行固态发酵产L（＋）－乳酸的条件研究发现[60]，以干薯渣为原料，补充适当比例的（Mn^{2+}、NH_4^+、Zn^{2+}、Mg^{2+}）等离子和分散剂，在接种量为每10g 1.0×10^7个孢子的干培养基中，控制在湿度70％、碳酸钙30％、36℃条件下，发酵72h产L（＋）－乳酸接近40％，对淀粉糖的转化率为60％以上。刘玉婷等利用鼠李糖乳杆菌固体发酵甘薯淀粉加工废渣生产乳酸时，考察了接种量、发酵温度、碳酸钙添加量，以及外加氮源对乳酸发酵效率的影响，提出外加氮源方可进一步促进鼠李糖乳杆菌的生长代谢，$CaCO_3$的添加量为5％时效果最好，发酵效率在95％以上。最适发酵条件为接种量10％、尿素添加量0.8％、纤维素酶含量0.4％、发酵温度35℃，在该条件下，发酵醪中活菌数达3.04×10^8 cfu/g。为甘薯渣的工业化治理和利用提供了技术思路[61]。马静静利用复合乳酸菌发酵木薯淀粉渣生产饲料进行了尝试，发现适当添加糖分促进乳酸菌复合系SFC－2对木薯渣的饲料化利用进程，但糖浓度低时丁酸积累较多，乳酸积累少[62]。比较显示木薯渣材料和发酵物中的氰化物含量均远低于国家安全限量标准，乳酸发酵也是木薯渣饲料化的可行途径。

3.3.4 薯渣提取果胶多糖

果胶是一种广泛存在于植物细胞壁之间的杂多糖[63]，其分子量在60～130 000 g/moL之间[64]。马铃薯薯渣是一种极具潜力的果胶提取原料，以干基计，马铃薯薯渣中的果胶含量在15％～30％之间。虽然果胶属于纤维素中的一部分，但是其性状有着较大的差异，由于其乳化性、凝胶性和稳定性，被广泛应用于医药、化妆品和食品行业。

3.3.4.1 作为稳定缓释剂的应用

果胶可以通过添加二价离子如Ca^{2+}或酸化来增加其凝胶性，从而形成复杂的网络结构，被成功地应用于食品中[65]。近年来，果胶的凝胶性和含水量在药物输送领域和纺织工程中得到了广泛应用[66]。将果胶和果胶酶按照不同的处方，作为脉冲胶囊的盖塞，可有效延缓药物释放的时间[67]。在化妆品行业中，果胶的应用也比较普遍，常常作为稳定剂被添加到化妆品中[68]。我国现阶段对马铃薯皮中果胶的研究和应用还处于起步阶段，应用范围还比较窄。杨希娟、党斌等人对马铃薯皮中的果胶提取工艺进行了探索[63]，利用超声辅助提取技术，建立了超声功率 300W、提取温度 80℃、提取时间 47.6min、pH＝1.8、料液比 1∶21（g/mL），马铃薯渣果胶得率达到 15％以上，各项指标均达到国家标准和行业标准的要求。马铃薯渣中果胶的应用不但可以解决薯皮废弃利用问题，还可以增加马铃薯的附加值。

3.3.4.2 生产鼠李半乳糖醛酸聚糖（果胶Ⅰ型）

鼠李半乳糖醛酸聚糖是果胶的结构之一，通过 $\alpha-1,2$ 苷键和 $\alpha-1,4$ 糖苷键将半乳糖醛酸和鼠李糖交替连接起来，含有多糖侧链，又称果胶Ⅰ型（RG-Ⅰ）。一些研究表明果胶多聚糖的侧链是膳食纤维的重要来源，也是食物的重要组成成分。目前，由于果胶Ⅰ型产量较低，所以在食品工业中的应用非常少。但是马铃薯薯渣中含有丰富的膳食纤维，果胶Ⅰ型含量较高[68-70]。Inge Byg 使用了多聚半乳糖醛酸酶对马铃薯薯渣原料进行预处理，然后采用深层过滤和超滤的方法对产物进行了纯化，研究表明此法比化学萃取法获得产物的分子量更大，提取效果更好[69]。与有机溶剂和强酸强碱等萃取法相比，运用采用酶法降解反应条件温和，最大程度地保护了产物的功能性质，特别适合食品营养价值的保持要求。因此，提取条件对产物的结构有较大影响。ise V. 在不同的酶解提取条件下得到了两种分子量大小不同的果胶，分子量>100 kD 的果胶分子为半乳糖醛酸和鼠李糖交替连接的结构[74]，分子量在 10～100 kD 的果胶分子为同聚半乳糖醛酸。Anne S 等人采用响应面优化法从不同果胶提取条件下得到了最优果胶的提取条件，在 62.5℃，pH＝3 条件下反应 1h，添加相当于薯渣干基 0.27％的戊聚糖酶，提取时间更短，效率更高[71]。

3.3.4.3 果胶提取工艺探索

国内关于果胶提取方面的研究起步较晚。随着果胶的使用量逐年增加，一些学者在不断研究新型果胶。中国农业农村部农业副产物加工重点实验室也对马铃薯薯渣提取果胶工艺做出了新的探究，对所提取果胶的乳化性质与结构做出了分析[72]。经研究发现盐酸、硝酸、硫酸、醋酸和柠檬酸对果胶产率有显著影响，用上述不同种类的酸提取其产率分别为9.72％、9.83％、8.38％、4.08％、14.34％，柠檬酸的提取率要比醋酸的提取率高出 2.5倍。并且该实验室对果胶产率影响的各提取因素进行了显著性分析，得出 pH>提取时间>提取温度>固液比，采用响应面优化的方法得到了最优的提取条件：在 pH 为 7.9 的提取溶剂中，提取温度为 66℃，固液比为 20∶1，提取时间为 3.3 h，能够获得果胶最大产率 10.24％[73]。

3.4 加工产业发展趋势

马铃薯加工业是农产品加工业中一种新型产业，近些年来异军突起，发展前景十分广阔，尤其在马铃薯主粮化战略提出后，政府的高度重视和积极支持使得这一新兴产业的发展十分迅速。

3.4.1 品种专用化

为适应市场发展需求，选育不同需求的加工专用品种是世界各国优先和重点发展目标。马铃薯品种分为淀粉加工型、全粉加工型、鲜食型、炸条型、炸片型等系列。仅荷兰列入马铃薯专用品种名录上的品种就有 200 余种。加拿大的夏坡蒂和美国的考瑞特、斯诺登、大西洋等品种，均是世界著名的油炸型马铃薯专用品种。

在国际上，由于种薯产业对农业发展的重要战略意义和其本身会产生巨大的经济效益，种薯产业在世界各国都占据着尤为突出的位置，从而快速推动农业的发展。通过不断的并购重组，种薯产业将走向集团化、规模化、国际化模式[74]。

现阶段，我国专用型马铃薯品种的研发迫在眉睫，重点要引进新品种和改良原有品种。推动马铃薯主粮化，良种研发要先行，要形成具有国内领先水平的品种选育、原种扩繁、种薯繁育体系。积极争取国家资金支持，加快推进马铃薯脱毒种薯的繁育研究和新品种的选育工作，全面推广脱毒马铃薯商品化生产，大幅提高马铃薯单产和效益，从而为马铃薯产业发展奠定基础。

在国外，许多种薯产业先进的国家都制定了严格的质量检测监督制度，促进检测、研发、生产、认证体系的完善，为种薯快速占领国际市场和快速发展提供了强有力的法律支持。任何在荷兰生产经营马铃薯种薯和申请种薯合格证的个人和组织，必须得到种薯检验总站（NAK）的批准。生产者和经销商必须服从 NAK 委员会为其制定的检测标准和规则，该检测标准应能符合任何国家的最严格的质量要求。在加拿大，种薯生产体系十分严格，各个级别的生产者均需获得特殊许可才能从事某个级别的种薯生产[75]。对从事脱毒苗生产的许可控制地也非常严格，因此只有少数技术人员和拥有可靠设备的研究型单位才能从事核心材料的生产。在荷兰，每批出售的种薯的所有相关信息均被列在 NAK 合格证上，该合格证是种薯唯一的质量证明[76]。因此完善的制度使整个种薯管理工作呈现规范化、程序化，从育种、原原种、原种到良种的生产质量控制、销售等都有相关法规条款以及违法处罚办法。统一规范、集中管理、照章办事、各司其职，使得种薯产业有条不紊的发展。

3.4.2 生产规模化

规模化，是现代制造企业提高生产效率，降低生产成本的最佳方法，而现代加工业就是集约化生产的典型特征，目的就是提高生产效率。大规模的系统性生产能充分利用人与人之间分工合作的原理，大大提高生产效率。只有建立规模化的加工产业，才能获得规模效益，提高市场竞争力。荷兰是世界马铃薯加工强国，20 多家马铃薯加工企业中，5 家大型企业的生产能力占了全国加工总产量的 50% 以上。荷兰的马铃薯淀粉生产企业尽管比较少，但产量却占据了全球马铃薯淀粉市场的主要份额。

现阶段，国内马铃薯加工企业所生产的产品结构比较单一，并且产品自身的品质不高，由于大部分企业都是小规模经营，生产技术较为落后，导致大部分企业加工的马铃薯产品品质较低，市场占有量无法得到提升，产品销售受到了极大影响，从而影响企业的效益。未来，为了顺应市场的需求，我国马铃薯食品加工业的规模将得到进一步扩大，生产技术得到进一步的提高，才能保证我国马铃薯食品加工业健康有序的发展。

我国马铃薯薯条加工企业从无到有，一步步发展壮大，现已发展到 6 家，企业生产规模也逐步由过去的百吨级壮大为现在的千吨级。目前国内较为成型的马铃薯淀粉加工厂有 50 多家，企业生产规模由过去的千吨级壮大为现在的万吨级。全国已投产的马铃薯全粉加工企业 12 家，投资在 4 000 万元人民币以上的企业有 7 家。具备技术优势、资源优和项目带动优势的马铃薯产区，均不同程度地按产业化模式发展马铃薯加工业。在内蒙古、宁夏、云南、甘肃等马铃薯产区初步形成了具有特色的产业化体系，大多以龙头企业带动，采用集生产、加工、销售于一体的系统化运作和管理。据统计，全国具有产业化特色的马铃薯加工企业已近百家。

国内马铃薯加工产业较为落后，其重要原因是食品加工还未真正实现规格化及标准化。在马铃薯食品加工过程中，越来越多的生产商要求使用规格化及标准化原料，以此保证其产品质量和提高生产效率，生产出的产品同样需要满足规格化及标准化要求。所以在马铃薯食品加工过程中，应当完善和建立原料标准，规定各种加工方式下的对应指标。加工工艺技术以及质量包装等均应向规格化及标准化方向发展[77]。目前我国正在向生产规模化转变，这一转变也将带动其他产业快速发展。

3.4.3 技术高新化

我国相继自行研发了大型淀粉生产线所需的去石机、清洗机、刨丝机（挫磨机）、旋流分离站、离心分离机、真空脱水机、大型气流干燥机以及各类变性淀粉加工设备。其中，刨丝机的线速度可达 90m/s，极大地提高了淀粉的提取率和游离率，逐渐形成了我国马铃薯淀粉加工设备、技术的框架和体系。这些设备足可以满足年产万吨规模的淀粉厂生产要求，而价格仅为国外同类产品的 1/4。在加工工艺上，现已广泛采用逆流、封闭的洗涤工艺技术。近年来应用了工业控制计算机、模型显示控制技术和 PLC 可编程控制器的控制系统，对淀粉乳的低流密度、细胞液的排放量及排放质量、洗水量的大小、离心筛选洗水压力的高低、洗涤效果的好坏、淀粉成品水分高低进行自动控制，有效地提高了淀粉的品质，同时有效地降低了工艺过程的用水量。淀粉提取率也由原来的 80% 提高到 90% 以上，较传统工艺提高了 10% 以上。一些国内进口设备厂家根据自己的技术和经验对引进的设备进行了大胆的改良，有的厂家年生产能力已接近 2.5 万 t，提取率、淀粉白度也有了很大的提高。

目前中国农业机械化科学研究院生产的设备能代表我国的最高技术水平。但不足以超过韩国、日本，中小规模的设备性能与欧洲差距不大。生产的炸机分直接加热和体外间接加热两种方式，可燃油、燃煤、燃气亦可蒸汽加热。特别是热烫机，考虑到国内马铃薯含糖高、品种杂等实际情况，进行了特殊设计，既满足了标准化生产，也适合国内、原料条件差的国家和地区使用。

3.4.4 质量控制全程化

在发达国家，马铃薯食品加工业大都采用了全程质量控制体系，以确保产品质量和食物安全。当前普遍采用的是良好的操作规范（GMP）、危害分析及关键控制点（HACCP）和卫生标准操作程序（SSOP）等。在我国，随着《中华人民共和国食品安全法》及其实施条例的颁布实施，马铃薯加工业食品安全水平和产品质量不断提高。通过 ISO 质量管理体系、HACCP 认证的马铃薯加工企业不断增加，规模以上的马铃薯冷冻薯条、薯片、全粉加工企业有 60% 通过了质量管理体系认证。

未来我国对马铃薯的消费需求量将会出现大幅度增长,要想满足这种需求的增长,就要加快我国马铃薯产业发展的速度。高新技术在关键环节与关键问题上的发挥是国外马铃薯加工业飞速发展的重要原因。高新技术的广泛应用,使马铃薯加工业向节水、节能、高质量、高效率、高提取率、高利用率等方面发展。

【参考文献】

[1] 刘洋,高明杰,罗其友,等.世界马铃薯消费基本态势及特点 [J].世界农业,2014 (5):119-124.

[2] 金虹.马铃薯开发前景好 [J].中国林副特产,2003 (3):32-43.

[3] 李崇光,章胜勇.中美两国马铃薯产业的对比分析 [J].北京农业,2008 (23):21-23.

[4] 李韵涛.马铃薯薯条及其余料加工工艺的研究 [D].北京:中国农业大学,2004.

[5] 中国农业科学院.马铃薯主食产品及产业开发科普宣传提纲 [J].休闲农业与美丽乡村,2015 (7):84-89.

[6] 陈代园.马铃薯面包冷冻面团关键生产技术研究 [D].福州:福建农林大学,2013.

[7] 汪芳安,牛再兴,曾文汇,等.马铃薯膨化饼的研制 [J].食品科技,2002 (8):18-20.

[8] 唐汉军,李林静,朱伟.螺杆挤压工艺对米粉品质的改良作用 [J].食品与机械,2015 (5):239-242.

[9] Goo Y. M.,Kim T. W.,Lee M. K.,et al. Accumulation of PrLeg, a perilla legumin protein in potato tuber results in enhanced level of sulphur-containing amino acids [J]. Comptes Rendus Biologies,2013,336 (9):433-439.

[10] 孙君茂,郭燕枝,苗水清,等.马铃薯馒头对中国居民主食营养结构改善分析 [J].中国农业科技导报,2015,17 (6):64-69.

[11] 杨冬赓.我国马铃薯产业结构调整有待高视阔步 [J].中国农业信息,2010 (10):1.

[12] 王青蓝,毕宏波,蔡红岩,等.我国马铃薯加工业现状及对策 [J].吉林农业科学,2008,33 (6):97-99.

[13] 李富利.浅议马铃薯全粉 [J].内蒙古农业科技,2012 (1):133-134.

[14] VYadav. A. R,erlinden B. E.,Y uksel D.,et al. Low temperature blanching effect on the changes in mechanical properties during subsequent cooking of three potato cultivates [J]. International Journal of Food Science& Technology,2012,35 (3):331-340.

[15] Cess Van Dijk,MonicaFischer,Jan-gerard Beekhuizen,et al. Texture of Cooked Potatoes (Solanum tuberosum).3. Preheating and the Consequences for the Texture and Cell Wall Chemistry [J]. Journal of agriculture and food chemistry,2002,50 (18):98-106.

[16] S Binner,WG Jardine,CMCG Renard,et al. Cell wall modifications during cooking of potatoes and sweet potatoes [J]. Journal of the science of food and agriculture,2010,80:216-218.

[17] 何贤用.马铃薯全粉加工技术与市场 [J].食品科技,2009,34 (9):160-162.

[18] 田鑫.不同品种马铃薯全粉微观结构与品质特性研究 [D].杭州:浙江大学,2017.

[19] 吴卫国,谭兴和,熊兴耀,等.不同工艺和马铃薯品种对马铃薯颗粒全粉品质的影响 [J].中国粮油学报,2006,21 (6):98-102.

[20] 肖莲荣.马铃薯颗粒全粉加工新工艺及挤压膨化食品研究 [D].长沙:湖南农业大学,2005.

[21] 张晴晴.马铃薯全粉在功能性主食馒头中的应用研究 [D].济南:济南大学,2016.

[22] 田鑫.不同品种马铃薯全粉微观结构与品质特性研究 [D].杭州:浙江大学,2017.

[23] 周清贞.马铃薯全粉的制备及其应用的研究 [D].天津:天津科技大学,2010.

[24] 孟庆琰．基于近红外光谱技术马铃薯全粉品质的检测研究 [D]．银川：宁夏大学，2015.

[25] 王常青，朱志昂．用葡萄糖氧化酶法降低马铃薯颗粒全粉还原糖 [J]．食品与发酵工业，2004（3）：5-8.

[26] Mujumdar AS. Handbook of industrial drying [M]．Boca Raton：CRC Press，2014.

[27] 李树君．马铃薯加工学 [M]．北京：中国农业出版社，2014.

[28] 张翼飞．淀粉对鲜湿面条质构的影响研究 [J]．安徽农学通报，2011，17（22）：95-97.

[29] Kawaljit S. S.，Maninder K. M.．Studies on noodle quality of potato and rice starches and their blends in relation to their physicochemical，pasting and gel textural properties [J]．LWT - Food Science and Technology，2010（43）：1289-1293.

[30] CHANG K. C.，Polyphenol antioxidants from potato peels：Extraction，optimization and application to stabilizing lipidoxation in foods [R]．New York：Proceedings of the National Conferenceon Undergraduate Research（NCUR），2011.

[31] 何玉华，秦贵信，姜海龙，等．马铃薯淀粉渣在动物生产中的应用研究进展 [J]．中国畜牧杂志，2016，52（16）：73-77.

[32] 吴笛．马铃薯皮渣与牛粪不同配比产沼气效果研究 [J]．中国沼气，2017，35（2）：77-80.

[33] Yin L.，Chen T.，Li Y.，et al. A comparative study on total anthocyanin content，composition of anthocyanidin，total phenolic content and antioxidant activity of pigmented potato peel and flesh [J]．Food Science and Technology Research，2016，22（2）：219-226.

[34] Virtanens S.，Chowreddy R. R.，Irmak S.，et al. Food industry co-streams：Potential raw materials for biodegradable mulch film applications [J]．Journal of Polymers and the Environment，2016，25（4）：1110-1130.

[35] Azmat R.，Moin S.，Saleem A.，Remediation of Cumetal-induced accelerated Fenton reaction by potato peelsbio-sorbent [J]．Environmental Monitoring and Assessment，2016，188（12）：674.

[36] Wu D. Recycle technology for potato peel waste processing：A Review [J]．Procedia Environmental Sciences，2016（31）：103-107.

[37] Lkra S.，Helland M. H.，Claussenand I. C.，et al. Chemical characterization and functional propertics of a potato protein concertrate prepared by large scale expanded bed adsorption chromatography [J]．Lebensmittel-wissenschaft and Technologie，2008，41（6）：1089-1099.

[38] Keukens E. A. J.，Vrije T. de，Boom C. v，et al. Molecular basis of glycoalkaloid induced membrane disruption. Biochim [J]．Biophys. Acta，1995，1240（2）：216-228.

[39] Thome H. V.，Clarke G. F.，Skuce R. The inactivation of herpes simplex virus by some solanaceae glycoalkaloids [J]．Anti Viral Res，1985（5）：335-343.

[40] 赵翼民．茄科植物糖苷生物碱 Chaconine，Solanine 和 Tomatine 抗真菌的防御作用及生态意义 [D]．吉林：东北师范大学，2006.

[41] 赵雪淞，李盛钰．马铃薯糖苷生物碱抗真菌活性构效关系研究 [J]．食品工业科技，2013，34（6）：159-163.

[42] 程力，廖瑾，顾正彪，等．酶法处理马铃薯渣对其功能性质的影响 [J]．食品工业科技，2015，36（5）：118-122.

[43] Du J.，Cheng L.，Hong Y.，et al. Enzyme assisted fermentation of potato pulp：An effective way to reduce water holding capacity and improve drying efficiency [J]．Food Chemistry，2018（258）：118.

[44] 刘冰南．地衣芽孢杆菌转化薯渣与汁水效能及其代谢机理研究 [D]．哈尔滨：哈尔滨工业大学，2015.

[45] 立宏．复合微生物发酵薯渣条件优化 [D]．哈尔滨：哈尔滨工业大学，2015.

[46] 吴海燕. 马铃薯渣资源循环利用的工艺技术研究 [D]. 广州: 华南理工大学, 2012.

[47] Li Y., Liu B., Song J., et al. Utilization of potato starch processing wastes to produce animal feed with high lysine content [J]. J Microbiol Biotechnol, 2015, 25 (2): 178 - 184.

[48] Suzuki S., Fukuoka M., Tada S., et al. Production of Polygalacturonase by Recombinant Aspergillus oryzae in Solid - State Fermentation Using Potato Pulp [J]. Food Science & Technology Research, 2010, 16 (5): 517 - 521.

[49] Turquois T., Rinaudo M., Taravel F. R., et al. Extraction of highly gelling pectic substances from sugar beet pulp and potato pulp: influence of extrinsic parameters on their gelling properties [J]. Food Hydrocolloids, 1999, 13 (3): 255 - 262.

[50] Gao M. T., Yano S., Minowa T.. Characteristics of enzymes from Acremonium cellulolyticus, strains and their utilization in the saccharification of potato pulp [J]. Biochemical Engineering Journal, 2014, 83 (4): 1 - 7.

[51] Kuriyama H., Seiko Y., Murakami T., et al. Continuous ethanol fermentation with cells recycling using flocculating yeast [J]. J. ferment. technol, 1985 (63): 159 - 165.

[52] Kawa-Rygielska J., PietrzakW., Peksa A.. Potato Granule Processin Line by-Products as Feedstock for Ethanol Production [J]. Polish Journal of Environmental Studies, 2012, 21 (5): 1249 - 1255.

[53] Xu Z.. Research on Ethanol Production by Biological Fermentation of Potato Pulp [J]. Advanced Materials Research, 2013 (281): 805 - 806.

[54] Miao W., Xu X., Zhou B., et al. Improvement of Sugar Production From Potato Pulp with Microwave Radiation and Ultrasonic Wave Pretreatments [J]. Journal of Food Process Engineering, 2014, 7 (1): 86 - 90.

[55] Hashem M., Darwish S. M. I. Production of bioethanol and associated by-products from potato starch residue stream by Saccharomyces cerevisiae [J]. Biomass & Bioenergy, 2010, 34 (7): 953 - 959.

[56] Verma G., Nigam P., Singh D., et al. Bioconversion of starch to ethanol in a single-step process by coculture of Amylolytic yeasts and Saccharomyces cerevisiae 21 [J]. Bioresource Technology, 2000, 72 (3): 261 - 266.

[57] Xu Z.. Research on Ethanol Production by Biological Fermentation of Potato Pulp [J]. Advanced Materials Research, 2013 (805): 281 - 285.

[58] Oda Y., Saito K., Yamauchi H., et al. Lactic acid fermentation of potato pulp by the fungus Rhizopus oryzae. [J]. Current Microbiology, 2002, 45 (1): 1 - 4.

[59] Saito K., Abe A., Sujaya I. N., et al. Comparison of Amylomyces rouxii and Rhizopus oryzae in lactic acid fermentation of potato pulp. [J]. Food Science & Technology International Tokyo, 2004, 10 (2): 229 - 231.

[60] 沈寿国, 刘献文, 张洁, 等. 米根霉薯渣固态发酵产 L (+) -乳酸的研究 [J]. 合肥学院学报 (综合版), 2018, 35 (5): 60 - 64, 96.

[61] 刘玉婷, 吴明阳, 靳艳玲, 等. 鼠李糖乳杆菌利用甘薯废渣发酵产乳酸的研究 [J]. 中国农业科学, 2016, 49 (9): 1767 - 1777.

[62] 马静静, 王小芬, 程序, 等. 乳酸菌发酵使木薯淀粉残渣饲料化研究 [J]. 农业工程学报, 2008, 24 (6): 267 - 271.

[63] 杨希娟, 党斌. 马铃薯渣中提取果胶的工艺优化及产品成分分析 [J]. 食品科学, 2011, 32 (4): 25 - 30.

[64] SUNDARI N.. Extrication of pectin from waste peels: Areview [J]. Research Journal of Pharmaceutical Biological & Chemical Sciences, 2015, 6 (2): 1841 - 1848.

［65］Sundari N. Extrication of pectin from waste peels：Areview［J］．Research Journal of Pharmaceutical Biological &.Chemical Sciences，2015，6（2）：1841－1848.

［66］韩健，王永春，黄震．果胶凝胶在生物医学应用上的研究进展［J］．农产品加工，2015（2）：58－60.

［67］胡文静，张良珂，刘静，等．含果胶盖塞型脉冲胶囊的制备及体外释放研究［J］．中国药学杂志，2009，44（9）：685－687.

［68］Srivastava P.，Malviya R..Sources of pectin，extraction and its applications in pharmaceutical industry- An overview［J］.Cheminform，2011，42（42）：20－37.

［69］Byg I.，Diaz J.，φgendal L. H.，et al. Large-scale extraction of rhamnogalacturonan I from industrial potato waste［J］.Food Chemistry，2012，131（4）：1207－1216.

［70］Thomassen L. V.，Vigsnæs L. K.，Licht T. R.，et al. Maximal release of highly bifidogenic soluble dietary fibers from industrial potato pulp by minimal enzymatic treatment［J］.Appl Microbiol Biotechnol，2011，90（3）：873－884.

［71］Meyer A. S.，Dam B. P.，Lærke H. N..Enzymatic solubilization of a pectinaceous dietary fiber fraction from potato pulp：Optimization of the fiber extraction process［J］.Biochemical Engineering Journal，2009，43（1）：106－112.

［72］Yang J. S.，Mu T. H.，Ma M. M..Extraction，structure，and emulsifying properties of pectin from potato pulp［J］.Food Chemistry，2017（244）：197－205.

［73］Zhang C.，Mu T..Optimisation of pectin extraction from sweet potato（Ipomoea batatas，Convolvulaceae）residues with disodium phosphate solution by response surface method［J］.International Journal of Food Science &.Technology，2011，46（11）：2274－2280.

［74］陈燕娟，邓岩．世界视角下的中国种子企业战略发展路径分析与选择［J］．种子世界，2006（6）：27－29.

［75］秦玉芝，刘明月，熊兴耀．加拿大马铃薯品种繁育与种薯生产概况［J］．中国马铃薯，2014，28（2）：117－122.

［76］白艳菊，吕典秋．荷兰马铃薯种薯检测、认证体系考察［J］．农业质量标准，2005（5）：41－43.

［77］陈锋．马铃薯加工及产业现状的研究［J］．中国农业信息，2016（20）：155－156.

第 4 章 | Chapter 4

北方马铃薯主粮化

当前，各种各样的马铃薯主食不断涌现，特别是马铃薯米粉、面条、面包等新型主食产品以其富含粗蛋白、膳食纤维、矿物质、B 族维生素、多种氨基酸等成分，营养价值高等特征，正逐渐被广大消费者接受。主食的营养特性研究亦成为热点，马铃薯加工产品品质得到不断改善[1-3]。马铃薯主食化思想渐入人心。当前，我国马铃薯年度播量、产量和单产水平均保持稳步增长，马铃薯复合增长率正以 10 年为周期趋向规律性反弹。北方一季作区以其气候冷凉，无霜期、积温、降水适宜等条件较为适应马铃薯生产，绿色、高效生产技术不断采用，产品特色明显。我国马铃薯主粮化战略的深入实施，为以马铃薯新主食产品的技术开发创造了需求基础，也为加快原料产品高质量生产创造了条件，并将进一步带动地方种植业结构的局部调整，也为加快我国居民膳食营养结构的调整创造了机遇。

4.1 全国马铃薯生产状况

世界年鉴统计显示，全球马铃薯的种植面积和产量正逐年攀升，全世界约 2/3 的人口选择马铃薯作为主粮。随着马铃薯生产技术的提高，我国马铃薯的种植面积和产量也得到快速提升，我国马铃薯由 20 世纪 60 年代仅占世界马铃薯总产量的 4.77% 提升到 2016 年的 1 947.70 万 t，约占世界总产量 25%，播种面积达到 562.6 万 hm²，较我国 20 世纪 90 年代马铃薯的产量增加了 2 倍（表 4 - 1）。

表 4 - 1　2016 年全国各省份马铃薯生产情况

地区	种植面积/千 hm²	面积占比/%	产量/万 t	产量占比/%	单产/kg·hm⁻²	单产能力
四川	807.00	14.34	322.30	16.55	3 993.80	11
贵州	731.70	13.01	233.40	11.98	3 189.10	17
甘肃	673.90	11.98	226.10	11.61	3 354.60	15
云南	557.80	9.91	172.40	8.85	3 091.40	18
内蒙古	545.70	9.70	167.00	8.57	3 059.70	19
重庆	371.80	6.61	129.30	6.64	3 478.30	14
陕西	295.90	5.26	74.70	3.84	2 525.90	22
湖北	251.50	4.47	75.90	3.90	3 019.10	20
黑龙江	215.80	3.84	100.40	5.15	4 651.30	8
山西	182.80	3.25	41.70	2.14	2 280.00	23
河北	181.30	3.22	59.50	3.05	3 281.50	16

（续）

地区	种植面积/千 hm²	面积占比/%	产量/万 t	产量占比/%	单产/kg·hm⁻²	单产能力
宁夏	168.90	3.00	35.40	1.82	2 096.50	24
青海	93.10	1.65	36.30	1.86	3902.90	12
福建	84.20	1.50	34.30	1.76	4 070.40	10
湖南	81.60	1.45	34.30	1.76	4 205.90	9
辽宁	74.80	1.33	42.80	2.20	5 713.50	4
吉林	73.80	1.31	50.00	2.57	6 772.40	1
浙江	70.90	1.26	36.50	1.87	5 149.50	6
广西	65.60	1.17	25.50	1.31	3 883.20	13
广东	46.60	0.83	22.20	1.14	4 755.50	7
新疆	28.70	0.51	17.10	0.88	5 960.20	3
江西	14.70	0.26	8.40	0.43	5 698.70	5
安徽	6.90	0.12	1.80	0.09	2 608.70	21
西藏	1.00	0.02	0.60	0.03	5 977.30	2
全国	5 626.00		1 947.70		3 462.10	

2015 年我国提出了推进马铃薯主粮化的战略决定[4]，目标是在不影响其他三大主粮生产的情况下，提高马铃薯单产，增加播种面积和总产量，提升马铃薯在主粮应用中的比重；形式上就是通过主食产品营养、消费、加工、生产一体化，将马铃薯加工成适合国人日常习惯的面粉、面条、馒头和面包等一系列主食，丰富和改善我国居民膳食营养结构，进而实现马铃薯产业的跨越式发展、可持续发展和保障粮食安全[5]。预计到 2020 年，马铃薯将占据 50% 的市场，作为主粮被消费[6]，马铃薯成为我国继稻谷、玉米、小麦以后的第四大主粮[7]。

4.1.1 马铃薯主粮化产量动态演变

国家统计局数据显示，1986—2016 年我国马铃薯产量（图 4-1）处于持续增长状态。30 年间马铃薯的产量实现了快速提升，以 5 年为周期，2012—2016 年，我国马铃薯的产量在 1 800 万 t 以上，是 1986—1990 年近 600 万 t 的产量的 3 倍，并持续增长。马铃薯产量的年均复合增长率（CAGR）自 1991 年开始基本保持稳定上涨的态势，在 1995 年达到了峰值，在随后十几年时间内开始逐渐下降，2006 年触底后马铃薯产量的复合增长率开始新一轮回转，使得 2011 年产量的复合增长率达到近年来的最高值，并再次放缓，在之后的几年产量复合增长率均呈下降趋势。由此推断，我国马铃薯产量在经历了多年的快速增长后将进入增长放缓期，但马铃薯产量将始终保持稳步供应[8]。我国实施主粮化战略恰逢其时。

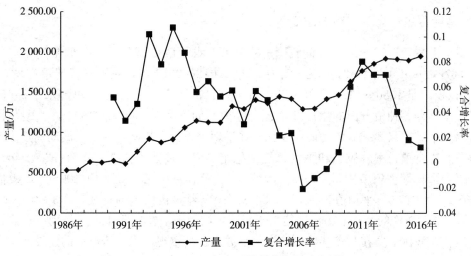

图 4-1 1986—2016 年中国马铃薯产量及产量 CAGR

（注：数据源于国家统计局。）

4.1.2 马铃薯主粮化播种面积动态演变

从马铃薯种植面积来看（图 4-2），1986—2016 年，我国马铃薯种植面积除 2006 年有较大降低外基本处于持续增长态势。以 5 年为周期，2012—2016 年我国马铃薯种植面积在 5 500 千 hm² 以上，较 1986—1990 年翻了一番。30 年内种植面积的快速增长，为我国马铃薯主粮化推进提供了广阔前景。同时，近 30 年来我国马铃薯种植面积的复合增长率也进入更快速的波动循环，第一个波动周期从有记录的 1992—2006 年，用时 14 年，第二个波动周期从 2006—2016 年，用时 10 年，波动加速，除了气候变化的影响，市场导向作用明显。在这两个波动周期内，播种面积的复合增长率最大值出现在 1999 年和 2010 年，较产量的复合增长率极大值时间提前，产量效益滞后。总体来看，掌握好我国马铃薯种植的波动规律，有利于进一步提升马铃薯主粮化产品生产的原动力，有利于支撑我国马铃薯产业的稳态增长。

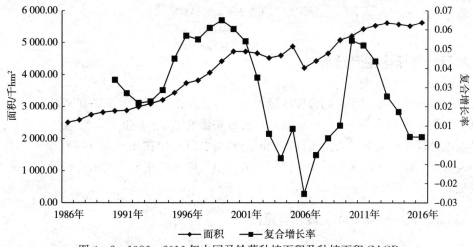

图 4-2 1986—2016 年中国马铃薯种植面积及种植面积 CAGR

（注：数据源于国家统计局。）

4.1.3 马铃薯主粮化单产动态演变

从单产上看，1986—2016 年间我国马铃薯单产水平稳步提升，30 年间平均单产年增幅度为 46.67kg/hm² （图 4-3）。以 5 年为一期，2012—2016 年，我国马铃薯单产均在 3 000 kg/hm² 以上，是 1986—1990 年单产 2 000kg/hm² 的 1.5 倍。30 年间单产水平提升缓慢，表明了我国马铃薯种植方面的生产技术提升潜力空间巨大。1986—2016 年，我国马铃薯单产复合增长率基本以 8～10 年为周期变化，并呈现增长乏力趋向。在每个波动周期内，我国马铃薯单产复合增长率的极值和平均值趋于稳定，但缓冲能力减弱：1991—2001 年，马铃薯单产复合增长率极值范围是 0.022～0.078，平均值为 0.028；2001—2008 年，极值范围是 0.008 5～0.043 0，平均值为 0.015；2008—2016 年，极值范围是 0.000 3～0.044 0，平均值为 0.022，单产的增长乏力。可能由于我国生产力水平在这些年内只是稍有提高，并没有较大改善，我国需要在马铃薯生产技术水平方面提高重视，以支撑产业的发展。

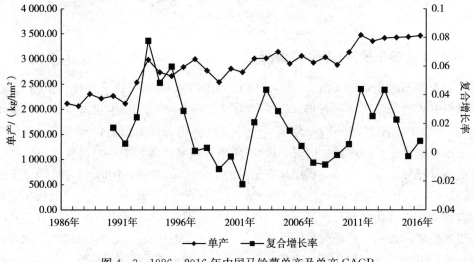

图 4-3 1986—2016 年中国马铃薯单产及单产 CAGR

（注：数据源于国家统计局。）

4.2 北方一季作区生产适应性

北方一季作区地处高寒、高纬度区域，气候冷凉，雨热同季，无霜期不超 150 天，年平均温低于 10℃，年降水量在 600mm 以内，有效积温在 3 000℃上下，为马铃薯喜凉、不耐高温、短生育期生长提供了天然条件，同时马铃薯农时安排在 4—5 月播种，9—10 月收获，结薯期避开了高温天气，北方一季作区较大的气温日照差和充足的光照有利于马铃薯产量和品质的提高[9]。

4.2.1 东北产区：一年一季，淀粉含量高

东北产区包括东北地区的黑龙江、吉林、内蒙古东部、辽宁北部与西部。地处高寒区、日照足、温差大、无霜期短、降水量 400～500mm、黑土壤等条件均适于马铃薯生长，成为

我国淀粉加工用薯和种薯的优势产区之一，且平坦地势适合大规模机械化作业；劣势在于晚疫病较重，品质略差。该产区马铃薯每年种植面积超过1 300万亩*，产量达1 500万t。该区马铃薯种植为一年一季，一般春季4月或5月初播种，9月收获。除本地消费外，也调运到中原、华南和华东等地，还出口至蒙古国、朝鲜及东南亚各国等。

4.2.2　华北产区：山东西南部一年两熟

华北产区包括内蒙古中西部、河北北部、山西中北部和山东西南部。除山东西南部外均地处蒙古高原，气候凉、日照足、温差大、无霜期中等、降雨量300mm、栗钙土壤等条件适合马铃薯生产。优势是毗邻京津冀，地域优势强，适合大规模机械化作业，且晚疫病轻，劣势是干旱、土传病害比较重，缺乏地下水资源。山东位于华北区南部，适合早熟马铃薯生产。其中，河北承德围场县是全国重点马铃薯培育基地与出口基地，中国薯菜之乡，京津薯菜供应基地。该区马铃薯种植面积1 800万亩，总产量达2 000万t。该区大部马铃薯生产为一年一熟，一般5月上旬播种，9月中旬收获；山东一年二熟，春季2月中下旬播种，5月上旬收获，秋季8月中下旬播种，11月上中旬收获。本区马铃薯除本地消费外，大量调运到中原、华南、华中甚至西南、东南亚作为种薯、薯片薯条加工原料薯和鲜薯。

4.2.3　西北产区：地势高，单产提高潜力大

包括甘肃、宁夏、陕西北部、青海东部。地处高寒，气候冷凉、日照充足、昼夜温差大，土壤多样，无霜期长，降雨量200～600mm，少病虫害。优势在于生育期长、生产的马铃薯品质优良，适合淀粉加工，单产提高潜力大，政府高度重视，劣势在于干旱、地块小而零散、不便于机械化、市场流通困难。其中宁夏固原和甘肃定西都是典型种植区域，定西更是有"中国薯都"的美誉。本区马铃薯种植面积1 800万亩，总产量达2 100万t，一般4月底至5月初播种，9月至10月上旬收获。马铃薯在本区属于主要作物，生产的马铃薯除本地消费外，大量调运到中原、华南、华东。

4.2.4　典型地区：内蒙古

内蒙古马铃薯种植面积和总产量均占到全国的10％以上。马铃薯在内蒙古自治区各地均有种植，但优势区域主要分布在以乌兰察布为中心的阴山南北麓和以呼伦贝尔为中心的大兴安岭岭东南。种植面积在30万亩以上的地区有呼和浩特、乌兰察布、包头、呼伦贝尔、兴安盟、鄂尔多斯，占全区马铃薯种植面积的92.4％；种植面积在30万亩以下的地区有赤峰、锡林郭勒盟、巴彦淖尔、通辽、乌海、阿拉善盟等，占全区马铃薯种植面积的7.6％。

从优势生产旗县来看，内蒙古中部优势区主要布局在武川县、和林县、清水河县、四子王旗、察右中旗、察右后旗、商都县、卓资县、察右前旗、兴和县、化德县、集宁区、多伦县、太仆寺旗14个旗县；西部优势区主要布局在达茂旗、固阳县、达拉特旗、杭锦旗、伊金霍洛旗5个旗县；东部优势区主要布局在牙克石市、阿荣旗、扎兰屯市、海拉尔区、莫力达瓦旗、鄂伦春旗、鄂温克旗、科右前旗、扎赉特旗、突泉县、阿尔山市、克什克腾旗、林西县、喀喇沁旗14个旗县。就内蒙古武川县而言，马铃薯面积年均60万亩，总产量

---

　*　亩为非法定计量单位，1hm² = 15亩。

7.5 亿 kg 以上，可供销售、加工用的鲜薯在 5 亿 kg 以上，并有进一步扩大的趋势。

以上重点旗县市区，马铃薯种植面积和鲜薯产量，均占全区总量的 90％以上。受灌溉条件影响，西部旱作区的马铃薯栽培模式平作、膜下滴管、圈灌为主，东部马铃薯主产区以垄作种植为主。受土地经营方式所限，目前内蒙古地区仍以一家一户种植为主，随着马铃薯市场的需求和产业化的发展，在乌兰察布、包头、呼伦贝尔出现了大批马铃薯种植专业户和专业公司，机械化程度越来越高，商品薯销往全国各地。其中乌兰察布市马铃薯种植面积和总产量位列全区首位。

4.3 北方一季作区主栽品种

4.3.1 主要马铃薯品种介绍

北方一季作区主要种植的马铃薯品种较为复杂，既有从荷兰或美国引进的品种，如底西瑞、夏坡蒂、费乌瑞它、大西洋、冀张薯、康尼贝克等；也有自主培育的品种，如克新一号（紫花白）、克新四号、晋薯 7 号、晋薯 16、同薯 20 等，各品种的特征特性、栽培要点和适宜范围见表 4 - 2。

表 4 - 2　北方一季作区不同品种马铃薯的特性及栽培适宜性

品种名称	品种来源	特征特性	栽培要点	适宜范围
底西瑞 Desiree	荷兰育成品种	结薯集中 4～5 块，薯块大，生育期 105～110d。产量一般亩产 1 700kg，多者亩产 2 500～3 000 kg。商品薯率 80％以上。休眠期较长。耐贮性中上等，干物质较高，淀粉含量 15.6％，还原糖含量低于 0.4％	抗旱性强，水旱地均可种植，特别适于旱地种植。播种密度每亩 3 500 株左右。种薯出苗快，应及早中耕和施肥浇水，开花后不宜浇水，防止次生薯出现，影响薯形美观	适宜华北西北干旱地区一季作区，特别是内蒙古乌盟各旗县。产品可鲜食和加工用
夏坡蒂 shepody	1980 年加拿大育成，1987 年从美国引进我国试种	中熟种，从播种到成熟 120d 左右，结薯较早且集中。对早疫病、晚疫病、疮痂病敏感，易感 PVX、PVY 病毒。块茎感病率高。产量水平随生产条件的差异变幅较大，每亩产 1 500～3 000kg。大薯率（超过 280g 的比率）高。块茎干物质含量 19％～23％，还原糖含量 0.2％，商品率 80％～85％	对栽培条件要求严格，不抗旱、不抗涝，对涝特别敏感。喜通透性强的沙壤土，喜肥水，退化快	主要用于炸条，在目前国内马铃薯炸片品种不能满足市场需要的情况下，中小薯块也可作炸片替代品种
克新四号	黑龙江省农业科学院年用白头翁做母本，卡它丁做父本杂交育成	早熟，生育日数 70d 左右。休眠期短，抗退化能力强，耐 PVY，对 PSTV 田间过敏，有汰除作用。轻度感 PLRV，植株感染晚疫病，但块茎对晚疫病有较高抗性。商品薯率 80％以上，淀粉含量 13％左右，维生素 C 含量每 100 克鲜薯 14.8mg，还原糖 0.13％	适宜栽植密度为每亩 4 500 株左右。丰产性好，亩产 1 800～2 000kg	适于黑龙江、吉林、辽宁、内蒙古、河南、河北、北京、天津、山东、上海、广西及湖北、安徽等省市种植，因其早熟，故尤适于城市郊区及二季作地区栽培

（续）

品种名称	品种来源	特征特性	栽培要点	适宜范围
大西洋	美国品种	属高水肥品种。最高产达到 2 800kg/亩，平均亩产 1 500kg，生育期 90d。鲜薯淀粉含量 15.0%～17.9%，还原糖含量 0.03～0.15%。适于炸片、煮食	每亩密度 4 500 株左右。沙壤土种植，生长期不能缺水缺肥，并做好晚疫病的防治和使用优质脱毒种薯	山西省北部一季作区高肥水地
费乌瑞它 Favorita	1981 年由农业部从荷兰引入，原名为 FAVORITA（费乌瑞它），又名"荷兰薯""荷兰 15""津引 8 号""鲁引 1 号""晋引薯 8 号"	出苗至成熟 60～70d。植株易感晚疫病，块茎中感病，轻感环腐病，抗 YN 和花叶病毒。一般亩产 1 700kg 左右。干物质含量 17.7%，蛋白质含量 1.55%，还原糖含量 0.03%，淀粉含量 12.4%～14%，维生素 C 含量 13.6%。	亩留苗 4 000～4 500 株。块茎对光敏感，应及早中耕培土，二季作栽培应催芽晒种。	该品种适宜性较广，黑龙江、辽宁、内蒙古、河北、山西、山东、陕西、甘肃、青海、宁夏、云南、贵州、四川、广西等地均有种植，是适宜于出口的品种
克新一号（紫花白）	由黑龙江省农科院马铃薯研究所于 1963 年选育而成。原系谱号 592—55。组合为 374—128×疫不加（Epoka）。	块茎休眠期长，生育期从出苗至成熟 95d 左右，属中熟品种。结薯早，块茎膨大早而快。抗 Y 病毒和卷叶病毒，高抗环腐病，耐旱耐束顶，较耐涝。产量一般亩产 1 500kg 左右，高产可达 2 500 kg。干物质含量 18.1%，淀粉含量 13%～14%，还原糖含量 0.52%，粗蛋白含量 0.65%，维生素 C 含量 14.4%	适宜栽植密度为 3 500 株/亩。生产上应采用脱毒种薯。适于夏播留种。应施足底肥，如底肥不足，在现蕾期结合培土进行追肥，有显著增产效果	适应范围广，适于黑龙江、吉林、辽宁、河北、内蒙古、山西、陕西、甘肃等省份，部分南方省份也有种植。是我国目前种植面积较大的一个品种
希森 4 号	费乌瑞它做母本、9304 混 8 做父本杂交系统选育而成。2011 年经山西省农作物品种委员会审定	早熟，出苗后 70d 左右收获。结薯集中，耐贮藏。抗马铃薯 X 病毒和 Y 病毒，田间轻感马铃薯卷叶病毒，退化速度慢；植株感晚疫病，由于早熟，可起到躲病作用；鲜薯含干物质 21.4%、淀粉 13.4%、还原糖 0.4%、粗蛋白 2.2%，每 100g 含维生素 C 14.2mg。平均亩产 2 000kg 左右	适宜栽植密度 5 000～5 500 株/亩。施用有机肥做基肥，化肥做种肥，化肥（马铃薯专用肥）用量为 50～75kg/亩	适宜山西的大同、朔州、忻州、太原、吕梁、长治、临汾等马铃薯一季作区作早熟栽培
冀张薯 12	大西洋，99-6-36	属中晚熟鲜食型品种，生育期 96d 左右。单株结薯平均 4.9 个，商品薯率 87.6%。薯块淀粉含量 15.52%，干物质含量 19.21%，还原糖含量 0.25%，粗蛋白含量 3.25%，每 100g 含维生素 C 含量每 100g18.9mg	起垄栽培，种植密度 4 000～4 500株/亩。结合播种亩施农家肥 3 000kg、混施专用肥 50kg 作底肥。幼苗顶土时闷锄，苗高 20cm 左右中耕，现蕾时结合中耕培土，注意防治马铃薯早、晚疫病，适时收获	适宜在不滩不碱、土层深厚、肥力中等的地块。主要在张家口、承德市坝上冷凉地区推广种植，近年在内蒙古阴山沿麓播量增加

（续）

品种名称	品种来源	特征特性	栽培要点	适宜范围
康尼贝克	乌兰察布市引进鉴定推广	中晚熟高产品种，生育期115d，适应性和抗旱性极强，植株高大繁茂。对马铃薯Y病毒和A病毒抗性强，高抗癌肿病、晚疫病。薯形椭圆形，休眠期长，耐贮性差，淀粉含量为12%～13%。一般亩产2 000～2 500kg，最高可达3 500kg，结薯集中，商品薯率高。品质坚实、蒸煮口感好，适于鲜食	抗旱性强，水旱地均可种植。播种密度3 600～4 500株。宜大垄小株距栽培，种薯出苗快，应及早中耕和施肥浇水，亩施马铃薯专用复合肥80kg，适当多施有机肥可显著提高产量和品质	该品种适应性强，主要分布于内蒙古乌兰察布少数旗县，河北和东北少数地区，可作华北、东北和西南干旱地区一季作栽培的品种，产品可鲜食和加工用
晋薯7号	以6401-3-35作母本，Schwalbe作父本杂交选育而成	结薯集中，薯块大而整齐，无次生现象，150g以上大薯率达70%，粗蛋白含量2.51%，每100克鲜薯含维生素C 9.04～14.6mg，碳水化合物含量17.89%。生育期从出苗至成熟115～120d，属晚熟种。抗旱性强，抗晚疫病、早疫病。退化程度轻。平均亩产1 873.1kg。1993年山西左云种植该品种脱毒薯60亩，平均亩产4 520kg。其中20亩，最高亩产创4 600kg记录，最大薯块3kg	播前催芽，施足底肥，一般亩留苗4 000株，在开花初期追肥，总的原则是：前期促，早中耕中期控，现蕾期深中耕高培土，少浇水，后期促控结合，少量勤浇水，叶面施肥	北部一季作区的山、川、丘陵地均可种植。水肥条件好，无霜期达130d的地方，更能发挥其增产潜力
晋薯16	NL94014作母本，9333-11作父本杂交选育而成	中晚熟马铃薯品种，从出苗至成熟110d左右。结薯集中，单株结薯4～5个，大中薯率85%。抗晚疫病、环腐病和黑胫病。块茎干物质含量22.3%，淀粉含量16.57%，还原糖含量0.45%，每100g鲜薯含维生素C 12.6mg，粗蛋白2.35%。平均亩产1 850 kg	种植密度为3 000～3 500穴/亩。有灌水条件的地方在现蕾开花期浇水施氮肥15～20kg/亩，及时中耕除草、分两次培土以增加结薯层次	
同薯20	山西省农业科学院高寒区作物研究所杜珍研究员选育2005年经国家农作物品种审定委员会审定命名	中晚熟种，出苗到成熟100～110d。结薯集中，单株结薯数平均4.7个。生长势强，抗旱耐瘠。块茎膨大快，产量潜力大；薯块大而整齐，商品薯率60.8%～73.0%，商品性好，耐贮藏。蒸食菜食品质兼优，干物质含量24.0%，淀粉含量16.7%，鲜薯还原糖含量0.50%，粗蛋白含量1.90%，每100g鲜薯含维生素C 18.4 mg	中晚熟一季作区5月上中旬播种，9月下旬至10月上旬收获。播前催芽，每亩种植密度3 500～4 000株。施足底肥，加强田间管理，加强晚疫病防治工作	本品种适宜范围广，在华北（山西的大同、朔州、忻州、太原、吕梁、长治等地均可种植）、西北、东北大部分一季作区均可种植

4.3.2 主栽马铃薯品种的适应性

在黑龙江、吉林北部和内蒙古东部地区，一般选育、种植淀粉含量高、高抗晚疫病、高产的中晚熟或晚熟品种为主；在交通方便的种薯繁殖基地，适当种植有中原和南方需要的早熟或中早熟品种。内蒙古中部、河北北部等地区，是我国主要的种薯生产区和薯片、薯条加工原料基地，该地区降雨为 200～300mm，晚疫病发生少而轻，但经常受到干旱威胁，为克服干旱对马铃薯生产的影响，多种植抗旱品种，详见表 4-3。

表 4-3　2017 年北方一季作区部分地区马铃薯种植面积变化及当地主栽品种

地　区	减扩种情况	备　注
河北围场	面积增加 10%左右	种植期为 4 月 4 日至 4 月 20 日，早熟"荷兰系列"7 月初即可上市，夏坡蒂、克新一号 7 月中旬左右上市，226 面积扩增明显
河北张家口	面积缩减 10%左右	荷兰十五、226 面积增加，夏坡蒂面积缩减
内蒙古多伦	面积缩减 10%左右	荷兰十五及夏坡蒂种植面积均有缩减，两者比例为 4∶1
内蒙古蓝旗	面积变化不大	主要为商品薯种植和中薯繁育，其中商品薯种种植面积达 9.3 万亩，种薯繁育面积达 2 万亩
内蒙古太仆寺旗	面积基本无变化	薯种以荷兰十五及夏坡蒂为主，种植面积变化不大，当地多在 9 月初上市。截止 2016 年，全旗马铃薯贮藏窖累计达到 2 285 座，贮藏能力在 31 万 t 以上
内蒙古武川	面积增加 15%左右	散户种植克新一号为主，面积增加，基地以种植克新一号、夏坡蒂为主
内蒙古乌兰察布	面积缩减 10%～15%	乌兰察布市马铃薯种植面积一直稳定在 400 多万亩，占到总播种面积的 40%以上，近年来种植面积整体有减少趋势
内蒙古呼伦贝尔	面积增加 5%左右	主要分布在海拉尔区、牙克石市、阿荣旗、扎兰屯市、莫旗和鄂伦春旗。每年 5 月播种，在 8—9 月可以收获并出售
黑龙江齐哈尔	面积基本无变化	讷河、依安、克山面积集中，今年大户种植面积扩种，散户种植面积缩减
黑龙江哈尔滨	面积增加 5%～7%	黑龙江呼兰区白奎镇新薯种植结束，种植面积较去年增加 5%～7%，品种结构继续发生变化，优金 885 继续增加，"荷兰系列"面积减少，中薯五号、延薯 4 号、俄七面积减少
黑龙江牡丹江	面积增加 20%	黑龙江牡丹江宁安县兰岗镇马铃薯种植主要以优金 885 为主，少数种植克新十三
吉林松原	面积增加 15%左右	当地薯种以延薯四号为主
吉林公主岭	面积增加 15%左右	当地薯种以延薯四号为主，少量优金 885 及荷兰十五。当地市场逐步打开，农户种植利润较好，种植热度较高，近几年面积呈增加态势
陕西定边	面积缩减 5%左右	陕北的秋马铃薯占比比较大，秋季马铃薯预计将于 8 月中旬左右上市，克新一号占比 80 以上，部分种植夏坡蒂
甘肃定西、静宁、靖远	面积缩减 5%左右	定西种植面积缩减 5%左右。今年甘肃省耕地休耕试点启动，20 万亩土地休耕。试点包括环县、会宁、通渭、静宁、永靖、永登、古浪、景泰、安定区、泰州区 10 个县区

（续）

地 区	减扩种情况	备 注
宁夏西吉	面积缩减 30%左右	新季马铃薯种植期为 5 月 1 日至 5 月 11 日，上市期为 10 月中旬至 11 月初，薯种以青薯 9 号、青薯 168、一点红为主
青海西宁	面积较去年缩减 15%	主要以青薯 9 号、青薯 168 为主

4.4 北方一季作区栽培技术

我国北方土质肥沃，光照充足，昼夜温差大，地处于北温带，属于典型的温带大陆性季风气候，在这样的环境下栽培马铃薯十分有利。基于此，以内蒙古马铃薯种植技术为代表，对北方马铃薯高产栽培技术进行总结，以供相关人员参考。

4.4.1 前期准备

4.4.1.1 品种选择

依据种植地区的环境与市场需求因地制宜选择适栽品种，并在选择过程中重点考虑以下几点：①品种的预期产量；②品种自身的抗病能力；③马铃薯的质量；④预售地的饮食消费习惯。例如，在部分北方地区，无霜降期可达 5 个月，降水量为 450mm，蒸发量为 1 600mm，平均气温为 6℃，日照时长约为 3 000h，在此环境下，应选择无毒马铃薯品种最佳。

4.4.1.2 种子预处理

马铃薯品种选定后，应利用适当的方法对其种子进行相关处理，以此来提升马铃薯种子的发芽率。主要过程为：①低温催芽，选择完整、无病无虫、表面光滑、无冻伤的种薯，在种植前的一周至两周置于温度约为 15℃左右的黑暗环境中，受非直射光照射促使其快速发芽；②切块消毒，选择芽长 1cm 左右的种薯进行切块，确保每块最少有两个或两个以上的芽眼，并且在切块时要利用 70%浓度的酒精对种薯进行消毒，以此来避免种薯切块后溃烂，影响植株成活率；③愈伤融合，切块后，可以搅拌一些草木灰，或融合喷施一些化学微量元素，帮助薯块快速愈合切面创伤，最后，在创伤痊愈后，进行马铃薯种植。

4.4.2 操作种植

4.4.2.1 肥力测验

良好的土壤环境对马铃薯的产量可有直接影响，因此，在马铃薯种植前期，应对播种区域的土壤进行相关的肥力测验，并根据土壤的实际情况选择最佳的马铃薯品种。在实际播种时，应保证土壤播种层的温度为 9℃左右为最佳。通常情况下，北方马铃薯的播种日期约为每年的 4 月末，以此来保证马铃薯在出苗时避免受到霜冻影响，正常出苗。

4.4.2.2 灌溉

马铃薯生长过程离不开水分，长时间缺水，会导致马铃薯植株死亡，因此，应结合实际情况进行适当灌溉，以保证马铃薯秧苗的成活率。在幼苗期，以保证土壤湿润即可，气候干旱时应适当进行灌溉，但不能使土壤过于湿润。在茂盛生长至成熟期时，应保持土壤具有充足水分，以保证植株正常的生长。尤其是在结果初期时，应特别注重水分供应与调节发芽，随着枝芽的增多，马铃薯的产量也会有所保障。

4.4.2.3 施肥

马铃薯植株生长过程离不开必需的营养物质，如果土壤肥力不足，应施肥补充，以避免植株生长不良。但在实际施肥过程中，应严格注意施肥量，尤其是在马铃薯的幼苗时期，如果肥力过高，将引起严重的烧苗现象，影响马铃薯幼苗的生长，甚至直接造成幼苗死亡，不利于马铃薯产量的提升。施肥以不破坏生态平衡为原则，尽量使用有机肥或农家肥，根据当地的实际情况增减施肥量，以此来保证植株健康成长。

4.4.3 后期管理

4.4.3.1 夏季虫害防治

马铃薯植株进入到生长茂盛时期，相关的温度、光照、水分等环境因素既有利于马铃薯植株的生长，同时也是植株虫害高发期，也是马铃薯结果的关键时期，所以，应做好相关的病虫防治工作，从而保证马铃薯植株正常生长，提升马铃薯产量。北方一季区马铃薯植株的主要虫害为蚂蚁、蝼蚁、地老虎、蚜虫等，可以利用杀虫剂或农药进行有效的控制，保证植株不受侵害。

4.4.3.2 进行除草

马铃薯块茎生长过程中，需要吸收大量的营养元素。但在生长过程中，由于野草生命力顽强，会与马铃薯植株争夺水分与养分，因此，应及时进行除草工作，从而保证马铃薯植株吸收到充足的营养物质，健康成长。

4.4.3.3 秋季收获防变质

马铃薯成熟后进行收获时，如果受到长时间的风吹与光照，马铃薯会出现变青现象，严重影响马铃薯的品质，甚至出现生物碱的积累，威胁食用者的健康。因此，收获时长期存放应适当遮阳与挡风，以保证马铃薯的品质。

综上所述，在北方高产马铃薯栽培过程中，相关工作人员应重视相关的技术与植株的生长管理，尤其是马铃薯的品种选择、种子处理以及生长过程中的灌溉施肥等，对栽培过程中的各个环节进行整合，经过科学的管理与协调，充分发挥高产栽培技术的作用，实现高产的目的。

4.5 北方一季作区病虫害绿色防控技术

4.5.1 北方马铃薯常见的病虫害

表 4-4 马铃薯病虫害类型

类 型	危害源	范 围
真菌性病害	晚疫病、早疫病	造成减产，但是会使马铃薯的品质严重下降，造成农民的经济损失。这些病害都是由真菌引发，大多没有有效的防治药剂
细菌性病害	青枯病、坏腐病和疮痂病	是世界上最主要的马铃薯病害。如果不及时采取有效的防控措施，必然会使马铃薯减产

（续）

类　型	危害源	范　围
病毒性病害	卷叶病、花叶病、马铃薯 Y 病毒和 A 病毒	具有传染性，在短时间内会造成大面积的植株感染，危害巨大。卷叶病的发生概率比较大，出现在大多数马铃薯种植国家，致使易感品种产量损失率达到 90%
地表虫害	破坏植株枝叶	主要包括斑蝥、二十八星瓢虫、桃蚜、潜叶蝇、白粉虱及其他粉虱
地下虫害	破坏根、块茎	主要包括白色蛴螬、金针虫、地老虎以及马铃薯块茎蛾等

4.5.2　播种期的病虫害防控

播种前期的准备对于控制病虫害极为重要。首先，要大力推广脱毒种薯。比较而言，脱毒种薯较一般种薯具有早熟、抗病、高产、品优等特点，能有效降低早疫病、晚疫病的发生。其次，合理挑选和处理种薯。为了保证种薯的出苗率，必须要去除其中的病薯和烂薯，晒晾 2h 再播种，以提高种薯的抗病性。在病虫害频发的土地，可以用毒死蜱乳液（10 mL 乳油加水 1 kg 混合）喷洒在薯块上，以提高马铃薯的成活率。最后，要对种薯进行切块消毒处理。为了提高种薯的利用率，扩大种植面积，要在切块过程中做好刀具的消毒处理，如用 2% 的硫酸铜溶液喷洒刀具，或使用 0.5% 的高锰酸钾溶液进行消毒，可以有效减少早疫病和坏腐病的发生。对于晚疫病可以使用 50% 的安克可湿性粉剂的 350 倍液或 72% 的克露可湿性粉剂 350 倍液种薯浸种[10]，可使马铃薯提早出苗，降低植株发病率、块茎发病率。

4.5.3　生长期的病虫害防控

4.5.3.1　诱杀防治

对于粉虱、蚜虫等害虫，可借助诱虫黄板对其进行诱杀。一般而言，标准为 30 cm×40 cm 的黄板，在每 1 km² 的土地内放置 300 块，将其置于植株顶端 20 cm 处，并定期对粘满害虫的黄板进行更换。虫害比较严重时，也可以与农药一起配合使用，但药剂用量也要减少 20%，以减小对益虫（如瓢虫）的伤害。

4.5.3.2　加强田间管理

对于晚疫病控制，可采取加强中耕管理培土、清除病残体、开沟排水等措施，控氮增磷钾肥，提高自身抗病性，合理农艺。在马铃薯生长后期培土，可减少游动孢子囊侵染薯块机会。在病害流行年份，适当提早杀秧，2 周后再收获，把茎叶清理出田外集中处理。可避免薯块与病株接触机会，降低薯块带菌率。

4.5.3.3　药物防治

当害虫繁殖速度过快，不得不采用农药进行灭虫时，农药的选择一定要谨慎，不能对环境和生态造成太大的破坏。蚜虫可以用 0.4% 蛇床子素、5% 天然除虫菊素乳油药剂喷杀。马铃薯植株叶背时药剂喷洒的重点区域，一般每隔 10 d 喷洒 1 次，2 个周期即可。

对于晚疫病防治时期，或在中心病株始见期，选用丙森锌或氟啶胺及枯草芽孢杆菌等保护性杀菌剂进行全田喷雾处理。进入流行期后，选用氟啶胺或烯酰吗啉或及嘧菌酯等治疗性药剂进行防控。杀秧后地表喷施 1 次霜脲·锰锌预防块茎感病，选择晴天收获[11]。但在马铃薯收获前 1 周内不得喷洒农药，以免造成农药残留[12]，影响人体健康。

4.5.4 收获贮藏期的病虫害防控

马铃薯收获时，首先对秧苗进行清理，最好在7d内完成，收获时间选择在晴天，尽量避免伤到马铃薯的表皮。其次，在进行贮藏前，必须要将病薯和有伤口的薯清理出来，置于阴凉通风处3d。马铃薯入窖前，把薯窖的表土及残存的杂物清理出窖外，同时选用百菌清喷雾消毒，或选用百菌清烟剂熏蒸进行消毒，施药后密闭36h后通风。贮存量控制在贮窖（库）容量的2/3以内。贮藏期间保证通风顺畅，温度控制在1~4℃范围，湿度在75%左右。

【参考文献】

[1] 欧阳玲花，戴小枫，胡宏海，等. 双螺杆挤压条件对鲜切马铃薯复配大米米粉品质的影响 [J]. 食品工业科技，2017，38 (1)：204-207.

[2] 谌珍，胡宏海，崔桂友，等. 马铃薯米粉营养成分分析及食用品质评价 [J]. 食品工业，2016，37 (10)：55-60.

[3] Xu F，Hu H，Dai X，et al. Nutritional compositions of various potatonoodles：comparative analysis [J]. Int J Agric & Biol Eng，2017，10 (1)：218-225.

[4] 卢肖平. 马铃薯主粮化战略的意义、瓶颈与政策建议 [J]. 华中农业大学学报（社会科学版），2015 (3)：1-7.

[5] 高康，何蒲明. 马铃薯主粮化战略研究 [J]. 合作经济与科技，2018 (14)：31-33.

[6] 王金秋，武舜臣. 马铃薯主粮化战略的动力、障碍与前景 [J]. 农业经济，2018 (4)：17-19.

[7] Wang Hairong. Rediscovering the Value of the Potato How China is learning to stop worrying and love the humble spud [J]. 北京周报：英文版，2015，16 (7)：32-33.

[8] 杨亚东. 中国马铃薯种植空间格局演变机制研究 [D]. 北京：中国农业科学院，2018.

[9] De Tender C A，Debode J，Vandecasteele B，et al. Biological，physicochemical and plant health responses in lettuce and strawberry in soil or peat amended with biochar [J]. Applied Soil Ecology，2016 (107)：1-12.

[10] 周长艳，王珊珊，张向前，等. 不同种薯药剂处理对马铃薯晚疫病防治效果和产量的影响 [J]. 现代农业，2019 (6)：4-7.

[11] 张莉娜. 马铃薯晚疫病综合防治技术 [J]. 西北园艺，2019 (6)：52-53.

[12] 武高峰. 浅谈马铃薯病虫害的绿色防控技术 [J]. 农业与技术，2016，36 (20)：93.

下篇 地域优势
——内蒙古马铃薯的质量信息

　　内蒙古马铃薯生长在高纬度高海拔高风沙地区，病情少，疫控简单，黑土、栗钙土、棕钙土、风沙土孕育了马铃薯丰富的无机矿物，一年季的生长过程积累了马铃薯充足的有机成分，地域质量信息丰硕。对其营养特征、膳食供应、保健活性、卫生品质、人群风险进行综合分析评价，对其品种差异、产品利用、质量分级、品牌保护、产地识别给出技术解决方案，对于发掘地域产业资源密码，保护特色产品优势，引导主食利用和保健消费，疏解马铃薯质量安全隐忧，提升马铃薯产业绿色发展水平意义深远。

第5章 | Chapter 5
宏量营养素评价

　　马铃薯，作为世界十大营养食品之一，可以提供人类生活所必需的基本营养素。马铃薯干物质组成以淀粉、纤维和蛋白质为主，含有少量脂类，是天然的大颗粒结合磷基淀粉来源，是优质的完全蛋白质食材，有较好的符合人类需求的氨基酸组成，几乎不含有游离脂肪和胆固醇，是廉价的高热量低脂肪食物。因此，马铃薯又有"能源植物""地下苹果""第二面包"等多种美喻。内蒙古马铃薯具有成功的大规模生产模式，同时兼备广泛消费认可度和廉价的可负担性等特点，在全国各大市场中易于获得，其主体营养价值如何，需要向消费者提供清晰、连续、可信赖的数据支持。

5.1 碳水化合物

　　碳水化合物（Carbohydrate）是由碳、氢和氧三种元素组成的一类化合物，由于它所含的氢氧的比例为2∶1，和水一样，故称为碳水化合物[1]。从广义上来说，碳水化合物可分成两类：一类是人体可以吸收利用的有效碳水化合物，如单糖、双糖、多糖等，淀粉属于多糖的一种存在形式；另一类是人体不能消化的无效碳水化合物，如纤维素等[2-4]。从狭义范围来说，碳水化合物仅指糖类，糖类按其还原性，可分为非还原性糖和还原性糖。非还原性糖有蔗糖、淀粉。还原性糖包括了所有单糖和大部分双糖，有葡萄糖、果糖、半乳糖、乳糖、麦芽糖等[5-6]。马铃薯的碳水化合物平均含量为16％，其中淀粉含量占90％以上[7]。所以，淀粉是马铃薯最重要的贮存性碳水化合物，能提供人类膳食中对碳水化合物的需求[8]，马铃薯的还原糖与炸片、炸条以及全粉加工品质等有密切的关系，是衡量马铃薯能否作为加工原料的最为严格的指标，还原糖含量直接影响了马铃薯的加工利用价值[9]。近年来，随着马铃薯加工产业的迅速崛起，马铃薯加工废物再利用成为研究热点，研究显示，马铃薯渣中膳食纤维质量约占总质量的50％[10]，可作为膳食纤维的来源之一，在食品加工中具有良好的应用前景。因此，本研究将马铃薯碳水化合物锁定在淀粉、还原糖和粗纤维这些参数上，通过多年数据监测，分析了内蒙古不同地区、不同年份和不同品种的差异，并与全国其他主产区进行了对比，同时还探讨了马铃薯主要碳水化合的营养价值和膳食评价，以期从科学的角度上评价内蒙古马铃薯的品质优势。

5.1.1 淀粉

5.1.1.1 整体情况

　　根据内蒙古近年来马铃薯种植、分布及产量的统计数据，选择了内蒙古自治区马铃薯主粮化优势区域布局规划的县域进行品质测定，连续4年对575份马铃薯样品中淀粉含量进行测定，结果显示（图 5-1）：淀粉含量分布在 7.37%～23.4%，平均值 13.9%±0.11%，中位值 13.9%，25 分位值为 12.2%，75 分位值为 15.5%，数据基本呈正态分布，偏度为 0.187，峰度为 0.156，以均值为参照点，位于均值右侧的数据较多，存在少量的离群数据。

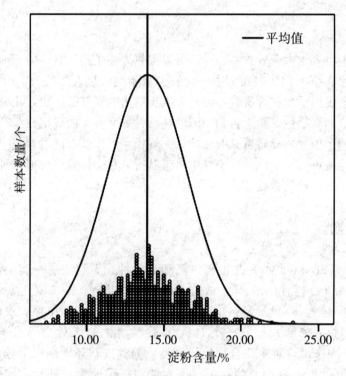

图 5-1　马铃薯淀粉含量正态分布图

　　本研究团队也同期监测了全国其他马铃薯主产区（包括甘肃、贵州、黑龙江、湖北、陕西、四川、云南、重庆等地）的马铃薯样品，这些抽样地区马铃薯种植面积占全国的 79.1%，总产量占全国的 77.6%，结果可代表全国马铃薯的品质状况。结果显示：连续4年全国马铃薯淀粉含量平均值为 13.4±2.56%，与全国平均水平相比，内蒙古马铃薯淀粉含量高于全国平均水平 0.5 个百分点。

　　本研究团队将 575 份马铃薯样品中的淀粉含量进行分段统计，发现淀粉含量主要集中在 10.1%～18.0%之间，样品数量超过总体的 85%，含量在 12.1%～14.0%区间内的样本占 29.4%，分布在 14.1%～16.0%的样本占 27.9%；分布在 5.1%～10.0%的占 6.50%、分布在 18.1%～20.0%的占 3.98%、分布在 20.1%～25.0%的占 1.68%。内蒙古马铃薯样品淀粉含量分布与全国数据分布情况基本一致，淀粉含量在 12%～16%的内蒙古样品数量相对多于全国样品分布水平（图 5-2）。

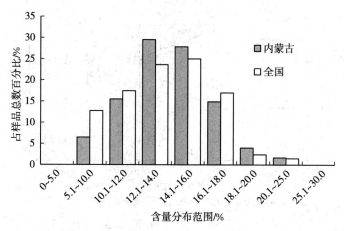

图 5-2　内蒙古和全国马铃薯样品淀粉含量分布比较

5.1.1.2　年度差异

2015 年内蒙古淀粉含量分布在 7.83%～23.40% 之间，平均值 14.3%±0.17%，中位值 14.1%；2016 年，淀粉含量分布在 7.37%～20.6% 之间，平均值 11.9%±0.44%，中位值 11.8%；2017 年，淀粉含量分布在 8.12%～22.0% 之间，平均值 14.9%±0.19%，中位值 14.7%。2018 年淀粉含量分布在 9.11%～18.7% 之间，平均值 13.9%±0.23%，中位值 13.7%（表 5-1）。

表 5-1　2015—2018 年淀粉含量统计表

	2015 年	2016 年	2017 年	2018 年
均值/%	14.3	11.9	14.9	13.9
均值的标准误/%	0.17	0.44	0.19	0.23
中值/%	14.1	11.8	14.7	13.7
标准差	2.42	5.39	2.30	2.29
偏度	0.038 0	−0.801	−0.013 0	0.060
峰度	1.06	−0.607	0.304	−0.615
极小值/%	7.83	7.37	8.12	9.11
极大值/%	23.4	20.6	22.0	18.7

图 5-3 显示，淀粉含量年度间呈现波动变化，a、b 表示均值差的显著性水平为 0.05。方差分析发现，差异变化的概率 p 值小于 <0.05，年度间淀粉含量差异显著，2016 年淀粉含量最低，2017 年淀粉含量显著高于其他年份，2015 年和 2018 年淀粉含量没有显著差异。

吴泽军[11]认为，水分是影响淀粉积累的关键因素，生育后期的降雨过多，影响马铃薯淀粉含量的积累。西部幸男[12]的研究认为，适当的温度有利于块茎中淀粉地积累，在块茎

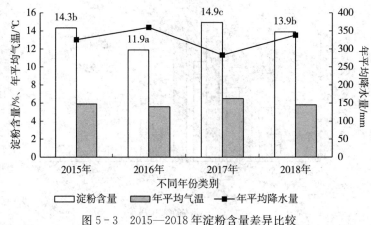

图 5-3　2015—2018 年淀粉含量差异比较

膨大期，温度在 14~19℃时，淀粉的积累最多。Wang Shao-hua[13]认为，随着日照的增加，叶片光合速率提升，同化产物外运速度加快，淀粉逐渐积累。李会珍的研究也发现，在 0~16 h 范围内，光照时间的延长有利于马铃薯内淀粉的累积[14]。池再香的研究证明了温度、降水量和日照对马铃薯克新 12 的品质起限定作用，贵州 6 月的有效积温及 9 月的充足日照有利于淀粉的积累，8 月的降水及日照不利于淀粉的积累[15]。

　　本研究团队结合内蒙古年度气候数据发现：2016 年内蒙古年降水量达 359.4 mm，尤其 6 月下旬降水量与常年同期相比，多地降雨量较往年偏多（25%~51.8%），其中，乌兰察布市四子王旗、通辽市科左后旗与科左中旗偏多 2 倍以上[16]。可能由于降雨量过大影响了 2016 年马铃薯淀粉的积累。而 2017 年年平均气温高于其他年份，且全年平均降水量 283.2 mm，尤其 6 月下旬气温为 10~24℃[17]，7~8 月降水偏低，土壤墒情适宜，对马铃薯块茎生长及淀粉积累相当有利，所以 2017 年呈现淀粉含量较高。

5.1.1.3　地区差异

　　根据内蒙古近年来马铃薯种植、分布及产量的统计数据，选择了内蒙古自治区马铃薯主粮化优势区域布局规划的 12 个旗县作为监测县域，分别是达茂旗、固阳县、商都县、化德县、察右后旗、察右中旗、四子王旗、武川县、太卜寺旗、牙克石市、多伦县和阿荣旗等。图 5-4 反映了 2015—2018 年各地区间淀粉含量变化情况，同时，也做了方差分析，结果显示，组间均方 F=8.227，F 值对应的概率 P 值小于显著性水平 0.05，含量存在显著差异性。从不同地区的年度平均值来看，察右后旗样品中淀粉含量最高，达 15.9%，且显著高于其他地区。调研结果显示，察右后旗播种的马铃薯品种以后旗红品种为主，后旗红属于高淀粉品种，说明地区间样品的淀粉含量差异与种植品种相关。其次是武川县和达茂旗，分别为 15.4% 和 14.4%，武川县、达茂旗、太卜寺旗、四子王旗、察右中旗、化德县、固阳县、阿荣旗和商都县地区间概率 P=0.053（>0.05），地区差异不显著。多伦县的样品淀粉含量最低，只有 12.1%。

　　为了进一步分析内蒙古马铃薯在淀粉含量上的品质优势，同时比较了甘肃、贵州、黑龙江、湖北、陕西、四川、云南、重庆 8 个省份主产地样品中的淀粉含量差异，方差分析结果显示：不同产区淀粉含量存在显著差异性，如图 5-5 所示，a、b 表示均值差的显著性水平为 0.05，内蒙古马铃薯淀粉含量显著高于四川、重庆、湖北、黑龙江等地，与陕西、贵州、

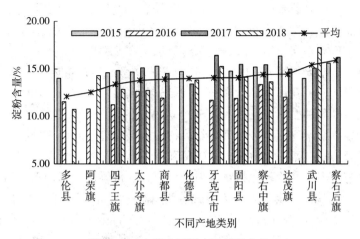

图 5-4 内蒙古不同产地淀粉含量

云南等地淀粉含量没有显著性差异，但是显著低于甘肃马铃薯淀粉含量。

王新伟研究发现，同一马铃薯品种的淀粉含量与纬度和海拔相关，将纬度和海拔折算成综合纬度，即各地区所在纬度与海拔高度换算成两者之和，结果显示，淀粉含量与综合纬度呈正相关，淀粉含量在综合纬度 48.1°附近有一明显的分界线。高纬度地区的淀粉含量高于低纬度地区[18]。邹瑜研究证明，龙引薯 1 号和克新 13 在高纬度地区表现为产量高，大中薯率高，淀粉产量也高[19]。彭国照的研究表明，马铃薯品质要素随海拔变化具有抛物线特征，温度与干物质、淀粉、蛋白质呈显著负相关，出苗—开花、开花—成熟期间的降水量对淀粉等品质要素的积累都有影响作用[20]。图 5-5 中也发现随地区海拔的升高，淀粉含量呈现升高的趋势，在纬度上的变化，除了云南等个别地区外，随纬度的升高，淀粉含量也呈现升高的趋势。这与前人的研究一致。

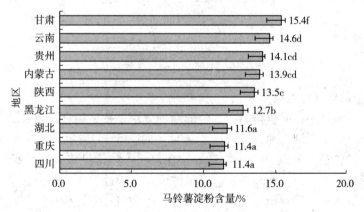

图 5-5 内蒙古与其他省份马铃薯淀粉含量比较分析

5.1.1.4 品种差异

本研究团队对马铃薯样品数量超过 5 份的样本进行品种统计，主要包括：夏坡蒂、新佳 2 号、费乌瑞它、克新一号、布尔班克、冀张薯系列、大白花、优金、大西洋、后旗红、青薯 9 号 11 个品种。其中新佳 2 号、费乌瑞它等为早熟品种，大西洋、克新一号和夏坡蒂为中熟品种，大白花、冀张薯系列等为中晚熟品种，而后旗红则是内蒙古乌兰察布市察右后旗培育的本地鲜食品种；青薯9号因其高产的特性，近年来种植面积逐年增加，夏坡蒂、优金、大西洋和布尔班克则主要用于内蒙古马铃薯加工产业中薯片薯条的加工用。

　　品种的淀粉含量结果如图5-6所示，其中青薯9号淀粉含量最高，达16.5%，其次是后旗红、大西洋、优金、夏坡蒂，含量分别是16.1%、15.8%、15.2%和15.1%，淀粉含量最低的是新佳2号品种。图5-6中a、b为均值差的显著性水平为0.05，不同品种的淀粉含量存在显著性差异，青薯9号和后旗红淀粉含量显著高于新佳2号、费乌瑞它和克新一号，大西洋、优金、夏坡蒂、大白花、冀张薯和布尔班克淀粉含量显著高于新佳2号、费乌瑞它。高华援研究认为，马铃薯淀粉对基因型有很大的依赖性，品种本身的遗传特性决定了淀粉含量的高低[21]。宿飞飞等人以北方马铃薯为材料，评价了不同品种间马铃薯淀粉含量，其参试品种按平均淀粉含量从高到低依次为青薯2号、优金和东农303，东农303的淀粉含量最低，平均淀粉含量为10.10%，东农303属于早熟品种[22]。结果也显示，新佳2号和费乌瑞它两个早熟品种的淀粉含量也相对较低，可以推断由于成熟期短，早熟品种的淀粉积累比晚熟期品种少，品种本身的特性决定了淀粉含量的高低。

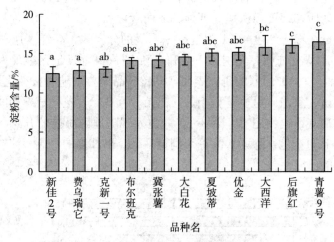

图5-6　不同品种淀粉含量差异

5.1.1.5　产地与品种互作效应

　　内蒙古马铃薯每年种植面积排名前3位的品种分别是费乌瑞它、冀张薯和克新一号，对这3个品种分别统计了不同产地马铃薯淀粉含量，如图5-7所示。从品种来看，同一品种在不同地区的淀粉含量存在差异性，费乌瑞它在包头、呼伦贝尔、乌兰察布和锡林郭勒等地，淀粉含量变化不大，说明费乌瑞它对产地的变化依赖性较小；冀张薯在呼和浩特和呼伦贝尔产区淀粉含量相对高于其他地区，克新一号在呼和浩特的淀粉含量相对较高，说明冀张薯和克新一号对产地变化的依赖性较大。对数据进行方差分析结果显示，产地、品种、产地X品种互作的F值分别为3.572、9.324、1.575，F值越大，说明差异越明显，因此，对淀粉的影响表现为：品种＞产地＞品种X产地，产地、品种、产地X品种的d值分别为0.030、0和0.169，在0.05水平上，产地和品种的d值小于0.05，即产地间、品种间淀粉含量存在极显著差异，李超、刘凯等人也有相关的研究，其结果与本研究一致[23-24]。因此，对淀粉含量而言，其含量不仅受由地理位置带来的海拔高度和生态条件等因素的影响，还与各品种固有的遗传特性相关。品种 X 产地互作的 d 值均大于 0.05，产地与品种的互作效应不显著，说明品种对地区有一定的适应性。

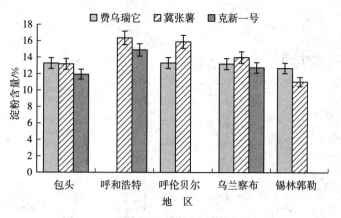

图 5-7 不同地区不同品种淀粉含量差异

5.1.2 还原糖

5.1.2.1 整体情况

连续 4 年对 575 份马铃薯样品中还原糖含量进行测定，还原糖含量范围为 0.02%～1.80%，平均值为 0.37%±0.012%，中位值为 0.31%，25 分位值为 0.20%，75 分位值为 0.45%，偏度为 2.53，图 5-8 显示了所有数据的分布情况，大于均值的数据较多，经K－S检验，P＝0.001＜0.05，数据不符合正态分布，这与全国马铃薯还原糖含量水平（0.32%）基本一致。

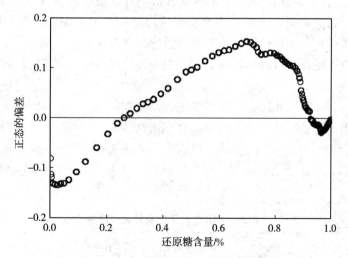

图 5-8 还原糖含量正态的偏差分布

将还原糖含量进行分段统计，含量主要集中在 0.11%～0.30% 之间的样本数量占总体的 45.6%，分布在 0.31%～0.50% 范围内的占总体的 32.0%，其他样品零星分布在 0.51%～1.20% 之间，占样品总数的 20% 以下。与全国样本相比，在 0～0.1% 范围内，内蒙古的样本量极少，而在还原糖含量为 0.31%～0.50% 之间时，内蒙古马铃薯样品数量明显高于全国；在其他含量区间，内蒙古样品数量与全国数据基本一致（图 5 - 9）。

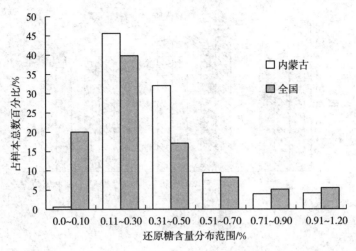

图 5 - 9　内蒙古和全国马铃薯样品还原糖含量分布比较

5.1.2.2　年度差异

2015 年还原糖含量最大值为 1.80%，最小值为 0.12%，平均值 0.38%，中位值 0.29%；2016 年，还原糖含量最大值为 1.68%，最小值为 0.02%，平均值 0.36%，中位值 0.32%；2017 年，还原糖含量分布在 0.11%～1.45% 之间，平均值 0.42%，中位值 0.32%。2018 年还原糖含量分布在 0.10%～1.31% 之间，平均值 0.33%，中位值 0.28%（表 5 - 2）。连续 4 年，内蒙古马铃薯还原糖含量呈现波动下降趋势，在 2017 年出现反弹，其中 2018 年还原糖含量最低，2017 年还原糖含量最高，可能与前述的 2017 年的干旱高温的极端天气有关。张凤军研究表明：块茎膨大阶段遇到高温干旱后，在后期灌水充足条件下，块茎发生次生生长，导致了脐部淀粉水解成糖分供应块茎生长部分对糖分的需要，使块茎脐部糖分含量迅速提高，有时还原糖含量高达 9%。这可能是 2017 年还原糖含量偏高的原因[25]。

对数据进行 Kruskal-Wallis 检验分析发现：2015 年、2016 年、2017 年和 2018 年的还原糖含量的平均秩分别为 232.07、247.12、274.99 和 224.90，比较平均秩的大小可以看出，年度间还原糖含量差异较大，结果显示：Chi-Square 统计量等于 8.352，近似相伴概率 P 值为 0.039，小于显著性水平 0.05，所以认为这 4 年马铃薯还原糖含量存在显著性差异。

表 5 - 2　2015—2018 年内蒙古马铃薯还原糖含量差异

年　份	平均值/%	中位值/%	标准误	平均秩	极小值/%	极大值/%
2015 年	0.38	0.29	0.024 4	232.07	0.12	1.80
2016 年	0.36	0.32	0.019 3	247.12	0.02	1.68
2017 年	0.42	0.32	0.024 0	274.99	0.11	1.45
2018 年	0.33	0.28	0.019 7	224.90	0.10	1.31

5.1.2.3 地区差异

图5-10反映了不同地区不同年度的还原糖含量变化情况。从平均值来看，多伦县马铃薯样品中还原糖含量最低，其次是商都，而牙克石马铃薯还原糖含量最高。从年度变化来看，固阳县、武川和察右中旗的马铃薯中还原糖含量差异变化相对较小，其他地区还原糖年度间差异变化大，这可能与当地品种的选择变化相关。除了察右后旗、达茂旗样品还原糖含量随年度递增而增加，其他地区样品则呈现波动下降趋势，其变化原因可能与马铃薯的利用方式变化有关，调研结果和统计数据显示：近年来，内蒙古马铃薯油炸加工利用比例提升了1%，随着市场对还原糖含量低的品种的需求增加，更多的地区选择了低还原糖品种进行种植。

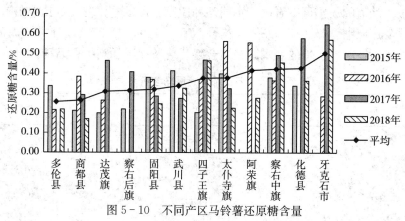

图5-10 不同产区马铃薯还原糖含量

按照内蒙古马铃薯优势区域划分将上述县域分类为阴山南麓、阴山北麓和大兴安岭岭东南区。阴山南麓包括清水河县、卓资县、丰镇市、察右前旗、兴和县等地，阴山北麓包括达茂旗、固阳县、武川县、四子王旗、察右中旗、察右后旗、商都县、化德县、多伦县、太仆寺旗等地，大兴安岭岭东南区为阿荣旗、扎兰屯市、牙克石市等地。

对上述3个优势大区的还原糖含量进行统计分析，结果显示：阴山北麓地区还原糖含量范围为0.10%～1.30%，平均含量0.30%，大兴安岭岭东南区还原糖含量范围为0.10%～0.80%，平均含量0.43%，阴山南麓还原糖含量范围为0.13%～0.67%，平均含量0.34%。如图5-11所示，三大优势区的中位值偏离上下四分位数的中心位置，分布偏态性

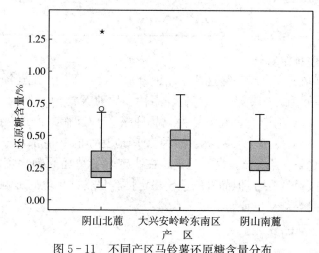

图5-11 不同产区马铃薯还原糖含量分布

强，阴山北麓地区还原糖含量较低，且存在离群数据点，大兴安岭岭东南区还原糖含量高于其他两地，且数据相对分散。

Kruskal-Wallis 检验结果显示，Chi-Square 统计量等于 9.273，近似相伴概率 P 值为 0.01，小于显著性水平 0.05。所以认为，阴山南麓、阴山北麓和大兴安岭岭东南区马铃薯还原糖含量存在显著性差异。

5.1.2.4 品种差异

根据表 5-3 的数据，Kruskal-Wallis 检验结果显示：Chi-Square 统计量等于 20.327，近似相伴概率 P 值为 0.026，小于显著性水平 0.05，所以认为不同品种还原糖含量存在显著性差异。比较平均值的大小可以看出，不同品种还原糖含量差异较大。其中布尔班克、大西洋和青薯 9 号的还原糖含量小于 0.3%，符合 NY/T 1490—2007《品种审定规范 马铃薯加工用马铃薯》中对还原糖含量的要求，是适合薯片薯条加工的马铃薯品种。

表 5-3 不同品种还原糖含量差异

品　种	平均值/%	秩均值
布尔班克	0.25	145.65
大白花	0.33	219.88
大西洋	0.19	90.00
费乌瑞它	0.34	213.96
后旗红	0.35	184.91
冀张薯	0.38	236.80
克新一号	0.37	227.83
青薯 9 号	0.23	138.25
夏坡蒂	0.36	228.53
新佳 2 号	0.50	295.85
优金	0.46	278.58

5.1.2.5 产地与品种互作效应

对费乌瑞它、冀张薯和克新一号这 3 个品种分别统计了不同产地还原糖含量，并对数据进行方差分析，结果如图 5-12 显示，产地、品种、品种 X 产地互作的 F 值分别为 0.016、3.76、1.29，对于还原糖的影响表现为品种＞品种 X 产地互作＞产地，d 值分别为 0.001、0.006 和 0.268，在 0.05 水平上，品种、品种 X 产地互作的 d 值都小于 0.05，即品种间、品种 X 产地互作存在极显著差异。也就是说，在决定马铃薯还原糖含量的因素中，起主导作用的是品种本身的遗传特性，但品种的遗传稳定性容易受到环境的影响而波动较大。张凤军[25]、刘喜平[26]的研究结果也证明了这一点。

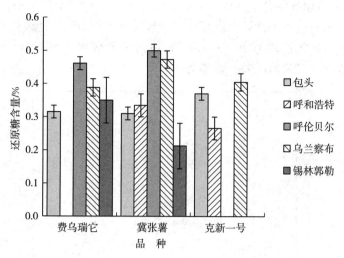

图 5-12 同一品种在不同产区的还原糖含量

5.1.3 纤维

5.1.3.1 整体情况

获得粗纤维含量有效数据 98 个，含量范围为 0.43%～3.50%，平均值为 1.5%，中位值为 1.4%，25 分位值为 1.1%，75 分位值为 1.8%，90% 分位值为 2.3%，偏度为 0.889，峰度为 1.11，如图 5-13 所示，标准观测值与期望正态值呈线性关系，说明数据基本呈正态分布。

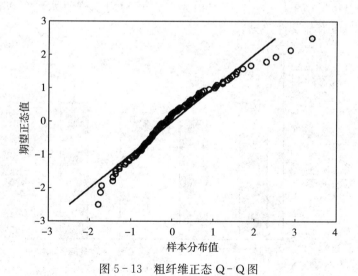

图 5-13 粗纤维正态 Q-Q 图

5.1.3.2 地区差异

将内蒙古马铃薯优势产区为阴山南麓、阴山北麓和大兴安岭岭东南区，对不同产区粗纤维含量进行分析，阴山南麓地区粗纤维含量范围为 0.48%～3.50%，平均含量 1.9%，中位值 1.8%，阴山北麓粗纤维含量范围为 0.43%～2.4%，平均含量 1.4%，中位值 1.3%；大兴安岭岭东南区粗纤维含量范围为 0.87%～3.2%，平均含量 1.6%，中位值 1.3%。如图

5-14所示,阴山北麓粗纤维含量最低,大兴安岭岭东南区粗纤维含量中位值偏离上下四分位数的中心位置,分布偏正态性强,且存在离群数据点,阴山南麓地区粗纤维含量高于其他两地。方差分析显示,组间均方 F=3.420,F 值对应的概率 P=0.038,小于显著性水平0.05,因此,粗纤维含量的地区差异性显著。

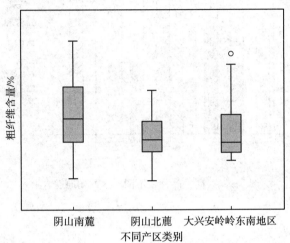

图 5-14 内蒙古不同产区马铃薯粗纤维含量差异

5.1.3.3 品种差异

如图 5-15 所示,不同品种的粗纤维含量由高到低排序为夏坡蒂>冀张薯系列>费乌瑞它>克新一号,含量平均值分别是 1.58%、1.48%、1.39%和 1.23%。对不同品种的粗纤维含量进行方差分析,结果显示:概率 P 值为 0.719,大于显著性水平 0.05。所以认为,不同品种的纤维含量没有显著性差异。

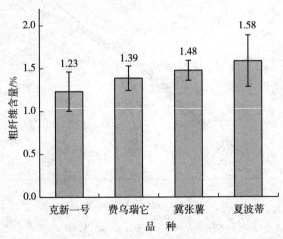

图 5-15 不同品种粗纤维含量差异

5.1.4 碳水化合物的营养评价

5.1.4.1 膳食供给评价

马铃薯在保证我国粮食安全、消除贫困中发挥了重要作用。与其他粮食作物相比,马铃薯具有种植效益高且对土壤及水资源等环境要求低的特点。近 10 年来，我国马铃薯种植面积和总产量一直维持在 8 000 万亩和 9 000 万 t 左右，其产量位居各粮食品种第四位，占粮食产量的比重稳定在 3% 以上[27]。在许多马铃薯主产区，马铃薯的日常消费频率和消费量几乎可以达到主食的程度，作为主要粮食作物之一，其对人体的能量供给能力，通常是基于相同重量食物的能量进行营养评价的，我国自 1964 年开始，将马铃薯鲜薯产量按照 5∶1 进行粮食折算统计，即每 5 份（按重量计）马铃薯鲜薯折算成 1 份粮食后进行统计[28]。该种折算方法主要突出和强调粮食作物对人体的能量供给能力，而并未考虑除能量以外的其他营养素的供给情况。更科学的方式是参照营养当量进行折算比较。

碳水化合物属于在体内代谢过程中能够产生能量的营养素，被称之为产能营养素，它属于人体的必需营养素，其摄入比例还影响微量营养的摄入状况[29]。马铃薯碳水化合物是马铃薯最主要营养成分，对其营养供给能力的评价可以直接反映马铃薯的营养价值。马铃薯营养含量以 100 g 为计算单位，其值参考《2018 中国食物成分表标准版（第 6 版)》[30]中可食部营养素含量；营养参考摄入量以 18 岁及以上轻体力活动成年男子膳食营养平均需要量为标准，其摄入量参考《中国居民膳食营养素参考摄入量（2013 版）》。分别计算马铃薯、稻米、小麦、玉米中能量、淀粉和膳食纤维营养当量值，并将马铃薯与稻米、小麦、玉米按照营养当量的能量、淀粉和膳食纤维进行比较，通过此方法初步判断马铃薯与其他主食在碳水化合物供给上的膳食利用状况（表 5 - 4）。

表 5 - 4 营养含量（100g）和营养素参考摄入量

	马铃薯	大 米	小 麦	玉 米	营养素参考摄入量
能量/kcal	77.00	347.00	339.00	350.00	2 250.00
淀粉/g	17.20	77.90	75.20	70.20	361.90
膳食纤维/g	0.70	0.70	10.80	7.20	25.00

营养当量的计算公式如下，其中 100g 食物中某营养素含量和参考摄入量参照表 5 - 4，n 表示指标数，$n=3$：

$$营养素密度 = \frac{100g 食物中某营养素含量}{该营养素参考摄入量} \quad (5-1)$$

$$营养当量 = \frac{\sum 营养素密度}{n} \quad (5-2)$$

营养当量折算比是指达到相同营养当量下的不同食物的重量比，计算方法如下：食物 A 与食物 B 营养当量折算比 =（1/100 g 食物 A 的营养当量）∶（1/100g 食物 B 的营养当量），其中 A、B 均代表不同食物。由上述计算方法获得如表 5 - 5 所示结果，比较了马铃薯、稻米、小麦、玉米中碳水化合物的营养当量值，并将马铃薯的当量值进行折算，得到马铃薯与稻米、小麦及玉米三大主粮的碳水化合物营养当量折算比分别为 4.8∶1、6.2∶1 和 6.1∶1，按三大主粮平均当量值折算，从碳水化合物营养贡献的角度而言，每 5.7 份（按重量计）马铃薯与 1 份主粮（稻米、小麦和玉米）的碳水化合物营养贡献相当。

表 5-5   不同粮食作物中碳水化合物营养当量比较

	马铃薯	大米	小麦	玉米	三大主粮平均
营养当量	0.023	0.097	0.123	0.121	0.114
当量折算比	1:1	4.8:1	6.2:1	6.1:1	5.7:1

为了进一步比较马铃薯的碳水化合物供给和人群需求，引用平均需要量（Estimated average requirement，EAR）和宏量营养素可接受范围（Acceptable macronutrient distribution range，AMDR）来衡量营养素的供给情况。EAR 是指某一特定性别、年龄及生理状况群体中个体对某营养素需要量的平均值。按照 EAR 水平摄入营养素，根据某些指标判断可以满足某一特定性别、年龄及生理状况群体中 50% 个体需要量的水平是个体每日摄入该营养素的平均值。当产能营养素摄入过量时又可能导致机体能量储存过多，增加非传染性慢性病的发生风险。因此有必要利用 AMDR 来预防营养素缺乏，同时减少摄入过量而导致非传染性慢性病的风险[31]。根据《中国居民膳食营养素参考摄入量（2013 版）》获得不同生理阶段人群的 EAR 和 AMDR。根据《中国居民膳食宝塔》[32]获得马铃薯的平均摄入率为 100 g/d，地区极大偏好值 692.2 g/d；将马铃薯的含量换算成每日供给量。

如表 5-6 所示，对不同人群碳水化合物需求量与马铃薯供给量进行比较发现，以马铃薯的平均摄入量来看，学龄前儿童和成人碳水化合物的需求量是马铃薯供给量的 7.6 倍，需求量的接受范围也远大于马铃薯的供给量；以地区马铃薯的偏好摄入量来看，学龄前儿童和成人碳水化合物的需求量与马铃薯供给量接近，当考虑人们在日常饮食其他碳水化合物的摄入时，其碳水化合物的总摄入可能超过平均需求量，可能带来过量摄入碳水化合物的膳食风险。所以，在西方膳食中认为马铃薯食物属于高血糖指数（Glycemic index，GI）食品[33]。多项研究也证明了长期摄入高 GI 食物会增加 2 型糖尿病、心血管疾病等慢性疾病发生风险[34]。因此，需要进一步开展马铃薯过量摄入与慢性疾病的发生风险的研究。

表 5-6   不同人群碳水化合物需求量与马铃薯供给量比较

	学龄前儿童 （2~5 岁）	学龄儿童 （11~14 岁）	成年人	马铃薯供给量 （g/d）
平均需要量 EAR/（g/d）	120	150	120	
宏量营养素可接受范围 AMDR/（g/d）	275~360	275~360	275~360	
平均摄入量（以 100g/d 计）				15.77
地区极大摄入量（以 692.9g/d 计）				109.16

5.1.4.2   慢性病风险评价

有长期流行病学研究显示，摄入过多的马铃薯及其产品可能与慢性疾病风险相关。Halton 等[35]根据 Nurse Health Study（NHS）（1980—2000）的食物频次问卷分析了马铃薯与糖尿病风险的关系，排除年龄、膳食和非膳食因素的影响后，发现马铃薯摄入最高组的相对风险是最低组的 1.14 倍，在肥胖女性中，马铃薯食物促进糖尿病风险的作用更为明显。Grasgruber P[36]通过统计 1993—2008 年，42 个欧洲国家 5 项心血管指标的精确数据发现，与高心血管疾病风险相关的主要因素是能量摄入中来自碳水化合物和酒精的部分，其中碳水化合物主要源自马铃薯和精制谷物等高 GI 食物。Bao W[37]统计了妊娠期妇女马铃薯的摄入量和妊娠糖尿病的发病概率，发现其摄入量和发病概率存在相关性。

近年来，大量研究发现将马铃薯简单的归为高 GI 食物可能存在误区。Tahvonen[38] 和 Atkinson F S[39] 两人分别研究了不同烹饪加工方式的马铃薯食物的 GI 值，发现不同的烹饪加工方式下 GI 值变化范围很大，在 56 ～104 之间，说明烹调加工方式能影响马铃薯的 GI 值。林金雪娇[40] 统计了不同文献来源的烹调加工方式和马铃薯的 GI 值，如表 5 - 7 所示，煮的方式带来的 GI 值相对较高，冷却和去皮处理可以降低 GI 值。

表 5 - 7 不同加工方式的 GI 值比较

品 种	加工方式	GI 值
russet burbank	烤（220℃，55 ～ 60 min），冷藏 1 ～ 5 d，微波加热	72
	烤（220℃，55 ～ 60 min）	104
	煮后冷却（去皮，8 ～ 9 min）	82
tuberosum L.	煮	66.4
	烤	60
	蒸	65
Sava	煮（21 ～ 30 min）	168
	煮后冷却（8℃，24 h）	125
	煮（去皮，18 ～ 20 min）	111

5.2 蛋白质

蛋白质是构成细胞的基本有机物，氨基酸是组成蛋白质的基本单位，氨基酸的含量、组成和空间结构决定了蛋白质的营养价值[41] 新鲜马铃薯中蛋白质含量 1.7% ～2.1%，能供给人体所需的大量蛋白质，能很好地被人体所吸收[42-44]，可明显促进人体生长发育[45]。马铃薯的蛋白质主要有 18 种氨基酸组成，特别是赖氨酸、蛋氨酸、苏氨酸和色氨酸含量很高，其中必需氨基酸含量占到 20.13%，明显高于 FAO/WHO 的必需氨基酸含量推荐值，必需氨基酸含量和组成优于其他植物蛋白，与全鸡蛋及酪蛋白相当[46]；半必需氨基酸（如精氨酸）含量也十分丰富，还含有鲜味氨基酸如天冬氨酸、甜味氨基酸（如甘氨酸、苏氨酸、脯氨酸、丙氨酸等）、芳香氨基酸（如酪氨酸、苯丙氨酸及、异亮氨酸、赖氨酸等）等[47]。因此，马铃薯中的氨基酸具有较高的营养价值，马铃薯蛋白被认为是一种极具潜力的保健食品。目前对于内蒙古马铃薯蛋白的研究报道较少，研究结果不尽相同，缺乏科学数据，导致马铃薯蛋白的加工和利用率较低，所以，本研究意义在于明确内蒙古马铃薯蛋白含量、氨基酸含量和组成，分析内蒙古不同地区、不同年份和不同品种的差异，并与全国其他主产区进行了对比，并利用科学合理的方法系统评价本地区马铃薯蛋白的营养价值，为马铃薯蛋白的开发和利用提供理论数据支持。

5.2.1 粗蛋白

5.2.1.1 整体情况

连续 4 年对 575 份马铃薯样品蛋白含量进行测定，所测定的蛋白含量最小值为 0.95%，最大值为 3.55%，平均值为 2.10%，中位值为 2.09%，25 分位值为 1.85%，75 分位值为

2.34%，偏度为 0.200，峰度为 0.208，如图 5 - 16 所示，数据呈正态分布。与全国水平相比，内蒙古马铃薯蛋白含量与全国平均含量持平（2.12%，四年平均值）。

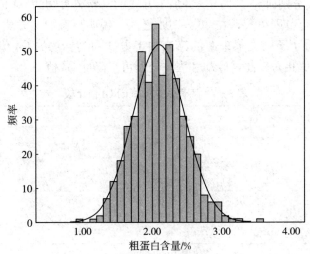

图 5 - 16　马铃薯粗蛋白含量正态分布图

　　将 575 份马铃薯样品中的蛋白含量进行分段统计，发现蛋白含量主要集中在 1.5%～2.0%，样品数量占总体的 39.3%，其次分布在 1.0%～1.5% 范围内，样品数量占总体的 29.7%，范围在 2.0%～2.5% 的样品数量占总体的 10% 左右，含量小于 1.0% 的数量占总体的 3.0%，含量大于 2.5% 的样品有零星分布。与全国样本相比，内蒙古马铃薯样品中的蛋白含量分布情况与全国数据分布趋势基本一致，含量在 1.0%～1.5% 和 1.5%～2.0% 范围内的内蒙古样品分布数量明显少于全国样本分布情况，其他区间分布数量相差不大（图 5 - 17）。

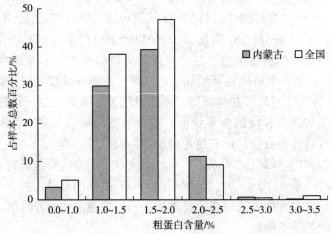

图 5 - 17　内蒙古和全国样品马铃薯蛋白含量分布比较

5.2.1.2　年度差异

　　2015 年蛋白含量分布在 1.38%～3.55%，平均值 2.14%，中位值 2.13%；2016 年蛋白含量分布在 1.23%～3.06%，平均值 3.15%，中位值 2.16%；2017 年蛋白含量分布在 0.95%～3.21%，平均值 2.19%，中位值 2.18%；2018 年蛋白含量分布在 1.18%～

2.66%，平均值1.88%，中位值1.84%。蛋白含量年度变化不大，波动范围在0.3%以内，变异相对稳定，说明蛋白含量受年度变化影响较小，其中蛋白含量最大值出现在2018年，最小值出现在2017年（表5-8）。

表5-8　不同年度马铃薯蛋白含量统计

		2015年	2016年	2017年	2018年
均值/%		2.14	2.15	2.19	1.88
均值的标准误		0.030	0.033	0.032	0.034
中值/%		2.13	2.16	2.18	1.84
标准差		0.38	0.36	0.33	0.33
极小值/%		1.38	1.23	0.95	1.18
极大值/%		3.55	3.06	3.21	2.66
百分位数	25	1.84	1.90	1.97	1.62
	50	2.13	2.16	2.18	1.84
	75	2.43	2.38	2.35	2.08

对年度数据进行方差分析统计，结果如图5-18所示，图中字母a、b表示均值差的显著性水平为p=0.05，统计显示2015—2017年，马铃薯蛋白含量基本保持稳定，年度间无显著差异，2018年含量下降，显著低于其他三年。张胜的研究比较了2008年和2009年不同地区不同品种马铃薯蛋白含量变化。结果显示，年份是影响马铃薯蛋白质含量的首要因素，其原因可能与气候因素有关[48]。Burton W G[49]研究显示，水分影响马铃薯淀粉、蛋白和还原糖的积累，当水分供应过多时，马铃薯块茎品质下降。本研究团队的调研结果和2018年气象资料显示：2018年入秋后大部地区降水偏多，与历史同期平均值相比，除东部大部地区及锡林郭勒盟中部、呼和浩特市南部、阿拉善盟中部等地接近常年外，其余地区均偏多25%，降水原因可能是造成2018年蛋白积累较低的原因之一。

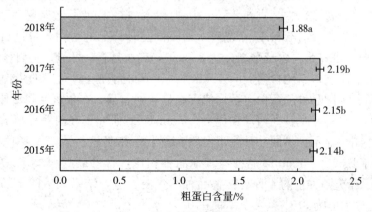

图5-18　2015—2018年马铃薯蛋白含量差异比较

5.2.1.3　地区差异

如图 5-19 所示，折线反映了不同地区蛋白平均值的变化情况，柱状反映了不同地区不同年度的蛋白含量变化情况。从平均值来看，阿荣旗样品中蛋白含量最高，达 2.40%，其次是固阳县和武川县，蛋白含量分别是 2.20% 和 2.18%；太仆寺旗马铃薯样品中粗蛋白含量最低，只有 1.96%。对不同地区马铃薯样品中的粗蛋白含量进行方差分析，结果显示：组间均方 F＝2.37，F 值对应的概率 P 值等于 0.611，大于显著性水平 0.05，各旗县马铃薯蛋白含量没有显著差异性。张凤军研究了甘肃定西、宁夏固原、西吉和青海西宁等地的马铃薯蛋白含量，结果显示：这四地蛋白含量差异不显著[50]。这与本次研究结果一致。说明马铃薯蛋白含量的稳定性较强，受地区环境影响较小。

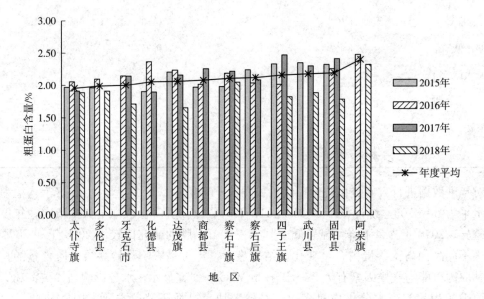

图 5-19　不同地区马铃薯蛋白含量差异比较

5.2.1.4　品种差异

同样对马铃薯样品数量超过 5 份的样本进行品种统计，样本品种主要包括：夏坡蒂、新佳 2 号、鄂薯 5 号、费乌瑞它、克新一号、中薯 3 号、布尔班克、冀张薯系列、大白花、优金、大西洋、后旗红、青薯 9 号 13 个品种。对不同品种样品的蛋白含量进行统计，结果如表 5-9 所示。布尔班克蛋白含量最高，达 2.39%，其次是新佳 2 号，蛋白含量 2.35%，蛋白含量最低的是后旗红，平均含量只有 1.65%。对不同品种马铃薯中的蛋白含量进行方差分析。结果显示：不同品种的蛋白含量均值存在显著性差异，布尔班克和新佳 2 号蛋白含量显著高于后旗红、青薯 9 号、大西洋和优金。Nomali Z. 研究了在南非种植的 8 种马铃薯品种的营养成分，结果显示：不同品种在蛋白质含量上存在明显差异，其中 Electra 品种蛋白含量最低，只有 1.57%，Fianna 品种与其他品种相比，含量最高（2.87%）[51]。Veronika Ba′rtova 研究了在美国种植的 4 种马铃薯品种的蛋白含量，结果显示四个品种蛋白含量最小值为 0.9%，最大值为 3.3%，4 个品种在 0.05 水平上，含量差异显著[52]。本研究结果和国外研究都说明马铃薯蛋白含量受品种本身遗传特性影响明显。

表 5 - 9　不同品种马铃薯蛋白含量比较

品　种	样品数量	平均值	标准差
后旗红	17	1.65a	0.08
青薯 9 号	6	1.84ab	0.36
大西洋	10	1.95ab	0.17
优金	6	1.96ab	0.09
费乌瑞它	138	2.06bc	0.03
大白花	17	2.06bc	0.09
夏坡蒂	50	2.07bc	0.05
冀张薯	66	2.17bc	0.05
克新一号	113	2.17bc	0.04
新佳 2 号	13	2.35bc	0.14
布尔班克	10	2.39c	0.06

注：a、b、c 表示均值在 0.05 水平的显著性。

5.2.1.5　产地与品种的互作效应

对费乌瑞它、冀张薯和克新一号这 3 个品种分别统计了不同产地马铃薯粗蛋白含量结果，并对数据进行方差分析，结果如图 5 - 20 显示，品种、产地和产地 × 品种互作的 F 值分别为 8.82、2.42、2.02，对于蛋白的影响表现为：品种＞产地＞品种 × 产地互作，0.05 水平上，d 值分别为 0.00、0.06 和 0.78，品种的 d 值小于 0.05，即品种间蛋白含量存在极显著差异，产地间、品种 × 产地的 d 值均大于 0.05，说明产地间、品种 × 产地互作差异均不显著，进一步表明对蛋白质这一性状而言，其含量是由各品种固有的遗传特性所决定的，且品种对地区有一定的适应性，生态条件对其含量影响较小。滕卫丽[53]和 Hamouz K[54]也有相关的研究结论。

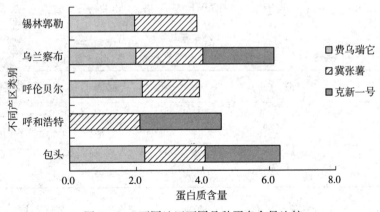

图 5 - 20　不同地区不同品种蛋白含量比较

5.2.2　氨基酸

5.2.2.1　氨基酸的组成和相关性分析

对马铃薯样品中 18 种氨基酸含量进行测定，由于色氨酸在水解过程中被破坏，因此未被检出，其余 17 种氨基酸均被检出，其中必需氨基酸检出 9 种，非必需氨基酸检出 8 种。统计分析结果显示，鲜马铃薯中每克蛋白质中 17 种氨基酸的总量分布范围在 423.72～1 015.41mg，平均值为 699.37 mg/g pro，总量的变异系数为 18.26%。马铃薯中含量最高的是天冬氨酸，含量为 130.83 mg/g pro，含量最低的是苯丙氨酸，含量为 5.67 mg/g pro，不同样品中，甲硫氨酸（蛋氨酸）和脯氨酸变异系数较大。

必需氨基酸是人体不能合成或合成速度远不适应机体的需要，必须由食物蛋白供给的氨基酸[55]，马铃薯中必需氨基酸含量如表 5-10 所示。样品中均含有异亮氨酸、亮氨酸、缬氨酸、苏氨酸、苯丙氨酸、甲硫氨酸、赖氨酸、酪氨酸、胱氨酸 9 种必需氨基酸，每克蛋白质中 9 种必需氨基酸的总量分布范围在 170.23～432.01mg/g pro，平均值为 262.44 mg/g pro，总量的变异系数为 19.26%，必需氨基酸的总量占氨基酸总量的 37.69%，高于 FAO/WHO 的标准蛋白（36.0%）[56]。必需氨基酸中含量最高的是亮氨酸，含量达 62.27 mg/g pro，含量最低的是苯丙氨酸，含量为 5.67 mg/g pro。

表 5-10 马铃薯中 9 种必需氨基酸含量/mg·g⁻¹pro

	总量	异亮氨酸	亮氨酸	缬氨酸	苏氨酸	苯丙氨酸	甲硫氨酸	赖氨酸	酪氨酸	胱氨酸
最大值	432.01	68.04	136.08	49.39	24.3	19.91	37.2	48	73.44	149.08
最小值	170.23	15.76	31.53	9.48	6.69	2.66	2.79	31	0.77	19.96
平均值	262.44	31.14	62.27	24.07	14.05	5.67	7.26	40.58	21.5	56.28
变异系数/%	19.26	30.42	30.42	31.27	27.45	45.88	65.84	10.69	50.52	45.87

人体自己能由简单的前体合成，不需要从食物中获得的氨基酸，称为非必需氨基酸[57]，马铃薯中非必需氨基酸含量结果如表 5-11 所示，测定的非必需氨基酸包括谷氨酸、组氨酸、甘氨酸、丙氨酸、脯氨酸、精氨酸、丝氨酸和天冬氨酸。每克蛋白质中 8 种非必需氨基酸总量平均值为 436.93mg，总量的变异系数为 20.68%，每克蛋白质中非必需氨基酸含量分布在 240.15～690.94mg。非必需氨基酸中含量最高的是天冬氨酸，含量最低的是组氨酸。

表 5-11 马铃薯中 8 种非必需氨基酸含量/mg·g⁻¹pro

	总量	谷氨酸	组氨酸	甘氨酸	丙氨酸	脯氨酸	精氨酸	丝氨酸	天冬氨酸
最大值	690.94	181.16	46.37	98.87	43.45	74.06	110.19	136.06	263.13
最小值	240.15	41.73	3.53	7.93	9.41	5.66	11.31	21.19	54.38
平均值	436.93	100.61	13.21	51.68	18.63	22.41	41.55	58.00	130.83
变异系数/%	20.68	28.34	44.26	35.84	30.31	65.85	42.62	40.05	27.56

由于氨基酸在结构上侧链基团的差别，造成不同氨基酸的口味感官不同，在食品中起着酸、甜、苦、涩等味觉作用，例如甘氨酸、丙氨酸和色氨酸，其甜度分别是砂糖的 0.8 倍、1.2 倍和 35 倍[58]，因此氨基酸根据味觉口感可分为芳香族氨基酸（缬氨酸、苯丙氨酸、赖氨酸、酪氨酸和精氨酸等）、甜味氨基酸（甘氨酸、丙氨酸、丝氨酸、苏氨酸、脯氨酸、组氨酸）、鲜味氨基酸（赖氨酸、谷氨酸、天冬氨酸）、苦味氨基酸（缬氨酸、亮氨酸、异亮氨酸、甲硫氨酸、酪氨酸、精氨酸）。统计了马铃薯中不同口感味觉氨基酸的含量。马铃薯中

芳香氨基酸含量结果如表 5-12 所示。测定的芳香族氨基酸包括缬氨酸、苯丙氨酸、赖氨酸、酪氨酸和精氨酸，每克蛋白质中其平均含量分别是 24.07mg、5.67mg、40.58mg、21.50mg 和 41.55mg。芳香氨基酸总量分布在 22.24～233.09mg/g pro，每克蛋白质中芳香氨基酸平均含量为 131.53mg，变异系数 27.27%，芳香氨基酸中含量较高的是精氨酸和赖氨酸，每克蛋白质含量分别达到 41.55mg 和 40.58mg。

表 5-12 马铃薯中 5 种芳香氨基酸含量/mg·g⁻¹ pro

	芳香氨基酸总量	缬氨酸	苯丙氨酸	赖氨酸	酪氨酸	精氨酸
最大值	233.09	49.39	19.91	48.00	73.44	110.19
最小值	22.24	9.48	2.66	31.00	0.77	11.31
平均值	131.53	24.07	5.67	40.58	21.50	41.55
变异系数/%	27.27	29.07	37.83	11.10	42.97	42.62

将芳香族氨基酸总量与甜味、鲜味和苦味氨基酸总量进行了统计分析，结果如表 5-13 所示。马铃薯每克蛋白中甜味、鲜味和苦味氨基酸总量平均值分别为 177.99mg、272.02mg 和 163.72mg，其中以鲜味氨基酸含量较高，甜味和苦味氨基酸含量相近，芳香族氨基酸含量最低。从最大值来看，甜味、鲜味和苦味氨基酸相近，从变异系数来看，以甜味和苦味氨基酸变异系数较大。说明马铃薯的口感主要受鲜味氨基酸影响。呼德尔朝鲁的研究也发现马铃薯中味觉氨基酸较高，可能与马铃薯的独特口味有关[59]。

对氨基酸总量和不同分类下氨基酸含量进行相关性分析，结果显示，在 0.01 水平（双侧）上，氨基酸总量与必需氨基酸的相关系数 0.831，与非必需氨基酸的相关系数 0.946，与芳香氨基酸相关系数 0.703，与甜味氨基酸相关系数 0.796，与鲜味氨基酸相关系数 0.786，与苦味氨基酸相关系数 0.706，在 0.01 水平（双侧）上，均呈现显著性相关，其中氨基酸总量与必需氨基酸含量，氨基酸总量与非必需氨基酸含量相关性较高。

表 5-13 马铃薯中味觉氨基酸含量/mg·g⁻¹ pro

	芳香族氨基酸	甜味氨基酸	鲜味氨基酸	苦味氨基酸
最大值	233.09	423.11	492.29	424.96
最小值	80.22	54.41	127.11	62.15
平均值	132.99	177.99	272.02	163.72
标准差	29.58	71.61	69.08	56.59
变异系数/%	22.24	241.96	67.00	192.01

5.2.2.2 不同品种含量差异

对样品数量超过 5 份的马铃薯样品品种进行统计，超过 5 份的样品品种主要有费乌瑞它、后旗红、冀张薯、克新一号、夏坡蒂、新佳 2 号和优金。对不同品种氨基酸含量进行统计，结果如图 5-21 所示。从氨基酸总量看，后旗红氨基酸总量最高，达 813.32 mg/g pro，其次是夏坡蒂，优金品种氨基酸含量最低，只有 645.08 mg/g pro。除了优金这个品种，不同品种间必需氨基酸含量变化幅度较小，每克蛋白中必需氨基酸总量在 300mg 左右，费乌瑞它、后旗红、冀张薯、克新一号、夏坡蒂等品种中非必需氨基酸含量随氨基酸总量变化而变化，新佳2号和优金中必需氨基酸和非必需氨基酸含量存在互补关系。

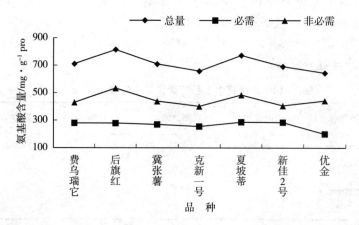

图5-21　不同品种马铃薯氨基酸总量、必需氨基酸和非必需氨基酸含量

　　对不同马铃薯品种的芳香氨基酸、甜味氨基酸、鲜味氨基酸和苦味氨基酸含量进行统计，结果如图5-22所示。从总量分析，鲜味氨基酸＞甜味氨基酸＞苦味氨基酸＞芳香氨基酸。从品种分析，不同品种间味觉氨基酸含量变化差异明显，不同品种间鲜味氨基酸变幅最大。鲜味氨基酸含量以后旗红品种含量最高，优金品种次之，含量最低的是新佳2号，且显著低于后旗红品种；甜味氨基酸以夏坡蒂品种含量最高，优金品种最低；苦味氨基酸含量最高的新佳2号，含量最低的是克新一号；芳香氨基酸在不同品种间变幅相对较小，以新佳2号含量最高，以克新一号含量最低，且显著低于新佳2号。

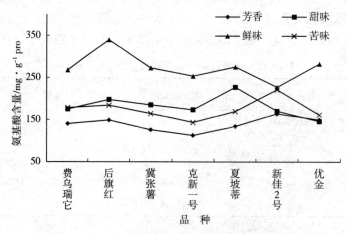

图5-22　不同品种味觉氨基酸含量

5.2.3　蛋白质和氨基酸的综合评价

　　蛋白质营养价值的优劣，主要取决于所含必需氨基酸的种类、数量和组成比例，以及在有机体内的消化、吸收和利用情况[60]。所以本研究分别采用不同的化学评价方法对马铃薯中蛋白质和氨基酸含量展开分析和评价。

5.2.3.1 氨基酸的供给评价

表 5-14 反映了马铃薯必需氨基酸的供给量和不同年龄段对氨基酸的需求量。不同年龄段对氨基酸的需求量数据来源引用自 1985 年 FAO/WHO 提出的能量和蛋白质要求[61]。由表可以看出，马铃薯中亮氨酸和赖氨酸含量低于学龄前儿童（2~5 岁）的需求量，其他氨基酸含量均能满足膳食需求，马铃薯的必需基酸含量完全能满足学龄儿童（10~12 岁）的膳食需求，对于成人来说，马铃薯的必需氨基酸供给量远大于需求量，呈现供给过剩状况。

表 5-14 不同蛋白中必需氨基酸含量/mg·g⁻¹pro

氨基酸	马铃薯	学龄前儿童（2~5 岁）需求量*	学龄儿童（10~12 岁）需求量*	成人需求量*
异亮氨酸	28.14	28.00	28.00	13.00
亮氨酸	62.27	66.00	44.00	19.00
缬氨酸	44.07	35.00	25.00	13.00
苏氨酸	54.63	34.00	28.00	9.00
苯丙氨酸＋酪氨酸	77.17	63.00	22.00	17.00
甲硫氨酸＋胱氨酸	31.62	25.00	22.00	17.00
赖氨酸	40.58	58.00	44.00	16.00

注：* 表示数据来源参照 FAO/WHO[61]。

5.2.3.2 与模式蛋白的贴近度比较

根据氨基酸平衡理论，FAO 和世界卫生组织（WHO）提出了评价蛋白质营养的必需氨基酸模式[62]。模糊识别法是根据兰氏距离法计算食物中必需氨基酸含量与模式蛋白氨基酸的接近程度的一种氨基酸评价方法，用贴近度（U）表示，其值越接近 1，其蛋白的营养价值越高。参照王芳[63]的方法，贴近度（U）的计算公式如式（5-3），式中 a_k 为标准蛋白中第 k 种必需氨基酸含量，标准蛋白分别以 FAO/WHO 模式蛋白的氨基酸含量和全鸡蛋蛋白氨基酸含量计算。u_{ik} 为第 i 个样本中第 k 种必需氨基酸的含量。根据文献统计了 FAO/WHO 模式蛋白、全鸡蛋蛋白[64]、大豆蛋白[65]和小麦蛋白[66]必需氨基酸的含量，如表 5-15 所示。

$$U = (a, u_i = 1 - 0.09 \times \sum_{k=1}^{7} \frac{|a_k - u_{ik}|}{\alpha_k - u_{ik}}) \qquad (5-3)$$

表 5-15 不同蛋白中必需氨基酸含量/mg·g⁻¹pro

氨基酸	模式蛋白	全鸡蛋蛋白	大豆蛋白	小麦蛋白
异亮氨酸	40.0	54.0	40.9	34.0
亮氨酸	70.0	86.0	67.6	69.0
缬氨酸	50.0	66.0	42.7	43.0
苏氨酸	40.0	47.0	30.1	34.0
苯丙氨酸＋酪氨酸	60.0	93.0	70.6	69.0
甲硫氨酸＋胱氨酸	35.0	57.0	16.9	24.0
赖氨酸	55.0	70.0	47.9	26.0

分别以 FAO/WHO 模式蛋白、全鸡蛋蛋白模式为标准，计算了马铃薯、大豆和小麦的贴近度 U，如表 5-16 所示，FAO/WHO 模式蛋白的贴近度略大于全鸡蛋蛋白的贴近度，马铃薯的 FAO/WHO 模式蛋白贴近度和全鸡蛋蛋白的贴近度分别为 0.95 和 0.92，且大于大豆和小麦的贴近度，说明与大豆和小麦相比，马铃薯的蛋白与模式蛋白和全鸡蛋蛋白的必需氨基酸组成更接近，营养价值更高，更能满足人类膳食需求。

表 5-16 相对于标准蛋白的贴近度

品　种	相对于 FAO/WHO 模式蛋白的贴近度	相对于全鸡蛋蛋白的贴近度
马铃薯蛋白	0.95	0.92
大豆蛋白	0.88	0.79
小麦蛋白	0.88	0.80

进一步计算了不同品种相对于标准蛋白的贴近度，结果如图 5-23 所示。不同品种中，2 种蛋白模式的贴近度基本一致，品种间差别不大，相对于 FAO/WHO 模式蛋白的贴近度均在 0.86~0.95，相对于全鸡蛋蛋白的贴近度均在 0.82~0.94 之间，相对于 FAO/WHO 模式蛋白贴近度由大到小分别是：新佳 2 号、费乌瑞它、克新一号、后旗红、冀张薯、夏坡蒂和优金。其中新佳 2 号的 2 种蛋白模式的贴近度分别为 0.95 和 0.94，更接近 1，是优质的蛋白质来源品种，可作为马铃薯蛋白加工的优选品种。贴近度最低的是优金品种，其必需氨基酸组成与模式蛋白差别较大，蛋白营养价值相对较低。

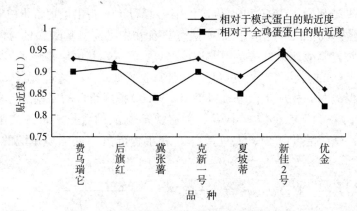

图 5-23 不同品种相对于标准蛋白的贴近度

5.2.3.3 基于模式蛋白的氨基酸酸比值系数评分

氨基酸比值系数反映了食物中必需氨基酸组成与模式氨基酸的偏离程度[67]，用 RC 表示，RC＞1 表示食物中该种必需氨基酸过剩，RC＜1 表示该种必需氨基酸相对不足。RC 的最小值为该食物的第一限制氨基酸。氨基酸比值系数分反映了食物中蛋白的相对营养价值，用 SRC 表示，其值越接近 100，说明必需氨基酸的贡献率越大，蛋白的营养价值越高。其计算公式参照朱圣陶[68]的方法，RC、AAS_i 和 SRC 的计算公式为：

$$RC_i = \frac{AAS_i}{\overline{AAS}} \tag{5-4}$$

式（5-4）中，RC_i 为食物蛋白中的第 i 种必需氨基酸的比值系数，$\overline{AAS}$ 为食物蛋白中必需氨基酸的评分值的均值，AAS_i 为第 i 种必需氨基酸的评分值。

$$AAS_i = \frac{食物中每克蛋白中的氨基酸含量}{标准蛋白中每克蛋白中的氨基酸含量} \qquad (5-5)$$

式（5-5）中，标准蛋白以 FAO/WHO 模式蛋白进行计算。

$$SRC = 100 - 100 \times \frac{\sqrt{\frac{\sum_{i=1}^{n}(RC_i - \overline{RC})^2}{n-1}}}{\overline{RC}} \qquad (5-6)$$

公式中，RC_i 为食物蛋白中的第 i 种必需氨基酸的比值系数，$\overline{RC}$ 为食物蛋白中必需氨基酸比值系数的均值，$n=7$。

根据上述公式分别计算了马铃薯、大豆和小麦的 AAS、RC 和 SRC 值，结果如表 5-17 所示。马铃薯中苏氨酸和苯丙氨酸＋酪氨酸的 AAS 值大于 100，该氨基酸含量超过模式蛋白相应氨基酸含量，异亮氨酸的 AAS 值最低，说明该种氨基酸含量相对不足，是马铃薯的第一限制氨基酸。从 RC 也可以看出，异亮氨酸的 RC 值最小，也证明了异亮氨酸是马铃薯的第一限制氨基酸。赵凤敏[69]分析了不同品种马铃薯氨基酸含量，发现 LBr-25 品种的第一限制氨基酸也是异亮氨酸。与马铃薯相比，大豆的第一限制氨基酸是甲硫氨酸＋胱氨酸，小麦的第一限制氨基酸是赖氨酸。SRC 值反映了不同食物蛋白质的总体营养价值，马铃薯、大豆和小麦的 SRC 值分别为 73.40、74.90 和 74.30，其数据相近，说明马铃薯、大豆和小麦的蛋白质总体营养价值相近。

表 5-17　马铃薯、大豆和小麦的 AAS、RC 和 SRC 值比较

品种	氨基酸	异亮氨酸	亮氨酸	缬氨酸	苏氨酸	苯丙氨酸＋酪氨酸	甲硫氨酸＋胱氨酸	赖氨酸	SRC
马铃薯	AAS	70.34	88.96	88.14	136.58	128.62	90.34	73.79	73.40
	RC	0.73	0.92	0.91	1.41	1.33	0.93	0.76	
大豆	AAS	102.25	96.57	85.40	75.25	117.67	48.29	87.09	74.90
	RC	1.17	1.10	0.98	0.86	1.34	0.55	1.00	
小麦	AAS	85.00	98.57	86.00	85.00	115.00	68.57	47.27	74.30
	RC	1.02	1.18	1.03	1.02	1.38	0.82	0.57	

5.2.3.4　基于全鸡蛋蛋白的必需氨基酸指数、生物价和营养指数评分

必需氨基酸指数（EAAI）、生物价（BV）和营养指数（NI）以全鸡蛋蛋白为参照，评价食物中 7 种必需氨基酸总量的营养价值。EAAI 是食物 7 种必需氨基酸总量相对于全鸡蛋蛋白的必需氨基酸总量的比，反映了食物中必需氨基酸酸与全鸡蛋蛋白的偏离程度，越接近 100，其营养价值越高[70]。BV 是反应蛋白消化吸收的利用程度，即蛋白中被利用的氮和被吸收的氮的比率，Oser 提出利用 EAAI 来预测 BV，其预测值与真实动物实验获得的 BV 值接近，所以利用此方法计算 BV 值。NI 则考虑了必需氨基酸含量和蛋白质含量的共同影响，综合了氨基酸组成和蛋白质含量，其评价结果更全面[71]。EAAI、BV 和 NI 的计算公式分别为：

$$EAAI = n \times \frac{A_1 \times A_2 \cdots\cdots A_n}{A_{s1} \times A_{s2} \cdots\cdots A_{sn}} \times 100 \qquad (5-7)$$

式（5-7）中，A_1、$A_2 \cdots A_n$ 表示食物中每种必需氨基酸的含量，A_{s1}、$A_{s2} \cdots A_{sn}$ 表示全鸡蛋蛋白中每种必需氨基酸的含量。

$$BV = 1.09 \times EAAI - 11.7 \qquad (5-8)$$

$$NI = \frac{EAAI \times PP}{100} \qquad (5-9)$$

式（5-8）中，PP 表示蛋白的含量。

根据上述公式分别计算了马铃薯、大豆和小麦的 EAAI、BV 和 NI，如表 5-18 所示。马铃薯的 EAAI 值和 BV 值分别为 64.59 和 58.70，都高于大豆，说明马铃薯的氨基酸营养平衡，更接近全鸡蛋蛋白，消化吸收的利用程度更高，但马铃薯营养指数远低于大豆，这是因为马铃薯蛋白含量较低，而大豆的蛋白含量高造成的。与小麦相比，EAAI 值和 BV 值与小麦接近，说明马铃薯的氨基酸营养价值和消化吸收的利用程度与小麦相近，且略低于小麦。

表 5-18 马铃薯、大豆和小麦的 EAAI、BV 和 NI 值比较

品种	EAAI	BV	NI
马铃薯	64.59	58.70	1.36
大豆	48.62	41.30	17.02
小麦	72.71	67.55	8.73

综上所述：对马铃薯蛋白质这一性状而言，蛋白含量范围为 0.95%～3.55%，与全国平均含量持平。马铃薯中每克蛋白质中 17 种氨基酸的总量分布范围在 423.72～1 015.41 mg，9 种必需氨基酸的总量为 262.44 mg/g pro，占氨基酸总量的 37.69%，比 FAO/WHO 标准蛋白高 1.69 个百分点。马铃薯中以鲜味氨基酸含量较高，甜味和苦味氨基酸含量相近，芳香族氨基酸含量最低，马铃薯的口感主要受鲜味氨基酸影响。马铃薯蛋白质和氨基酸含量是由各品种固有的遗传特性所决定的，且品种对地区有一定的适应性，生态条件对其含量影响较小。马铃薯必需氨基酸的供给量基本能满足不同年龄段人群对氨基酸的需求量。通过不同的评价体系证明，马铃薯的蛋白与模式蛋白和全鸡蛋蛋白的必需氨基酸组成接近，营养价值高，消化吸收的利用程度高。与大豆和小麦相比，马铃薯、大豆和小麦的蛋白质总体营养价值相近，能满足人类膳食需求，对人体健康具有十分重要的营养学意义。同时，科学数据也证明了马铃薯蛋白开发利用具有广阔发展前景。

5.3 干物质与水分

干物质是衡量马铃薯有机物积累、营养成分多少的重要指标，干物质的积累是提高马铃薯产量的重要保障。相关研究表明，马铃薯生育期内干物质积累量符合 S 型增长趋势，特点为从马铃薯块茎形成起干物质积累量持续增加，从淀粉积累期到成熟收获期干物质积累速度达到最大。影响马铃薯干物质积累量的因素很多，诸如品种、栽培条件、养分肥料、气候、土壤环境等，而水分与干物质含量呈对应关系，水分含量可以间接反映干物质含量的大小。同时，马铃薯块茎的干物质含量影响马铃薯加工利用效率和经济效益，含量高低决定其用途及加工方式，我国行业标准《加工用马铃薯流通规范》SB/T 10968—2013 规定了薯条加工马铃薯干物质含量≥18％，薯片加工用马铃薯一级品干物质含量≥20％，二级品干物质含量≥19％，三级品干物质含量≥18％；全粉加工用马铃薯一级品干物质含量≥21％，二级干物质含量≥20％，三级品干物质含量≥19％；《农作物品种审定规范 马铃薯》NY/T 1490—2007规定了油炸加工型品种马铃薯干物质含量≥19.5％。内蒙古作为全国重要的马铃薯生产基地，对马铃薯干物质含量的整体评价成为必要。

5.3.1 含量水平

5.3.1.1 干物质含量

项目组连续4年（2015—2018年）对内蒙古马铃薯干物质含量进行了监测，监测范围选择了内蒙古自治区马铃薯主粮化优势区域布局规划的县域，基本实现了主产区全覆盖。监测结果表明，4年间，内蒙古马铃薯干物质含量平均值为19.54％，最大值为29％，最小值为8％；不同年份间，干物质含量差异显著（p＜0.05），2017年全区干物质含量最高，最大值为28.6％，平均值为20.27％，2018年干物质含量最低，最大值为24％，最小值为8％，平均值为17.84％。采用描述性分析统计对全区4年536份马铃薯样品干物质含量分析表明，含量小于18％的样品数占比为25.74％，含量在18％～20％的样品数占比为30.0％；含量在20％～22％样品数占比为26.9％；含量在22％～25％的样品数占比为14.4％，含量在25％～29％的样品数占比为2.6％；含量总体呈正态分布特点（图5-24，表5-19）。

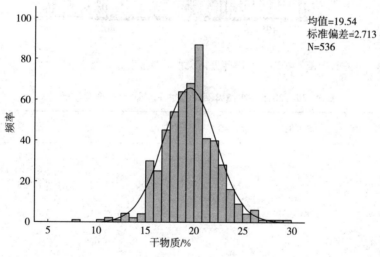

图5-24 内蒙古马铃薯干物质含量分布

表5-19 2015—2018年间内蒙古马铃薯干物质含量统计/％

年 份	平均值	最大值	最小值	中位值	偏 度	峰 度	标准差
2015年	20.08	29	11	20	0.439	0.772	2.766
2016年	19.30	27	15	19.35	0.821	1.620	2.186
2017年	20.27	28.6	15.5	20.0	−0.096	−0.406	2.046
2018年	17.84	24	8	17.99	−0.418	0.459	3.068
平均值	19.54	29	8	19.7	−0.017	1.267	2.713

5.3.1.2 水分含量

依据内蒙古马铃薯种植、分布及产量特点，选择了内蒙古自治区马铃薯主粮化优势区域布局规划的县域进行取样测定，本研究连续 4 年（2015—2018 年）分别对内蒙古不同地区马铃薯含水量进行了测定，采用描述性统计分析表明，马铃薯含水量均值为 80.6%，最大值 88.8%，最小值 70.6%，中位值为 81.5%，在所监测的 536 个样品中，含水量低于 80% 的样品数约占 44%，含量高于 85% 的样品数约占 2.6%，含量在 80%～85% 的样品数约占 53.4%，含量呈正态分布特点，2018 年马铃薯水分总体含量最高，平均值为 82.2%，但总体无显著性差异（图 5-25，表 5-20）。

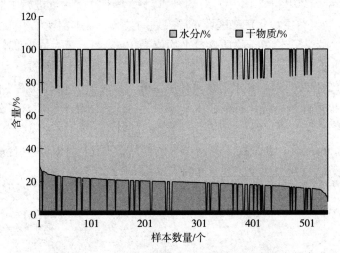

图 5-25 2015—2018 年间内蒙古马铃薯水分含量分布频率表

表 5-20 2015—2018 年间内蒙古马铃薯水分含量统计/%

年　份	均　值	最大值	最小值	中位值	偏　度	峰　度	标准差
2015 年	79.9	88.8	70.6	80.1	0.017	1.267	2.759
2016 年	80.6	84.8	73.0	81.2	0.020	1.326	2.186
2017 年	79.7	84.5	75.4	80.9	0.015	1.286	2.056
2018 年	82.2	88.6	75.51	82.3	0.026	1.302	2.902
平均值	80.6	88.8	70.6	81.5	0.012	1.235	2.545

5.3.2 地域性差异

按照内蒙古马铃薯优势区域划分将上述县域分类为阴山南麓、阴山北麓和大兴安岭岭东南区，阴山南麓包括清水河县、卓资县、丰镇市、察右前旗、兴和县等地，阴山北麓包括达茂旗、固阳县、武川县、四子王旗、察右中旗、察右后旗、商都县、化德县、多伦县、太仆寺旗等地，大兴安岭岭东南区包括阿荣旗、扎兰屯市、牙克石市等地。阴山南麓、阴山北麓和大兴安岭东南区三区域干物质含量差异显著（p<0.05），阴山南麓地区最大值为 24.5%，

平均值为 18.07 阴山北麓地区最大值为 29.0%，平均值为 20.12，大兴安岭东南区最大值为 27.8%，平均值为 19.45（图 5 - 26）。

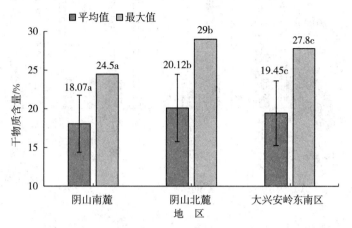

图 5 - 26　内蒙古马铃薯干物质含量地域性分布

5.3.3　品种和产地差异

选择内蒙古阴山北麓武川县、察右后旗、察右中期、达茂旗、多伦县、固阳县、化德县、商都县、四子王旗和太仆寺旗等马铃薯主产区进行水分含量测定发现，马铃薯总体含水量在 80% 左右，武川县、察右后旗和化德县总体上要低于其他地区，不同年份间，2018 年含水量总体高于其他年份，但总体无显著性差异（p>0.05）（图 5 - 27）。

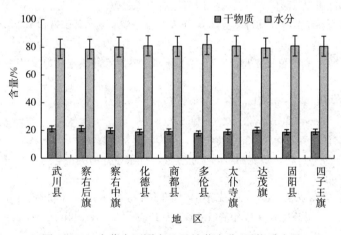

图 5 - 27　内蒙古不同产地马铃薯水分/干物质含量

依据现场调研与采样实际情况，选择了样品数量在 10 个以上的品种，即选择克新一号、大白花、费乌瑞它、冀张薯、夏坡蒂、后旗红、优金和兴佳 2 号等品种进行含水量分析，冀张薯和兴佳 2 号含水量总体较低，低于 80%，其余品种含水量总体在 82% 左右（图 5 - 28）。

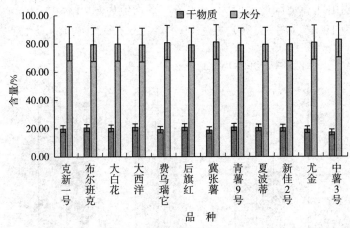

图5-28 内蒙古不同品种马铃薯水分/干物质含量

【参考文献】

[1] 陈仁惇. 营养保健食品 [M]. 北京: 中国轻工业出版社, 2001.

[2] 刘邻谓. 食品化学 [M]. 北京: 中国农业出版社, 2000.

[3] 阚建全. 食品化学 [M]. 北京: 中国农业出版社, 2002.

[4] 孙鑫淼. 马铃薯油炸和淀粉品质的分离及亲本配合力评价 [D]. 哈尔滨: 东北农业大学, 2010.

[5] 解雅晶. 马铃薯低温糖化及其机理研究 [D]. 北京: 中国农业科学院, 2018.

[6] 徐芬. 马铃薯全粉及其主要组分对面条品质影响机理研究 [D]. 北京: 中国农业科学院, 2016.

[7] 郑金贵. 农产品品质学 [M]. 厦门: 厦门大学出版社, 2004.

[8] 侯飞娜. 马铃薯全粉营养特性分析及马铃薯/小麦复合馒头专用品种筛选研究 [D]. 乌鲁木齐: 新疆农业大学, 2015.

[9] 陈利, 杨文耀, 等. 马铃薯加工型品种的要求及其主要性状的测定 [J]. 内蒙古农业科技 (增刊) 2002, 86-87.

[10] Elena Curti, Eleonora Carini. The use of potato fibre to improve bread physico-chemical properties during storage [J]. Food Chemistry, 2016, 195: 64-70.

[11] 吴泽军. 马铃薯的适宜环境和田间管理 [J]. 湖南农业, 2002 (2): 11-12.

[12] 西部幸男, 董起. 马铃薯块茎淀粉重的年份变异与气象条件的关系 [J]. 国外农学——杂粮作物, 1990 (2): 39-42.

[13] Wang Shao-hua, Wang. Relationships Between Balance of Nitrogen Supply-demand and Nitrogen Location and Senescence of Different Position Leaves on Rice [J]. Agricultural Sciences in China, 2003, 12 (7): 747-751.

[14] 李会珍. 用试管薯诱导途径探讨马铃薯品质形成及调控研究 [D]. 杭州: 浙江大学, 2004.

[15] 池再香. 贵州西部马铃薯生育期气候因子变化规律及其影响分析 [J]. 中国农业气象 2012, 33 (3): 417-423.

[16] 内蒙古自治区统计局. 2016年内蒙古统计年鉴 [M]. 北京: 中国统计出版社, 2016.

[17] 内蒙古自治区统计局. 2017年内蒙古统计年鉴 [M]. 北京: 中国统计出版社, 2017.

[18] 王新伟, 滕伟丽, 夏平. 中国马铃薯品种资源淀粉含量的分析 [J]. 作物品种资源, 1998 (2): 46-47.

[19] 邹瑜. 不同纬度引种对马铃薯产量和淀粉品质的影响 [J]. 中国马铃薯, 2013 (3): 136 - 139.

[20] 彭国照, 张虹娇. 川西南山地马铃薯品质的气候生态关系模型研究 [J]. 西南大学学报: 自然科学版, 2011, 33 (9): 6 - 11.

[21] 高华援. 影响马铃薯淀粉产量的因素研究 [J]. 中国马铃薯, 2008, 22: 6.

[22] 宿飞飞, 石瑛, 梁晶, 等. 不同马铃薯品种淀粉含量、淀粉产量及淀粉组成的评价 [J]. 中国马铃薯, 2006, 20 (1): 16 - 18.

[23] 李超, 郭华春, 等. 中国马铃薯主栽品种块茎营养品质初步评价 [C]. 陈伊里. 马铃薯产业与农村区域发展, 哈尔滨: 哈尔滨地图出版社, 2013: 253 - 257.

[24] 刘凯. 不同生态条件下马铃薯淀粉含量及其品质差异 [D]. 哈尔滨: 东北农业大学, 2008.

[25] 张凤军. 不同生态环境下马铃薯还原糖含量分析 [J]. 中国马铃薯 2007, 21 (1): 15 - 18.

[26] 刘喜平. 同生态条件下不同品种马铃薯还原糖、蛋白质、干物质含量研究 [J]. 河南农业科学, 2011, 40 (11): 100 - 103.

[27] 马晓东, 钟浩. 马铃薯淀粉的研究及在工业中的应用 [J]. 农产品加工 (学刊). 2008, 127 (12): 59 - 67.

[28] 王晓玉. 关于我国粮食产量的统计性分析 [J], 商场现代化, 2014, 74 (5): 38 - 39.

[29] 程义勇《中国居民膳食营养素参考摄入量》2013 修订版简介 [J]. 营养学报, 2014 (36): 4.

[30] 杨月欣. 2018 中国食物成分表标准版 (第 6 版第一册) [M]. 北京: 北京大学出版社, 2018.

[31] WHO. Energy and Protein Requirements [R]. World Health Organization. 1985.

[32] 中国营养学会. 中国居民膳食指南 [M]. 北京: 人民卫生出版社, 2016: 24 - 29.

[33] 曾凡逵, 许丹, 刘刚, 等. 马铃薯营养综述 [J]. 中国马铃薯, 2015, 29 (4): 233 - 243.

[34] Mozaffarian D, Hao T, Rimm E B, et al. Changes in diet and lifestyle and long-term weight gain in women and men [J]. New England Journal of Medicine, 2011, 364 (25): 2392 - 2404.

[35] Halton T L, Willett W C, Liu S, et al. Potato and french fryconsumption and risk of type 2 diabetes in women [J]. AmericanJournal of Clinical Nutrition, 2006, 83 (2): 284 - 290.

[36] Grasgruber P, Sebera M, Hrazdira E, et al. Food consumption and the actual statistics of cardiovascular diseases: an epidemiological comparison of 42 European countries [J]. Food and Nutrition Research, 2016 (60): 1 - 27.

[37] Bao W, Tobias D K, Hu F B, et al. Pre-pregnancy potato consumption and risk of gestational diabetes mellitus: prospective cohort study [J]. British Journal of Nutrition, 2016 (352): h6898.

[38] Thed S T, Phillips R D. Changes of dietary fiber and starch composition of processed potato products during domestic cooking [J]. Food Chemistry, 1995, 52 (3): 301 - 304.

[39] Atkinson F S, Foster-Powell K, Brand-Miller J C. International tables of glycemic index and glycemic load values: 2008 [J]. Diabetes Care, 2008, 31 (12): 2281 - 2283.

[40] 林金雪娇, 范志红. 马铃薯食物血糖指数与慢性疾病风险 [J]. 中国粮油学报, 2017, 32: 12.

[41] 孙远明. 食品营养学 [M]. 北京: 中国农业大学出版社, 2002.

[42] Pots A M, Gruppen H, et al. The effect of storage of whole potatoes of three cultivars on the patatin and protease inhibitor concent: a study using capillary electrophoresis and MALDI-TOF mass spectrometry [J]. Journal of the Science of Food and Agriculture, 1999, 79 (12): 1557 - 1564.

[43] Pouvreau L, Gruppen H, Piersma S R, et al. Relative abundance and inhibitory distribution of protease inhibitors in potato juicefrom cv. Elkana [J]. Journal of Agricultural and Food Chemistry, 2001, 49 (6): 2864 - 2874.

[44] Wang X, Smith P L, Hsu M-Y, et al. Murine model of ferric chloride induced vena cava thrombosis: evidence for effect of potato carboxypeptidase inhibitor [J]. Journal of Thrombosis and Haemostasis,

2006，4（2）：403－410.

[45] 李延斌．马铃薯开发世界食品业关注的焦点［J］．中国食品报，2011，9（5）：B02.

[46] 吴文标．马铃薯浓缩蛋白制品的功能性质评价［J］．中国马铃薯，2000，2（14）：76－78.

[47] Desborough S. L.，Potato Protenins，Potato Physiology. Ed. EyLi，P. H［M］．New York：Harcount Brace Javanovich，2006：237－243.

[48] 张胜．遗传因素和环境条件对马铃薯产量/品质/养分吸收影响的研究［D］．呼和浩特：内蒙古农业大学，2011.

[49] Burton W G. The potato［M］.3rd ed. Harlow：Longman Scientific and Technical Press，1989：78－92.

[50] 张凤军，张永成，田丰．马铃薯蛋白质含量的地域性差异分析［J］．西北农业学报 2008，17（1）：263－265.

[51] Nomali Z. Ngobese，Nutrient composition and starch characteristics of eight European potato cultivars cultivated in South Africa［J］. Journal of Food Composition and Analysis，2017（55）：1－11.

[52] Veronika Bartova'，JanBarta. Amino acid composition and nutritional value of four cultivated South American potato species［J］. Journal of Food Composition and Analysis，2015（40）：78－85.

[53] 滕卫丽．国外炸条型马铃薯品种的产量和品质指标的变化及其相互关系［D］．呼和浩特：东北农业大学，2002：5.

[54] Hamouz K，Lachman J，et al. The effect of ecological growing on the potatoes yield and quality［J］. Plant Soil Environment，2005，51：397－402.

[55] S. Suzanne Nielsen. 食品分析［M］．北京：中国轻工业出版社，2002：283－296.

[56] WHO，Energy and Protein Requirements［R］.FAP/WHO/UNU Expert consultation，1985.

[57] 曾凡逵．马铃薯营养综述［J］．中国马铃薯，2015，29（4）：233－243.

[58] 呼德尔朝鲁，杨丽敏．三种不同产地马铃薯氨基酸分析与评价［J］．世界最新医学信息（电子版），2016，Vol.16，No.93.

[59] 彭智华，龚敏方．蛋白质的营养评价及其在食用菌营养评价上的应用［J］．食用菌学报，1996，3（8）：56－64.

[60] FAO/WHO. Energy and Protein Requirements［R］. Food and Agriculture /World Health Organization，1985.

[61] FAO. Energy and Protein Requirements［R］. World Health Organization，1973.

[62] 王芳，乔璐，张庆庆，等．桑叶蛋白氨基酸组成分析及营养价值评价［J］．食品科学，2015，36（1）：225－228.

[63] 杨伟雄．玉米浓缩蛋白的制备及其营养评价［J］．中国粮油学报，1989（3）：2－7.

[64] 赵法仅，郭俊生，陈洪章．大豆平衡氨基酸营养价值的研究［J］．营养学报，1986，8（2）：153－159.

[65] 侯飞娜．马铃薯全粉营养特性分析及马铃薯-小麦复合馒头专用品种筛选研究［D］．乌鲁木齐：新疆农业大学，2015.

[66] Shengtao Z，Kun W. Nutritional evaluation of protein-ratio coefficient of amino acid［J］. Acta Nutrimenta Sinica，1988，10（2）：181－190.

[67] 朱圣陶，吴坤．蛋白质营养价值评价—氨基酸比值系数法［J］．营养学报，1988，10（2）：187－190.

[68] 赵凤敏，李树君．不同品种马铃薯的氨基酸营养价值评价［J］．中国粮油学报，2014（29）：9.

[69] 鞠栋．不同工艺马铃薯粉物化特性及氨基酸组成比较［J］．核农学报，2017，31（6）：1100－1109.

[70] 刘素稳．马铃薯蛋白质营养价值评价及功能性质的研究［D］．天津：天津科技大学，2007.

第6章 | Chapter 6
微量营养素评价

　　马铃薯是典型的低钠型食物来源，除了可提供其他多种矿物质（例如钾、磷、钙、镁）以及微量营养素铁和锌，多种维生素（如维生素 C、维生素 B_6、维生素 B_1、维生素 E）以及类胡萝卜素等抗氧化物质，还可以提供丰富的饱和脂肪酸，以及预防心脑血管疾病的不饱和脂肪酸。内蒙古马铃薯生长在"三高"地区，病情少疫控简单，多样化的成土母质孕育了马铃薯丰富的矿物质成分，适宜的生长过程积累了丰富的脂肪酸和维生素，地域特色显著。本研究团队通过多年调查验证，对内蒙古马铃薯微量成分的基本特征、时空变化进行总结，对其营养供应、膳食摄入和抗氧化潜力进行评价，以期正确引导主食和保健消费。

6.1　脂肪酸

　　脂肪作为人体必需的生热营养素之一，是身体内热量的重要来源，是构成身体组织和生物活性物质的重要成分，在调节生理机能、生命活动等方面具有积极作用；脂肪酸是构成脂肪的重要活性成分，人体生命活动不可或缺，有些脂肪酸人体自身无法合成，如亚油酸、亚麻酸和花生油酸，必须从膳食中补充[1]。Mohamed Fawzy Ramadan 等报道马铃薯块茎中脂质含量占 0.5%～1.0%，主要分布在块茎的果皮和维管束之间的区域中[1]；Gary Dobson 等研究发现马铃薯中脂肪酸种类比较丰富，以长链为主，其中亚麻酸、亚油酸、棕榈酸和硬脂酸总量占比约 50%[2]。饱和脂肪酸可以为人体提供能量。有研究表明，丁酸是一种能够快速分化的能量源，可以为机体提供能量，同时对人体肠道健康与功能、免疫性能、抗病性能等方面具有积极作用；己酸、辛酸和癸酸相互作用具有抗肿瘤和抗病毒功能，棕榈酸具有抗炎镇痛和保护心血管作用，硬脂酸能够降低膳食中胆固醇含量；不饱和脂肪酸同样是一类具有特殊营养价值、生理功能和独特的物理、化学特性，人体均需在饮食中摄入一定量以维持各项机能稳定运转，食品中常见的不饱和脂肪酸主要包括油酸、亚油酸、亚麻酸、花生油酸、二十碳五烯酸和二十二碳六烯酸等[3-8]。相关研究表明，它们在人体调控基因表达、抗心血管病、促进生长发育、血脂调节、免疫调节等方面发挥重要作用[9-10]；食品中脂肪酸的种类、含量及其所具有的营养价值和生理活性对人类膳食平衡极其重要[11]，马铃薯作为我国"第四大粮食作物"，对其脂肪类物质进行深入研究十分必要。

6.1.1　总脂类物质

　　内蒙古是全国马铃薯重要生产基地，种植规模、总产量及单产水平位居全国前列[12]，本研究团队近年来连续完成了内蒙古马铃薯生产、管理等相关信息的调研与样品监测工作，对不同主产地和不同品种马铃薯的粗脂肪及脂肪酸含量进行了监测分析；从调查区域上看，西边始于具有毛乌素沙地类型的乌审旗，黄河流域段的达拉特旗，主要集中于阴山沿麓地区，向东延伸至大兴安岭沿麓等地，调研、取样与监测工作基本实现了全区主产地全覆盖。

6.1.1.1 不同产地总脂类含量

连续两年对内蒙古不同主产地马铃薯中粗脂肪及脂肪酸含量进行的监测分析表明：内蒙古马铃薯脂类物质总体较为丰富，含量相对稳定。2016 年与 2017 年相比，个别地区受年降雨量、生产方式等环节的影响可能导致脂类物质含量出现一定差异，但总体上看，2 年来全区各地马铃薯中粗脂肪及脂肪酸总量变化不显著，表现出一定的稳定性。全区马铃薯中粗脂肪含量在 0.6%～1.2%之间，最小值为 0.65%，中位值为 0.85%，最大值为 1.2%；脂肪酸总量在 0.3%左右，约占脂肪含量 30%；种类上饱和脂肪酸与不饱和脂肪酸并存，饱和脂肪酸总量占比在 70%以上，并且含有亚麻酸、亚油酸、棕榈酸和硬脂酸等人体必需脂肪酸（图 6-1）。

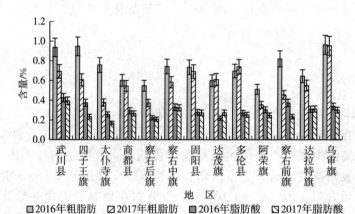

图 6-1 内蒙古地区不同年份粗脂肪及脂肪酸总量

6.1.1.2 不同品种马铃薯总脂类含量

内蒙古马铃薯主产地大多集中于阴山沿麓地区，经调研发现该区域马铃薯种植品种丰富，种植习惯、生产与管理模式相似，气候类型都属中温带大陆性季风气候，日照时间与年均降水量相对稳定[12]。因此，选择了武川县（N40.47°～41.2°，E110.31°～111.53°，平均海拔 1 300 m）、四子王旗（N41.2°～43.3°，E110.12°～113.4°，平均海拔1 350 m）、察右中旗（N41.06°～41.5°，E111.7°～112.5°，平均海拔 1 370m）、察右后旗（N 40.1°～41.9°，E 112.7°～113.5°，平均海拔 1 410 m）等地；同时选取了监测样品中样品数量在 5 个以上的品种作为研究对象，对同一区域不同品种马铃薯中脂类物质进行研究。

连续两年数据显示，在同一种植区域，不同品种的马铃薯脂肪及脂肪酸总量差异不显著，特征表现如下：2016 年与 2017 年不同品种粗脂肪与脂肪酸粗脂肪总量变化趋势基本一致，粗脂肪含量在 0.7%以上的品种有：克新一号，含量约 1%；大白花，含量约 0.85%；费乌瑞它，含量约 0.75%；冀张薯系列，含量约 0.7%。含量在 0.5%～0.7%的品种分别是夏坡蒂，含量约 0.69%；后旗红，含量约 0.6%。含量在 0.5%以下的品种分别是优金，含量约0.46%；青薯9号，含量约0.4%。克新一号、夏坡蒂、后旗红和大白花脂肪酸总量在0.3%以上，其余品种均低于0.3%。粗脂肪含量越高，脂肪酸总量则越高。调研结果还显示，内蒙古马铃薯主产区种植品种以克新一号、大白花、费乌瑞它和冀张薯系列为主，此类品种占所有种植总量的80%以上，监测数据同样显示，此类品种所含脂类物质含量同样较高，充分体现出了主产区的优势种植品种（图6-2）。

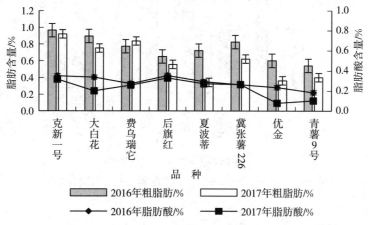

图6-2 内蒙古地区不同马铃薯品种脂肪及脂肪酸总量

6.1.2 脂肪酸组成

脂肪酸是构成脂肪的重要结构单元[13]，本研究团队在分析内蒙古马铃薯脂肪含量的特征的同时，重点关注了脂肪酸种类、含量及分布特点。内蒙古马铃薯脂肪酸种类总体比较丰富，同时含有饱和与不饱和脂肪酸，总体含量约0.35%，所含饱和脂肪酸包括十五碳酸（C15：0）、十六碳酸（C16：0）、十七碳酸（C17：0）及十八碳酸（硬脂酸，（C18：0））；不饱和脂肪酸包括十八碳一烯酸（油酸，C18：1）、十八碳二烯酸（亚油酸，C18：2），十八碳三烯酸（亚麻酸，C18：3）、二十碳一烯酸（花生一烯酸，C20：1）、二十碳四烯酸（花生四烯酸，C20：4）和二十碳五烯酸（花生五烯酸，C20：5），总体含量大小关系为C16：0＞C18：2＞C18：3＞C18：1＞C20：1＞C17：0＞C20：5＞C20：4＞C15：0，与Mohamed Fawzy Ramadan等人得出的结论基本一致[1]。

2016—2017年持续两年对内蒙古马铃薯主产地的220个样品脂肪酸含量进行监测分析，结果显示马铃薯中脂肪酸总量差异不显著，但不同种类脂肪酸在含量上存在显著性差异，个别脂肪酸在品种与地域间存在差异，总体特征表现如下：含量在1 000 mg/kg以上的为棕榈酸，最大值为2 400 mg/kg，最小值为1 011 mg/kg，中位值为1 300 mg/kg，平均值为1 360mg/kg；含量在400～1 000 mg/kg的为硬脂酸与亚油酸；含量在100～400 mg/kg的为亚麻酸；含量在10～100 mg/kg的为花生烯酸系列（二十碳一烯酸、二十碳二烯酸和二十碳四烯酸）；含量在10 mg/kg以下的为十五碳烯酸。

从脂肪酸总量上看，饱和脂肪酸总量显著高于不饱和脂肪酸，不饱和脂肪酸总量在地域性上表现出一定的差异性，总量在1 000 mg/kg以上的区域为阿荣旗、察右前旗、察右中旗、达拉特旗、固阳县、商都县和乌审旗，其他地方含量均小于1 000 mg/kg，饱和脂肪酸总量在品种上差异性较为显著，克新一号、夏坡蒂、后旗红和大白花总量在 1 600 mg/kg 以上；青薯 9 号、费乌瑞它和优金总量低于 1 600 mg/kg（图 6-3、图 6-4）。

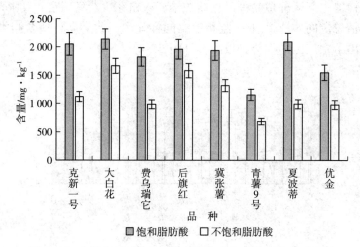

图 6-3　内蒙古不同品种马铃薯总饱和与不饱和脂肪酸含量

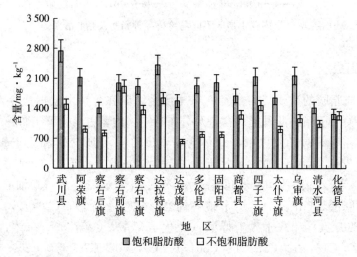

图 6-4　内蒙古不同地区马铃薯总饱和与不饱和脂肪酸含量

6.1.2.1　饱和脂肪酸含量

内蒙古地区马铃薯含有十五碳酸、棕榈酸、十七碳酸和硬脂酸等饱和脂肪酸，其中棕榈酸含量最高，在采集的 220 份样品中，所测数据最大值为 1 405.9 mg/kg，最小值为 1 001.4 mg/kg，中位值为 1 246.8 mg/kg，平均值为 1 220.2mg/kg，变异系数为 35.3%；硬脂酸含量最大值为 538 mg/kg，最小值为 380 mg/kg，中位值为 475 mg/kg，平均值为 480mg/kg，变异系数为 20.5%；十五碳酸与十七碳酸含量相对较低，无显著差异，均低于 40 mg/kg。武川县、察右中旗、四子王旗和乌审旗四地棕榈酸含量最高；克新一号、夏坡蒂、大白花和后旗红等品种棕榈酸含量最高。不同地区棕榈酸含量差异比较显著（p＜0.05），不同品种间棕榈酸含量差异同样显著（p＜0.05），因此，棕榈酸有望成为马铃薯产品原产地与品种鉴别的重要指纹信息（图 6-5、图 6-6）。

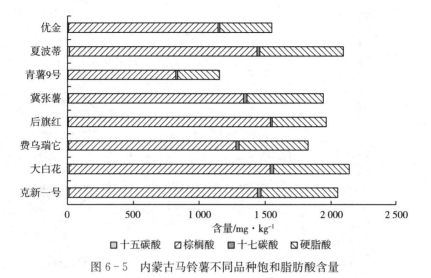

图6-5　内蒙古马铃薯不同品种饱和脂肪酸含量

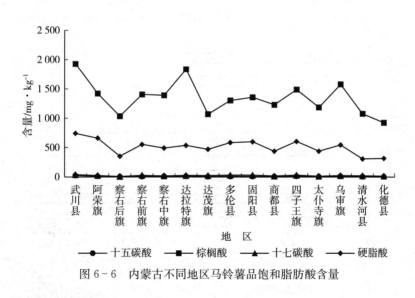

图6-6　内蒙古不同地区马铃薯品饱和脂肪酸含量

6.1.2.2　不饱和脂肪酸含量

内蒙古马铃薯中含有不饱和脂肪酸为十八碳一烯酸（油酸）、十八碳二烯酸（亚油酸）、十八碳三烯酸（亚麻酸），花生一烯酸、花生四烯酸和花生五烯酸。其中油酸、亚油酸和亚麻酸属于必需脂肪酸，人体无法自身合成，只能通过膳食摄入；花生一烯酸，花生四烯酸与花生五烯酸属于半必需脂肪酸，人体只能合成少部分，大多需要通过膳食摄入[12-15]。从不饱和脂肪酸含量上看，亚油酸含量最高，最大值为1600 mg/kg，中位值为1200 mg/kg，最小值为400 mg/kg，平均值900.25mg/kg，变异系数为82.5%，差异显著（$p<0.05$），不同地域间变异系数为82.5%，不同品种间变异系数为50.4%。亚油酸含量最高地区为察右前旗，含量最高的品种为夏坡蒂；亚麻酸含量在200~300 mg/kg，变异系数为1.8%，在品种及地区间无显著差异。花生一烯酸、花生二烯酸和花生四烯酸总体含量低于40 mg/kg，在品种与原产地间无显著差异，亚油酸有望成为产地鉴别的重要指纹信息[16]（图6-7、图6-8）。

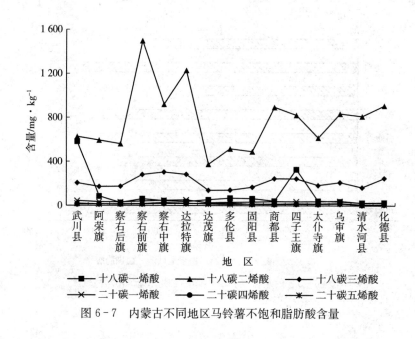

图 6-7　内蒙古不同地区马铃薯不饱和脂肪酸含量

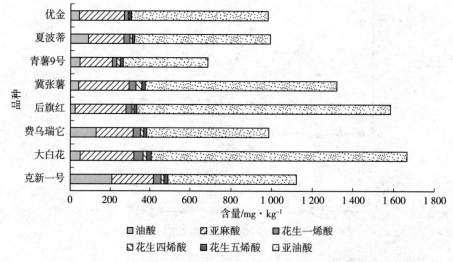

图 6-8　内蒙古不同马铃薯品种间不饱和脂肪酸含量

6.1.2.3　相关性与主成分

对马铃薯中所含的 10 种脂肪酸进行相关性分析，从总体上看，亚麻酸、棕榈酸和花生一烯酸与总脂肪酸呈显著正相关，其他类型脂肪酸与总脂肪酸含量不具备相关性，采用线性回归分析法对亚麻酸、棕榈酸及花生一烯酸含量与总脂肪酸进行曲线拟合，棕榈酸线性拟合相关系数为 0.887，二次项拟合相关系数为 0.854，对数拟合相关系数为 0.862，亚麻酸线性拟合相关系数为 0.820，二次项拟合相关系数为 0.807，对数拟合相关系数为 0.798，花生一烯酸线性拟合相关系数为 0.802，二次项拟合相关系数为 0.775，对数拟合相关系数为 0.871 4，可以通过回归方程模型对亚麻酸、棕榈酸及花生一烯酸等含量进行预估[17]（图 6-9、图 6-10、图 6-11）。

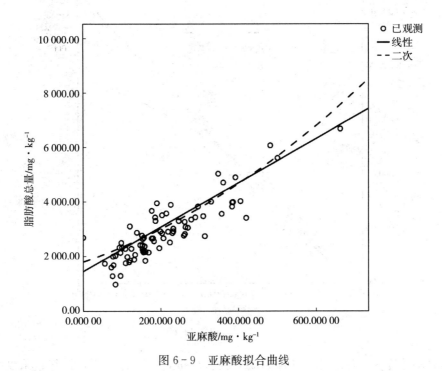

图 6-9 亚麻酸拟合曲线

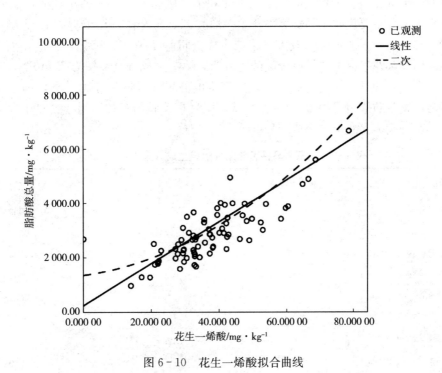

图 6-10 花生—烯酸拟合曲线

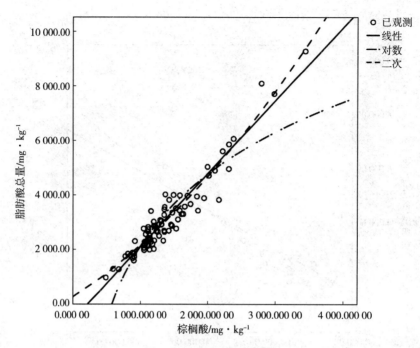

图 6-11　棕榈酸拟合曲线

对内蒙古马铃薯 220 份马铃薯样品脂肪酸含量进行主成分分析，详细结果见表 6-1。由主成分分析结果可知，第一主成分贡献率最高，为 48.431%，所有指标载荷值均为正，花生一烯酸、十五碳酸、十六碳酸、十七碳酸和十八碳酸具有较高的正载荷，值大于 0.7。因此，第一主成分主要反映了马铃薯中花生一烯酸、十五碳酸、十六碳酸、十七碳酸和十八碳酸含量，其对第一主成分影响较大；第二主成分贡献率为 21.809%，其中亚油酸、亚麻酸、花生一烯酸和花生五烯酸具有较高的正载荷，第三主成分贡献率为 8.719%，其中花生四烯酸与花生五烯酸具有较高的载荷值，前三主成分累计贡献率可达 80%，前三主成分基本概括了马铃薯脂肪酸组成的 10 个主要性状，同时也反映出马铃薯组成含量中棕榈酸为首要性状，其次分别为十八碳酸与亚麻酸[18-19]。

表 6-1　内蒙古马铃薯脂肪酸组成主成分分析（n=220）

指　标	第一主成分	第二主成分	第三主成分
十五碳酸	0.739	−0.478	0.089
十六碳酸	0.892	−0.201	−0.155
十七碳酸	0.777	−0.565	−0.055
十八碳酸	0.812	−0.468	−0.085
油酸	0.603	−0.701	−0.114
亚油酸	0.556	0.575	−0.398
亚麻酸	0.623	0.677	−0.271
花生一烯酸	0.822	0.324	0.078
花生四烯酸	0.368	0.109	0.721

（续）

指　标	第一主成分	第二主成分	第三主成分
花生五烯酸	0.678	0.405	0.223
特征值	5.812	2.617	1.046
贡献率/%	48.431	21.809	8.719
累计贡献率/%	43.431	70.239	78.958

6.1.3　脂肪营养综合评价

6.1.3.1　脂肪酸组成比例综合评价

利用模糊综合分析法对内蒙古 220 份马铃薯样品脂肪酸数据进行综合评分，主成分分析结果显示，前三主成分贡献率达到 80% 以上，通常主成分越重，方差贡献率越大，依据前三主成分各因子载何值、特征值与方差贡献率构建综合评价模型 F[19]。

$F = 0.20X_1 + 0.301X_2 + 0.095X_3 + 0.1175X_4 + 0.0201X_5 + 0.197X_6 + 0.245X_7 + 0.273X_8 + 0.191X_9 + 0.245X_{10}$[20] 式中 $X_1 \sim X_{10}$ 依次代表十五碳酸、十六碳酸、十七碳酸、十八碳酸、油酸、亚油酸、亚麻酸、花生一烯酸、花生四烯酸和花生五烯酸。在综合模型中指标系数的基础上进一步赋予了马铃薯脂肪酸各组分的权重（图 6-12，表 6-2）。

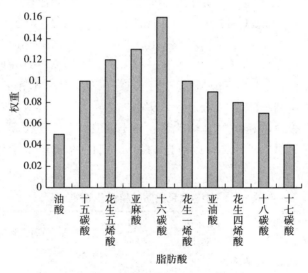

图 6-12　马铃薯脂肪酸权重评价

表 6-2　内蒙古马铃薯脂肪酸营养综合评判（n=220）

指标	克新一号	大白花	费乌瑞它	后旗红	冀张薯	青薯 9 号	夏坡蒂
F	58.25	51.25	57.2	57.36	52.21	42.56	48.36
得分排序	1	5	3	2	4	7	6

通过综合评价模型计算各样品综合得分显示，游离脂肪酸组成比例分值大小关系为克新一号＞后旗红＞费乌瑞它＞冀张薯＞大白花＞夏坡蒂＞青薯 9 号，说明不同品种的马铃薯脂

肪酸质量存在一定差异，得分越高，脂肪酸质量越优[17-19]；克新一号、后旗红、费乌瑞它是脂肪酸质量较优品种。调研结果也显示，此类品种播种面积约占全区总面积80%。对马铃薯中脂肪酸种类的权重分析显示，十六碳酸（棕榈酸）、亚麻酸、花生一烯酸等权重较大，进一步说明了该类脂肪酸是组成马铃薯脂肪酸的重要成分[21]。

6.1.3.2 脂肪酸膳食综合评价

脂肪作为人体重要热量来源，约占马铃薯质量的1%[22]，含量较蛋白、淀粉等相对较低，但在膳食能量供给、营养平衡及人体生理功能调理具有重要作用，脂肪分解可以产生脂肪酸和甘油，脂肪酸和油脂是构成马铃薯风味和细腻滑嫩质构的重要前体成分之一，脂肪酸经氧化可以产生醛类、酮类、醇类、羧酸类、呋喃类等风味物质[23]。此外大量研究表明，摄入适当比例的脂肪酸，可预防心脑血管、癌症、关节炎，降低炎症和结肠炎的发病率[24]。基于蔬菜中脂类含量相对较低，针对脂肪酸的报道不多，限制了人们对马铃薯中脂肪营养价值的整体认知。

近年来，国内外营养科学得到了很大发展，在理论和实践的方面取得了一些成果，有关国家和学术团队先后制定和发布了《膳食营养素参考摄入量（DRIs）》，中国营养学会也同样制定了《中国居民膳食营养素参考摄入量》，针对不同人群、不同年龄对脂肪及脂肪酸膳食推荐摄入量、摄入可接受范围给予了明确参考值[28]（表6-3）。流行病学普遍研究证明长链脂肪酸具有心肌保护作用，为了评价膳食中长链脂肪酸对冠心病发病率的影响倾向，Ulbricht 和 Southgate 等人构建了计算动脉粥样硬化指数（AI）和血栓形成指数（TI）指数方程[18]。$AI = [C12:0 + (4 \times C14:0) + C16:0] / [\sum MUFA + \sum PUFA (n-6) + \sum PUFA (n-3)]$；$TI = (C14:0 + C16:0 + C18:0) / [(0.5 \times \sum MUFA) + (0.5 \times \sum PUFA (n-6)) + (3 \times PUFA (n-3) + (n-3) PUFA/(n-6) PUFA]$。MUFA 代表单不饱和脂肪酸；PUFA 代表多不饱和脂肪酸；$C12:0$ 表示十二碳酸；$C14:0$ 表示十四碳酸；$C16:0$ 表示十六碳酸；$C18:0$ 表示十八碳酸。

同时结合与脂肪酸含量相关的三个比率：DHA/EPA（二十二碳六烯酸/二十碳五烯酸），EPA/DHA 和 PUFA/SFA，以便与 FAO、WHO 及英国卫生部等部门推荐的数据进行比较与评价（表6-4）。

表6-3 中国居民脂肪酸膳食参考摄入量

人群	总脂肪/E%	饱和脂肪酸/E%	n-6 多不饱和脂肪酸/E%	n-3 多不饱和脂肪酸/E%	亚油酸/E%	亚麻酸/E%	EPA+DHA/E%
0 岁～	48 (AI)	—	—	—	7.3	0.87	100b
0.5 岁～	40 (AI)	—	—	—	0.87	0.66	100b
1 岁～	35 (AI)	—	—	—	6.0	0.60	100b
2 岁～	20～30	—	—	—	4.0	0.60	—
4 岁～	20～30	<8	—	—	4.0	0.60	—
7 岁～	20～30	<8	—	—	4.0	0.60	—
11 岁～	20～30	<8	—	—	4.0	0.60	—
14 岁～	20～30	<10	—	—	4.0	0.60	—
18 岁～	20～30	<10	2.5～9	0.5～2.0	4.0	0.60	—

人群	总脂肪/E%	饱和脂肪酸/E%	n-6多不饱和脂肪酸/E%	n-3多不饱和脂肪酸/E%	亚油酸/E%	亚麻酸/E%	EPA+DHA/E%
50岁~	20~30	<10	2.5~9	0.5~2.0	4.0	0.60	—
65岁~	20~30	<10	2.5~9	0.5~2.0	4.0	0.60	—
80岁~	20~30	<10	2.5~9	0.5~2.0	4.0	0.60	—
孕妇	20~30	<10	2.5~9	0.5~2.0	4.0	0.60	250
孕妇（中）	20~30	<10	2.5~9	0.5~2.0	4.0	0.60	250
孕妇（晚）	20~30	<10	2.5~9	0.5~2.0	4.0	0.60	250
乳母	20~30	<10	2.5~9	0.5~2.0	4.0	0.60	250

注：①未制定参考值者用"—"表示；②E%为占能量的百分比；③EPA为二十碳五烯酸 4.DHA 为二十碳六烯酸。

表 6-4　不同品种马铃薯营养评价相关指标（平均值＋标准偏差）/mg·kg^{-1}

指标	克新一号	大白花	费乌瑞它	后旗红	冀张薯	青薯9号	夏坡蒂
ΣSFA	1 700±70.5	1 600±80.1	1 550±60.8	1 500±70	1 600±90.2	1 200±60.5	1 800±90.1
ΣMUFA	80.07±12.5	93.9±8.8	88.22±10.2	55.4±8.5	76.45±9.9	69.92±9.6	81.08±12.2
ΣPUFA	724.42±52	834.07±68	746.7±72.5	628.4±80.2	743.3±58	69.92±9.9	957.87±70
Σn-3	228.82±20	278.02±26	202.3±30.5	268.3±26.3	268.86±42	176.1±15.5	257.2±22.5
Σn-6	689.17±60	794.65±72	715.44±53	604.24±50	696.86±60	580.65±54	923.31±89
Σn-3/n-6	0.33±0.05	0.34±0.09	0.28±0.085	0.44±0.023	0.38±0.015	0.303±0.02	0.278±0.03
Σn-6/n-3	3.011±0.25	2.85±0.37	3.54±0.52	2.25±0.45	2.59±0.39	3.29±0.65	3.59±0.52
PUFA/SFA	0.426±0.03	0.521±0.02	0.482±0.04	0.42±0.035	0.5±0.04	0.50±0.05	0.522±0.04
AI	0.21	0.30	0.17	0.14	0.35	0.25	0.21
TI	0.40	0.21	0.22	0.21	0.23	0.14	0.30

注：SFA，饱和脂肪酸含量；MUFA，单不饱和脂肪酸；PUFA，多不饱和脂肪酸；n-3，脂肪酸，包括α-亚麻酸、二十二碳五烯酸和二十二碳六烯酸；n-6，脂肪酸，包括亚油酸二十碳四烯酸和二十二碳五烯酸；AI，动脉粥样硬化指数；TI，血栓形成指数。

依据中国居民脂肪酸膳食摄入推荐量及日常饮食规律，n-3多不饱和脂肪酸摄入量通常大大低于 n-6 多不饱和脂肪酸，Σn-3/Σn-6 是一个重要的营养评价指标，营养学认为比值越高，食品营养和健康价值越高[22-23]。由表 6-4 可知，内蒙古马铃薯 Σn-3/Σn-6 值为 0.28~0.44，大于 FAO 和 WHO 推荐的日常膳食 Σn-3/Σn-6 值（0.1~0.2)[25]，英国卫生组织部门也规定了人类消费的理想 Σn-6/Σn-3 比率为 1.0~4.0[6]，而内蒙古马铃薯 Σn-6/n-3 比值为 2.59~3.59，在该部门规定的消费理想范围。内蒙古马铃薯主要品种中，红旗红 Σn-6/n-3 值最高，大于 0.4，其他品种间无差异，在 0.3 左右。此外，英国卫生组织部门还推荐了人体摄入 PUFA/SFA 值不低于 0.4[6]，内蒙古不同品种马铃薯 PUFA/SFA 值均在 0.4 以上。利用 Ulbricht 和 Southgate 等人构建的模型评估了马铃薯中脂肪酸对冠心病发病率的影响，分别计算了 AI 和 TI，马铃薯中 AI 为 0.17~0.35，冀张薯中值最高，平均值为 0.35，血栓形成指数为 0.14~0.40，当前有关蔬菜中脂肪酸的 AI 与 TI 指数报道不多，但远低 Sartbarrento 等人报道的螃蟹、羊肉、牛肉和猪肉（AI 分别为 1.4、1.0、0.72、0.6；TI 分别为 1.2、1.58、1.06、1.37）[6]。马铃薯中脂肪酸含量可以同时满足 FAO、WHO 和英国卫生组织部门推荐的最佳膳食比，是一种脂类营养均衡的主粮，在降血脂、软化血管及抑制冠心病和血栓形成等方面有积极作用，作为保健食品具有潜在开发前景[19~22;26]。

总体上，内蒙古地区马铃薯粗脂肪含量平均值为 1%，脂肪酸总量约为 0.3%，饱和脂肪酸与不饱和脂肪酸并存，饱和脂肪酸总量占比约 70%，不饱和脂肪酸总量占比约为 30%，包括了亚麻酸、亚油酸、棕榈酸和硬脂酸等人体必需脂肪酸和花生一烯酸、花生四烯酸及花生五烯酸人体半必需脂肪酸；不同主产地、不同品种间粗脂肪及脂肪酸总量无显著差异，不同年份间差异同样不显著，在地域和时空间表现出一定的稳定性。

从脂肪酸种类上看，饱和脂肪酸为十五碳酸、十六碳酸、十七碳酸及硬脂酸；不饱和脂肪酸为油酸、亚油酸、亚麻酸、花生一烯酸花生四烯酸和花生五烯酸等，以棕榈酸、硬脂酸、油酸、亚油酸和亚麻酸为主，总量占 80% 以上，亚油酸与棕榈酸在品种与产地间差异显著（p<0.05），可能是原产地与品种鉴别的重要指纹信息。

营养评价结果显示：内蒙古马铃薯脂肪酸总量和种类基本能够满足我国居民膳食合理推荐量，$\sum n-3/\sum n-6$ 值为 0.28~0.44，在 FAO、WHO 和英国卫生组织部门推荐的人类消费的理想范围，AI 和 TI 同样低于海鲜、鸡肉和猪肉等。从组成上，后旗红、克新一号、冀张薯系列和费乌瑞它是我区马铃薯脂肪酸质量优势品种。

6.2 维生素

维生素又名维他命，是维持人体正常物质代谢和生理功能的必须物质，与碳水化合物、脂肪和蛋白质三大营养物质不同，在食物中仅占极小比例，但为人体所必需，人体不能合成或合成量很少，需通过膳食给予补充[27]，根据其溶解性能差异可分为水溶性维生素与脂溶性维生素两类，前者主要包括 B 族和维生素 C，后者主要包括维生素 A、维生素 E、维生素 D 和维生素 K 等[28]。B 族维生素主要包括维生素 B_1、维生素 B_2、维生素 B_3、维生素 B_5、维生素 B_6、维生素 B_9 和维生素 B_{12} 等，它们是多种辅酶的重要组成部分，主要参与人体内脂肪、蛋白质和糖类等物质的合成代谢过程。而维生素 C 因其可发挥抗疗坏血病的作用又被称为"抗坏血酸"，具备有机酸的作用，同时也是重要的抗氧化剂[29]。蔬菜中通常富含不同种类的水溶性维生素，特别是维生素 C。维生素 A、维生素 D 和维生素 E 是常见的脂溶性维生素，是维持机体正常生理功能必需物质，维生素 A 可提高机体免疫力，促进体内细胞的生长与繁殖，维生素 D 在临床山可用于辅助治疗骨骼性疾病，维生素 E 是体内重要的抗氧化剂，多数绿叶蔬菜及水果表皮含有维生素 E[30]。

早在 1995 年张培英等[31]报道维生素 C 在马铃薯块茎中以还原型（抗坏血酸）和氧化型（脱氢抗坏血酸）两种形式存在，而脱氢抗坏血酸在机体内可以被还原为抗坏血酸，其中脱氢抗坏血酸占总维生素的 12%~15%，这两种形式在鲜马铃薯中占比为每 100g 1~54mg，生长环境、加工条件及品种对维生素 C 含量影响较大。文国宏等[5]2017 年报道了陇薯系列马铃薯维生素 C 含量为每 100g 14.68～20.11 mg，与还原糖含量呈显著正相关（p<0.05），与粗蛋白含量呈显著负相关（p<0.05）。王辉等[32]报道称彩色马铃薯黑美人、红宝石维生素 C 含量分别为每 100g 10.21～21.73 mg，每 100g 12.4～18.74 mg。Enachccsu 等[33]认为成熟块茎比未成熟块茎的维生素 C 含量高 20%～50%，而 Volkvo[34]则认为维生素 C 含量的最高值出现在块茎形成后的第 27 天。Namek 等[35]认为维生素 C 含量在块茎充分成熟之前一直呈增加的趋势，到地上部开始死亡时逐渐下降，大量文献表明，块茎在收获后贮藏期间维生素 C 含量呈下降趋势。JUAN A. T. 等发现切割新鲜马铃薯并在不同条件下（空气，20%CO_2＋空气，100%N_2 和真空包装）储藏，对维生素 C 含量的保持率为真空包装＞N_2（100%）＞20%CO_2＋空气，真空条件储藏可将马铃薯完整块茎维生素 C 含量损失降低至 1%～2%，切割后的鲜块降低至 5%～6%[36-39]，目前国内外关于马铃薯中维生素的报道大多集中在维生素 C，其他种类维生素报道不多。因此，本研究团队从内蒙古马铃薯维生素种类、含量及其功能评价等方面展开研究，为内蒙古马铃薯生产、储藏及作为保健品的开发前景提供数据支持和评价依据。

6.2.1　维生素总量

6.2.1.1　取样代表性情况

近年来本研究团队持续对内蒙古马铃薯进行实地调研与现场取样工作，并对马铃薯中维生素含量进行研究。区域上看，始于西边具有毛乌素沙地类型的乌审旗，黄河流域段的达拉特旗，重点集中在阴山沿麓地区，向东延伸至大兴安岭沿麓等地，基本实现了全区主产地全覆盖，品种包括了克新一号、费乌瑞它、冀张薯系列、夏坡蒂、后旗红、优金、大白花和青薯 9 号等品种。不同地区间监测样品数基本一致，按照随机抽样方式进行，在所抽取的 14 个产地中，费乌瑞它样品数占比最高，为 31%，其次为克新一号、夏坡蒂与冀张薯系列，占比分别为 21%、13% 和 12%，此类品种约占抽取样品总数的 75%，进一步体现了内蒙古马铃薯种植的品种主要以费乌瑞它、为克新一号、夏坡蒂与冀张薯为主，这一点与现场实地调研信息相符（图 6-13、图 6-14）。

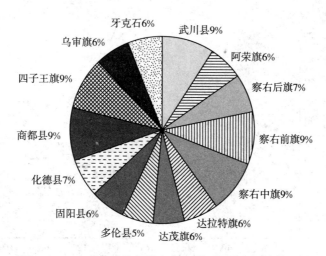

图 6-13　内蒙古马铃薯维生素监测不同地区间抽样比例

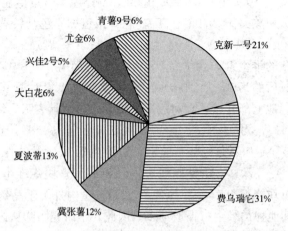

图6-14　内蒙古马铃薯维生素监测不同品种间抽样比例

6.2.1.2　样品维生素含量

连续两年对内蒙古不同地区的168份马铃薯样品的维生素含量进行监测表明，马铃薯所含维生素种类包括维生素C、B族维生素及维生素E，其中B族维生素类包括了维生素B_1、维生素B_2、维生素B_3、维生素B_5和维生素B_6，含量总体分布如图6-15所示。维生素总量平均值为每100g 19.62mg，在所监测的样本中维生素总量最大值为每100g 43.3 mg，中位值为每100g 20.12 mg，最小值为每100g 8.2 mg，在总量分布基本呈正态分布特点，含量在每100g 16.6 mg以上的概率为61.6%，在监测样品中含量大多集中在每100g 16.6～25.4 mg。各类维生素含量以维生素C为主，维生素C含量平均值为每100g 20.30mg，占维生素总量93%以上，B族总量总体为每100g 0.9mg，其中维生素B_5含量最高，而脂溶性维生素为维生素E，含量为每100g 0.154～2.7 mg。不同品种间，后旗红总体含量最高，经描述性统计分析表明，后旗红含量最大值为每100g 43.3 mg，最小值为每100g 13.5 mg，上四分位值为每100g 35.43mg，中位置为每100g 34.5mg，下四分位值为每100g 17.6 mg（图6-15、图6-16）。

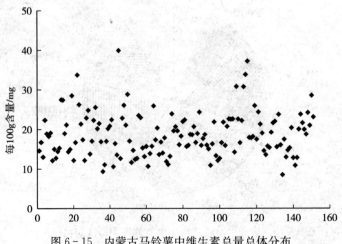

图6-15　内蒙古马铃薯中维生素总量总体分布

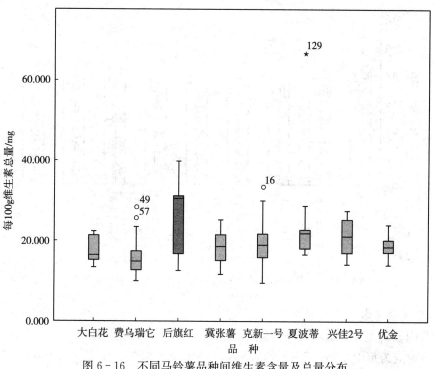

图 6 - 16　不同马铃薯品种间维生素含量及总量分布

6.2.2　水溶性维生素

马铃薯中水溶性维生素包括了维生素 C 和维生素 B_1、B_2、B_3、B_5 和 B_6 等 B 族维生素，总量为每 100g 14~30 mg，主要以维生素 C 为主，含量占比 90% 以上，2016 年内蒙马铃薯维生素总量整体高于 2017 年，达拉特旗、达茂旗和固阳县等地在两年间差异显著（$p <$ 0.05）。达拉特旗、察右前旗、察右后旗、察右中旗、固阳县等地水溶性维生素总量在每100g 20 mg 以上（图 6 - 17）；不同品种间，水溶性维素总量差异不显著；费乌瑞它、克新一号、后旗红和兴佳 2 号总体含量在每 100g 20 mg 以上，如图 6 - 18 所示。

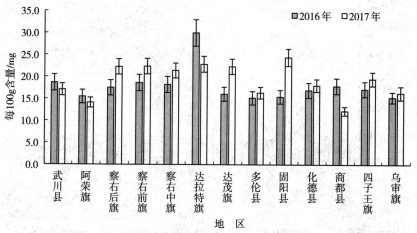

图 6 - 17　内蒙古不同地区不同年份马铃薯水溶性维生素总量

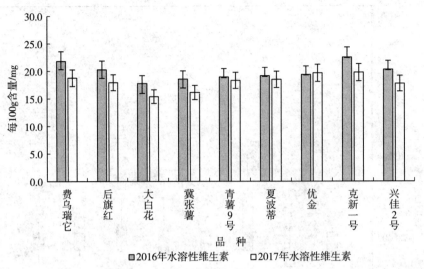

图 6-18　内蒙古不同地区不同品种马铃薯水溶性维生素总量

6.2.2.1　B 族维生素

比较了内蒙古不同产地马铃薯 B 族维生素含量，结果表明：B 族维生素含量整体较低，B 族总量最大值为每 100g 1.17 mg，最小值为每 100g 0.457 mg，其中在种类上以维生素 B_5 含量最高，含量约为每 100g 0.55 mg，最大值出现在武川县；阿荣旗、察右后旗、察右前旗、察右中旗、达拉特旗、达茂旗、多伦县和固阳县差异显著（p<0.05），地区间变异系数为 30% 以上，而化德县、四子王旗和乌审旗含量基本处于同一水平，变异系数小于 5%；B 族类维生素含量次高的种类是维生素 B_3，平均含量每 100g 0.1 mg，维生素 B_1、维生素 B_2 和维生素 B_6 含量整体低于每 100g 0.1 mg，产地间无显著差异（图 6-19）。不同品种间（图 6-20），维生素 B_5 差异显著（p<0.05），其他 B 族维生素含量无显著性差异。含量上看维生素 B_5 含量最高，含量为每 100g 0.6mg，青薯 9 号和大白花含量均高于每 100g 0.5 mg。

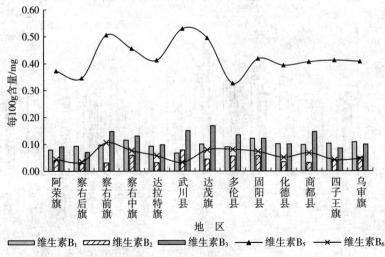

图 6-19　内蒙古不同地区马铃薯 B 族维生素含量

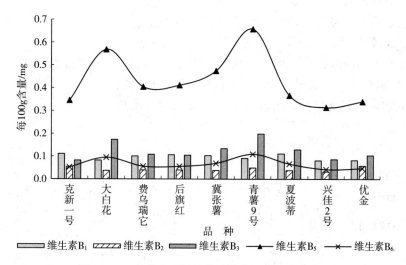

图 6-20 内蒙古不同品种马铃薯 B 族维生素含量

6.2.2.2 维生素 C

维生素 C 是一类重要的抗氧化活性物质[38-40]，为马铃薯中维生素的主要成分，占比 90% 以上，本研究团队持续两年对内蒙古不同产地间马铃薯维生素 C 监测发现，内蒙古马铃薯维生素 C 总体含量为每 100g 5～30 mg，阿荣旗、察右后旗、察右前旗、察右中旗、达拉特旗、达茂旗、固阳县、化德县及四子王旗维生素 C 总量均高于每 100g 20 mg，其中达拉特旗最高，在地区间整体差异不显著；2016 年含量总体高于 2017 年，2 年的平均值每 100g 25 mg，不同年份间存在一定差异；但各地区在不同年份间的变化规律不统一，整体无规律性，这可能是由于维生素 C 本身的不稳定性造成的。有关研究表明，产地环境（温度、湿度、海拔、光照等）和储藏环境等因素对马铃薯块茎维生素 C 含量的影响较大[31]，而不同产地马铃薯在生产和管理等外部条件存在差异，如图 6-21 所示。

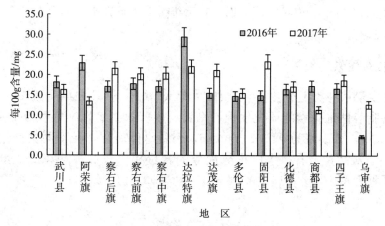

图 6-21 内蒙古不同产地维生素 C 含量

就不同品种间而言，维生素 C 含量差异不显著（p＞0.05），后旗红、克新一号、夏坡蒂、费乌瑞它、青薯 9 号等品种维生素 C 总体含量均高于每 100g 20 mg，而优金含量约为每 100g 20 mg，冀张薯、大白花、新佳 2 号等品种维生素 C 含量在每 100g 16～20 mg，不同品种的维生素 C 在 2016 年与 2017 年变化趋势基本一致，而 2016 年维生素 C 含量总体高于 2017 年，依据相关气象数据，2016 年内蒙古地区降水量总体高于 2017 年，因此，降水量可能是影响维生素 C 含量积累的重要外在因素[31-34]（图 6-22）。

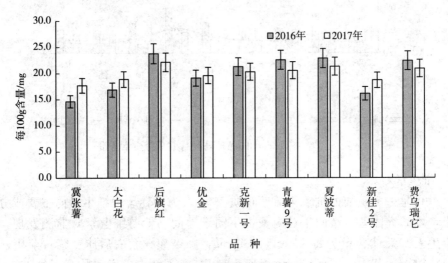

图 6-22　不同品种马铃薯维生素 C 含量

马铃薯是一种食用、加工兼备的重要薯类作物，薯类作物除马铃薯之外还包括甘薯、山药、芋类、木薯等，而有关薯类产品维生素类报道最多的是维生素 C，结合文献资料报道主要结论展开对薯类物质间维生素 C 含量进行比较。王少梅报道了麻山药维生素 C 含量为每 100g 0.6mg，王彦博等报道了铁棍山药维生素 C 含量为每 100g 18～30 mg[40]；黄华宏等报道了徐 43-14、浙 125-7、南薯 88、浙杂 5 号、浙 4735 等甘薯维生素 C 含量为每 100g 23.5～70.5 mg，魏艳等报道了木薯中维生素 C 含量为 11.9～26.1mg/100 g，木薯皮维生素 C 含量为 0.28～0.63 mg/100 g[41-42]，而马铃薯维生素种类齐全，维生素 C 含量总体不亚于山药、芋类和木薯等。

6.2.3　脂溶性维生素

脂溶性维生素从种类上分主要包含维生素 A、维生素 E 和维生素 K 类，通过对内蒙古地马铃薯脂溶性维生素的研究发现，马铃薯中所含脂溶性维生素为维生素 E，最大值为 0.009 mg/g，最小值为 0.001 5 mg/g，但就总体而言，在不同主产地无显著性差异（p＞0.05）。从品种上看，大白花与优金的含量相对较高，均在每 100g 0.5 mg 以上，而其他品种为每 100g 0.15～0.40 mg（图 6-23、图 6-24）。

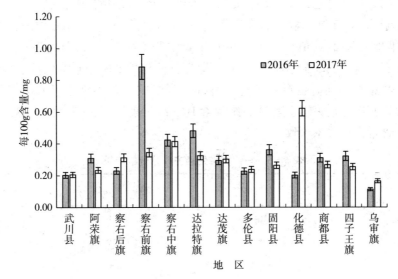

图 6 - 23　内蒙古不同产地马铃薯维生素 E 含量

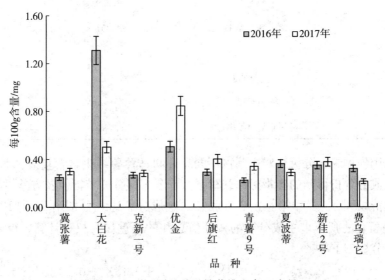

图 6 - 24　不同品种马铃薯维生素 E 含量

6.2.4　综合评价

6.2.4.1　组成比例评价

对所监测的 220 份内蒙古马铃薯维生素含量进行主成分分析，详细结果见表 6 - 5。对维生素 C 等 7 个指标进行主成分分析时，理论上应该得到 7 个主成分，但实际贡献则主要以第一和第二主成分为主，第一主成分和第二主成分累计贡献率在 88% 以上，一般认为，特征值越高，代表贡献率也越高，第一主成分的特征值为 2.34，是第二主成分的近 1.5 倍，即第一主成分的贡献率高于第二主成分，这一点与主成分分析计算的各组分贡献率的实际值大小关系一致，即第一主成分的贡献率为 33.4%，第二主成分的贡献率为 21.8%。第一主成分的载荷值均为正，维生素 C、维生素 B_1、维生素 B_3、维生素 B_5、维生素 B_6 和维生素 E 的载荷值都高于 0.2，而维生素 C 和维生素 B_2 的载荷值低于 0.1；第二主成分的维生素 C、维生素 B_2 和维生素 B_5 载荷值均为正，其中维生素 C 和维生素 B_5 分别为 0.416 和 0.411，而维生素 B_1、维生素 B_3 和维生素 B_6 载荷值均为负。前二主成分基本包括了马铃薯维生素的 7 个主要性状指标，同时也反映了马铃薯维生素组成含量中维生素 C 为首要性状指标（载荷值最高），其次分别为维生素 B_5、维生素 B_2、维生素 B_3 和维生素 E，这一点与马铃薯中各类维生素含量大小关系一致。

表 6-5　马铃薯维生素主成分分析结果

变量	指标	第一主成分	第二主成分
X_1	维生素 C	0.296	0.416
X_2	维生素 B_1	0.377	−0.217
X_3	维生素 B_2	0.066	0.361
X_4	维生素 B_3	0.377	−0.217
X_5	维生素 B_5	0.229	0.411
X_6	维生素 B_6	0.351	−0.298
X_7	维生素 E	0.283	0.007
—	特征值	2.34	1.529
—	贡献率/%	33.424	21.847
—	累计贡献率/%	33.424	55.27

同时，利用模糊综合分析法对内蒙古不同品种间马铃薯维生素含量总体状况进行评价，其原理为以主成分分析得到的各指标的载荷系数和各主成分的特征值及方差贡献率为基础数值构建综合评价模型 F。其中第一主成分和第二主成分表达式分别用 F_1 和 F_2 表示，F_1 和 F_2 所对应的特征值占所提取主成分总的特征值总和的比重作为权重计算，得到马铃薯维生素含量综合得分模型 $F^{[47]}$。

$$F_1 = 0.19X_1 + 0.25X_2 + 0.043X_3 + 0.25X_4 + 0.15X_5 + 0.23X_6 + 0.19X_7$$

$$(6-1)$$

$$F_2 = 0.34X_1 - 0.18X_2 + 0.29X_3 - 0.18X_4 + 0.33X_5 - 0.24X_6 + 0.0056X_7$$

$$(6-2)$$

$$F = 0.604F_1 + 0.396F_2 \qquad (6-3)$$

利用此模型对内蒙古不同品种马铃薯维生素含量进行综合得分评价，参与评价指标包括了维生素维生素 B_1、维生素 B_2、维生素 B_3、维生素 B_5、维生素 B_6 和维生素 E 等，综合得分见表 6-6；由表可知，不同品种间马铃薯维生素组成比例得分顺序为后旗红＞夏坡蒂＞兴佳 2 号＞青薯 9 号＞冀张薯＞克新一号＞费乌瑞它＞优金＞大白花。对不同品种马铃薯维生素组成的综合得分评价，有助于为马铃薯育种筛选优质维生素亲本和高含量维生素马铃薯种植提供重要参考。

表 6-6　不同品种马铃薯综合得分

品种	F_1	F_2	F	排序
克新一号	4.2	6.1	4.9	6
大白花	3.6	5.8	4.5	9
费乌瑞它	4.9	4.9	4.9	7
后旗红	4.6	7.9	5.9	1
冀张薯	4.6	6.1	5.1	5
青薯9号	5.8	4.81	5.4	4
夏坡蒂	4.5	7.71	5.8	2
兴佳2号	4.2	7.21	5.4	3
优金	3.7	6.5	4.8	8

6.2.4.2　膳食摄入评价

马铃薯维生素种类总体比较丰富，种类上包括维生素 C、维生素 B 和维生素 E，而含量则以维生素 C 为主，有研究表明，B 族维生素作为重要辅酶前体，其摄入水平会对糖尿病病情产生影响，糖尿病病人对 B 族维生素的需求水平高于正常人[43]，如维生素 B_1（硫胺素）、维生素 B_2（核黄素）和维生素 B_3（烟酸）。维生素 C 是重要的水溶性抗氧化剂，对机体的新陈代谢、生长极为重要，具有增强免疫，促进胶原的形成和钙的吸收，维生素 E 对人体代谢功能同样发挥重要作用，同样是重要的抗氧化剂。有研究表明，维生素摄入量高的人群发生食管癌的风险显著低于摄入量低的人群[42-43]。暴露于环境的自由基无处不在，随着生活质量的提高，人们对食物的要求不仅停留在色、香、味等感观上面，人群保健意识也在提高，越来越多的人开始主动选择各种保健营养补充剂，而维生素类是理想选择，Euromonitor International 组织 2010 年发布数据显示，全球各类保健补充剂以 4％～5％的速度增长，而维生素 C 补充剂是竞争最激烈的产品，需求量每年以 7.4％的速度增长，世界各地营养保健补充剂作为日常生活的一部分已经成为趋势。

马铃薯作为全球第四大粮食兼备作物，我国马铃薯生产在全球处于前列，而内蒙古是我国马铃薯重要生产基地，课题团队近年来一直在开展马铃薯营养品质与新型功能成分的研究工作。研究结果表明，马铃薯维生素含量比较丰富，特别是维生素 C，每 100 g 含量约 20 mg，目前有关马铃薯的应用大多集中在加工方面，如淀粉、薯条及其他产品，作为保健品的开发同样重要，随着我国马铃薯主粮化战略构想的提出，马铃薯产品的开发与综合利用应该受到更多关注，基于高含量维生素 C 的存在及其抗氧化活性功能，使得马铃薯作为保健品进行膳食摄入成为理想选择，作为保健产品开发成为可能。

然而，当前有关马铃薯维生素膳食供给能力的评价标准不多，因此本研究则以《中国居民膳食营养素参考摄入量》提供的维生素膳食合理摄入量为依据，为进一步评价内蒙古马铃薯维生素膳食贡献状况，以人群马铃薯维生素摄入量与适宜摄入量的比值（％AI）为主要依据展开评价（表 6-7、表 6-8、表 6-9）。我国居民马铃薯日均消费量约 0.1 kg[48,66]。以我国居民马铃薯日消费量、马铃薯维生素含量及我国居民维生素膳食推荐量为主要指标，折算出内蒙古不同品种马铃薯维生素含量在不同人群的贡献率，一般认为％AI 值越高，马铃薯维生素贡献能力越强[45]。％AI＝C×IR/AI×100[46] 式中。％AI 为维生素摄入量与适宜摄入量（AI）的比值，单位%；C 为该种马铃薯维生素含量，单位 mg/kg；IR：该马铃薯的日均消费量，单位 kg/d；AI：适宜摄入量，单位 mg/d。

表 6-7　中国居民膳食维生素的推荐摄入量或适宜摄入量

人 群	维生素 C/ mg·d^{-1}	维生素 E（AI）/ mg·d^{-1}	维生素 B$_1$/ mg·d^{-1}		维生素 B$_2$/ mg·d^{-1}		维生素 B$_3$/ mg·d^{-1}		维生素 B$_5$/ mg·d^{-1}	维生素 B$_6$/ mg·d^{-1}
			男	女	男	女	男	女		
0 岁～	40（AI）	3	0.1（AI）		0.4（AI）		2（AI）		1.7	0.2（AI）
0.5 岁～	40（AI）	4	0.3（AI）		0.5（AI）		3（AI）		1.9	0.4（AI）
1 岁～	40	6	0.6		0.6		6		2.1	0.6
4 岁～	50	7	0.8		0.7		8		2.5	0.7
7 岁～	65	9	1.0		1.0		11	10	3.5	1.0
11 岁～	90	13	1.3	1.1	1.3	1.1	14	12	4.5	1.3
14 岁～	100	14	1.6	1.3	1.5	1.2	16	13	5.0	1.4
18 岁～	100	14	1.4	1.2	1.4	1.2	15	12	5.0	1.4
50 岁～	100	14	1.4	1.2	1.4	1.2	14	12	5.0	1.6
65 岁～	100	14	1.4	1.2	1.4	1.2	14	11	5.0	1.6
80 岁～	100	14	1.4	1.2	1.4	1.2	13	10	5.0	1.6
孕妇	+0	+0	—	+0.3	—	+0.3	—	+0	+1.0	+0.8
乳母	+50	+3	—	+0.3	—	+0.2	—	+3	+2.0	+0.3

注：未制定参考值者用"—"表示，数据源于《中国居民膳食营养素参考摄入量》2013 版。

表 6-8　中国居民膳食维生素平均需要量

人 群	维生素 C/ mg·d^{-1}	维生素 D（AI）/ μg·d^{-1}	维生素 B$_1$/ mg·d^{-1}		维生素 B$_2$/ mg·d^{-1}		维生素 B$_3$/ mg·d^{-1}		叶酸/ μg·d^{-1}	维生素 B$_6$/ mg·d^{-1}
			男	女	男	女	男	女		
0 岁～	—	—	—		—		—		—	—
0.5 岁～	—	—	—		—		—		—	—
1 岁～	35	8	0.5		0.5		5	5	130	0.5
4 岁～	40	8	0.6		0.6		7	6	150	0.6
7 岁～	55	8	0.8		0.8		9	8	210	0.8
11 岁～	75	8	1.1	1.0	1.1	0.9	11	10	290	1.1
14 岁～	85	8	1.3	1.1	1.3	1.0	14	11	320	1.2
18 岁～	85	8	1.2	1.0	1.2	1.0	12	10	320	1.2
50 岁～	85	8	1.2	1.0	1.2	1.0	12	10	320	1.3
65 岁～	85	8	1.2	1.0	1.2	1.0	11	9	320	1.3
80 岁～	85	8	1.2	1.0	1.2	1.0	11	8	320	1.3
孕妇（早）	+0	+0	—	+0	—	+0	—	+0	+200	+0.7
孕妇（中）	+10	+0	—	+0.1	—	+0.1	—	+0	+200	+0.7

（续）

人　群	维生素 C/ mg·d^{-1}	维生素 D（AI）/ μg·d^{-1}	维生素 B$_1$/ mg·d^{-1}	维生素 B$_2$/ mg·d^{-1}	维生素 B$_3$/ mg·d^{-1}	叶酸/ μg·d^{-1}	维生素 B$_6$/ mg·d^{-1}
孕妇（晚）	+10	+0	— +0.2	— +0.2	— +0	+200	+0.7
乳母	+40	+0	— +0.3	— +0.2	— +2	+130	+0.2

注：未制定参考值者用"—"表示。数据源于《中国居民膳食营养素参考摄入量》2013 版。

表 6-9　中国居民维生素膳食可耐受最高摄入量

人　群	维生素 C mg·d^{-1}	维生素 D/ μg·d^{-1}	维生素 E/ mg·d^{-1}	维生素 A/ μg·d^{-1}	维生素 B$_3$/ mg·d^{-1}	叶酸/ μg·d^{-1}	维生素 B$_6$/ mg·d^{-1}
0 岁～	—	20	—	—	—	—	—
0.5 岁～	—	20	—	—	—	—	—
1 岁～	400	20	150	600	10	300	20
4 岁～	600	30	200	600	15	400	25
7 岁～	1 000	45	350	700	20	600	35
11 岁～	1 400	50	500	900	25	800	45
14 岁～	1 800	50	600	1 500	30	900	55
18 岁～	2 000	50	700	2 100	35	1 000	60
50 岁～	2 000	50	700	2 700	35	1 000	60
65 岁～	2 000	50	700	3 000	35	1 000	60
80 岁～	2 000	50	700	3 000	30	1 000	60
孕妇（早）	2 000	50	700	3 000	35	1 000	60
孕妇（中）	2 000	50	700	3 000	35	1 000	60
孕妇（晚）	2 000	50	700	3 000	35	1 000	60
乳母	2 000	50	700	3 000	35	1 000	60

注：未制定参考值者用"—"表示，数据源于《中国居民膳食营养素参考摄入量》2013 版。

选择马铃薯中维生素 B$_1$、维生素 B$_2$、维生素 B$_3$、维生素 B$_5$、维生素 C 和维生素 E 等对不同人群膳食贡献状况加以分析，结果表明，不同种类的维生素中，维生素 C 的膳食贡献率最高（%RNI），对不同年龄段人群的总体贡献率在 30% 以上，而维生素 B$_1$、维生素 B$_2$、维生素 B$_3$、维生素 B$_5$、维生素 B$_6$ 和维生素 E 的总体贡献率分别在 7%、6%、2%、15%、5% 以上。不同种类的维生素对 2～4 岁年龄段的人群贡献率均为最高（%RNI），其中维生素 C 贡献率为 50%，维生素 B$_1$、维生素 B$_2$、维生素 B$_3$、维生素 B$_5$ 和维生素 E 贡献率分别为 24%、8.8%、2.8%、21.6% 和 10%；对 50 岁以上的人群总体贡献率最低，维生素 C 贡献率为 20.0%，维生素 B$_1$、维生素 B$_2$、维生素 B$_3$、维生素 B$_5$ 和维生素 E 贡献率分别为 7.4%、3.2%、1.0%、3.3% 和 2.9%。膳食摄入贡献率随人群年龄的增大均呈下降趋势（图 6-25）。

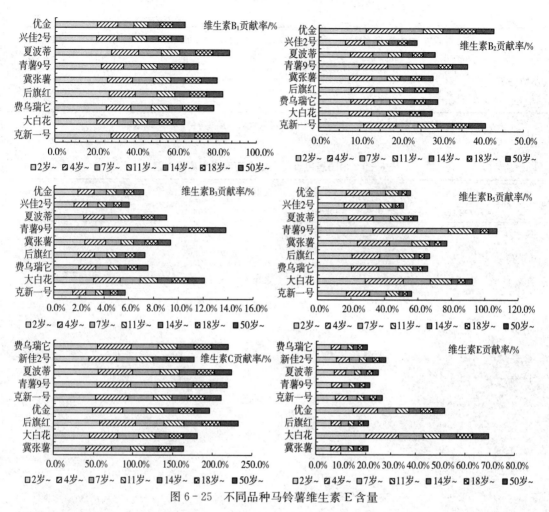

图 6-25　不同品种马铃薯维生素 E 含量

　　需要值得注意的是膳食贡献较低的维生素种类分别是维生素 B_3 和维生素 E，特别是对于 50 岁以上年龄段的人群，总体贡献率在 3% 以下，因此，应对以上人群维生素 B_3 和维生素 E 的膳食摄入有更深入的研究，以防止其摄入不足。同时对克新一号、大白花、费乌瑞它、后旗红、冀张薯、青薯 9 号、夏坡蒂、兴佳 2 号和优金等不同品种马铃薯膳食贡献分析表明，后旗红、夏坡蒂和费乌瑞它等品种维生素 C 膳食贡献率总体在 40% 以上；克新一号、夏坡蒂、后旗红、冀张薯等对维生素 B_1 总体膳食贡献率在 20% 以上；克新一号、青薯 9 号和优金对维生素 B_2 总体膳食贡献率 10% 以上，青薯 9 号和大白花对维生素 B_5 的总体膳食贡献率在 15% 以上。大白花和优金对维生素 E 总体膳食贡献率在 10% 以上。同时，《中国居民膳食营养素参考摄入量》2013 版对维生素 B_1、维生素 B_2、维生素 B_3、维生素 B_5、维生素 C 和维生素 E 等制定了膳食最高可耐受量的标准值，而内蒙古马铃薯膳食摄入水平远远低于我国居民膳食营最高可耐受量。因此，马铃薯维生素的膳食摄入量是安全的。

6.3　矿物质元素

　　矿物质元素是人体重要的生理活性物质，在维持体内酸碱平衡、渗透压及参与核酸代谢等方面发挥重要作用。对于农作物而言，矿物质元素的获取主要通过根系从土壤中吸收[47]。马铃薯块茎中含有多种矿物质元素，如锌、钾、钙、铁、磷、锌、硒和镁等[48]。Berhe Ta-dessel 研究发现马铃薯矿物质含量受土壤环境与基因影响较大[49]。王颖等研究发现马铃薯矿物质元素含量受品种、产地、气候等条件影响，锌和镁含量受品种和年际变化的影响显著，磷受年际变化的影响显著。钙和钾受品种和年际变化的影响不显著[50]。Gabriela Bur-gos 等人研究了 49 个马铃薯品种中铁元素和锌元素的含量，结果表明，锌和铁含量呈显著性基因型差异，产地的不同对微量元素含量有影响。去皮与不去皮的马铃薯铁含量有显著性差异，而不同加工方式对锌和铁含量影响不显著，土壤背景对矿物质元素含量的影响较大[51]。

有报道称，由微量元素缺乏造成的营养不良问题是一个全球性的问题，从营养学的角度看，全世界特别是发展中国家的妇女及儿童普遍存在矿物质元素营养不足的状况，钾、钙、锌、铁、镁和磷是人体代谢活动许多重要酶发挥作用的重要元素，与人体健康密不可分，同时还具有抗衰老功能[52]。马铃薯作为我国"第四大粮食作物"，在我国北方居民传统膳食中占重要地位，尤其是内蒙古、甘肃、宁夏等地。随着国家主粮化战略构想的提出与推进，马铃薯在全国居民的膳食比重在逐年增多，同维生素、脂肪酸、氨基酸一样，矿物质元素同样是马铃薯中极其重要的一类营养素。因此对马铃薯矿物质元素含量与营养供给的整体认知与评价有重要意义。

6.3.1　含量水平

6.3.1.1　取样代表性

近 2 年本研究团队持续完成了对内蒙古马铃薯种植的实地调研与现场取样工作，并对马铃薯中矿物质元素含量进行了研究。不同地区监测样品数基本一致，按照随机抽样方式进行，在所抽取的样品中，费乌瑞它样品数占比最高，为 21.39%，其次为克新一号、夏坡蒂与冀张薯系列，占比分别为 12.83%、10.7% 和 10.7%，此类品种约占抽取样品总数 75% 以上，进一步体现了内蒙古马铃薯种植的品种主要以费乌瑞它、克新一号、夏坡蒂与冀张薯为主，这一点与现场实地调研相符（图 6-26、图 6-27）。

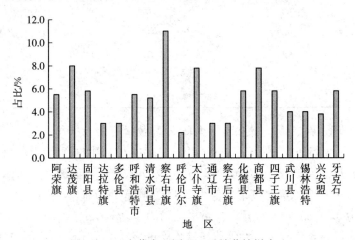

图 6-26　内蒙古不同地区马铃薯抽样占比

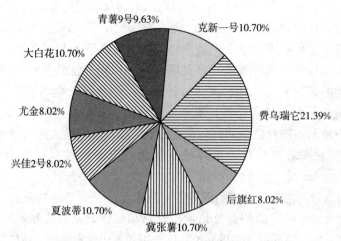

图 6-27　内蒙古不同品种马铃薯抽样占比

6.3.1.2　含量分布特征

依据内蒙古马铃薯种植、分布及产量特点，选择了内蒙古自治区马铃薯主粮化优势区域布局规划的县域进行取样，对马铃薯中矿物质元素含量研究表明，马铃薯中矿物质种类丰富，富含钠、镁、铝、钾、钙、磷等常量元素（表 6-10）。采用描述性统计分析表明，不同种类常量元素含量出现数量级的差异，钾元素含量最高，含量在 1 000 mg/kg 以上，总体平均值为 18 062.4 mg/kg，磷含量次之，含量在 1 000 mg/kg 以上，总体平均值为 1 602.8 mg/kg，钠元素与钙元素含量在 100~400 mg/kg，而铝元素含量最低，含量总体介于 10~100 mg/kg。在分析的 260 个样品间，含量变化整体较大，表现出地域性与基因型的差异。

表 6-10　内蒙古马铃薯常量元素含量/mg·kg⁻¹

指标	钠	镁	铝	钾	钙	磷	总量
最大值	906.4	2 136.5	89.8	18 105.5	1 837.6	3 062.5	33 238.5
最小值	54.2	539.8	4	6 538.6	129.1	108.6	10 801.1
中位值	270.6	956	12.3	18 105.6	377.6	1 830.4	21 235.9
平均值	307.3	989	15.4	18 062.4	445.6	1 602.8	21 064.8
标准偏差	196	231	11.1	3 333.3	253.4	683.8	4 073.9
变异系数	0.64	0.3	0.72	0.18	0.57	0.2	0.2

同时含有铁、硼、锰、铜、锌和硒等人体必需微量元素（表 6-11）。微量元素中，铁含量占比最高，占微量元素总量的 90% 以上，在所监测的样品中，铁元素最大值为 115.29 mg/kg，最小值为 16.6 mg/kg，平均值为 39.33mg/kg，而硼、锰、铜、锌和硒元素含量基本处于同一水平，硼元素含量平均值为 2.14mg/kg，锰元素含量平均值为5.2mg/kg，铜元素含量平均值为 3.22mg/kg，锌元素含量平均值为 5.0mg/kg。硒元素是人体不可缺少的微量元素，长期缺硒可导致克山病、大骨节病等疾病的发生[53]，由于硒元素在地表分布极不平衡，据报道我国大约有 72% 的地区不同程度缺硒，硒摄入不足的人口在 3 亿以上，而农产品硒

元素不足是普遍问题[54]，马铃薯作为我国主粮化食物，膳食比重逐年提高，在内蒙古地区更是不可或缺的食物。在监测的 260 份内蒙古马铃薯样品中，含有硒元素的样品数占比 90% 以上，马铃薯硒元素最大值为 23.6 μg/kg，最小值为 0.2 μg/kg，平均值为 5.37 μg/kg。含量在 1 μg/kg 以下的样品数占比约 18%，含量在 10 μg/kg 以上的样品数总体占比为 1.5%，其中含量在 4~8 μg/kg 的样品数最为集中，占样品总数的 58%（图 6-28）。

表 6-11　内蒙古马铃薯微量元素含量/mg·kg⁻¹（n=242）

指标	铁	硼	锰	铜	锌	硒	总量
最大值	115.29	4.2	13.05	8.45	12.7	0.023	153.49
最小值	16.6	0.02	0.03	0.88	0.16	0.0012	16.68
中位值	36.14	2.44	5.4	3.14	4.9	0.0048	49.12
平均值	39.33	2.14	5.2	3.22	5	0.006	52.2
标准偏差	14.4	1.14	5.15	1.86	2.5	3.99	19.02
变异系数	0.36	0.53	0.65	0.7	0.6	0.6	0.36

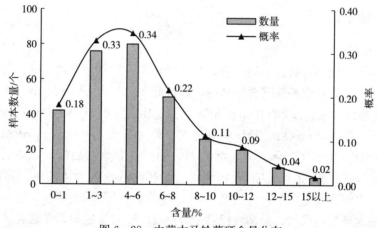

图 6-28　内蒙古马铃薯硒含量分布

　　按照内蒙古马铃薯种植优势区域及实际取样情况将上述县域分类为阴山南麓、阴山北麓和大兴安岭东南区，阴山南麓包括清水河县、呼和浩特市、达拉特旗等地；阴山北麓包括达茂旗、固阳县、武川县、四子王旗、察右中旗、察右后旗、商都县、化德县、多伦县、太仆寺旗等地；大兴安岭东南区包括阿荣旗、锡林浩特市、扎兰屯市、牙克石市和通辽市等地。经描述性统计分析表明，阴山南麓、阴山北麓和大兴安岭东南区三区的马铃薯中矿物质元素总量差异显著（P＜0.05），总体含量大小为阴山北麓＞大兴安岭东南区＞阴山南麓，具体特征如下：三区域马铃薯矿物质元素总量最大值基本处于同一水平，上四分位置、下四分位置、中位值和最小值大小关系下均为阴山北麓＞大兴安岭东南区＞阴山南麓。有关研究表明，马铃薯中矿物质含量与土壤环境有关，土壤矿物质含量越高，越有利于马铃薯块茎对矿物质元素的吸收[55]。而阴山北麓地区多数马铃薯产地处于矿带及其边缘地带，包头市矿产资源蕴藏量丰富，享有"富饶的宝山"美誉，主要集中于固阳县与达茂旗等地，整体覆盖范围较大[56]。而大兴安岭东南区大多数马铃薯主产地同样集中于矿区边缘，例如兴安盟、呼伦贝尔等地区已探明具有煤、铜、锌、铅、银、白云大理石等有色金属与非金属矿种[57]（图6-29）。

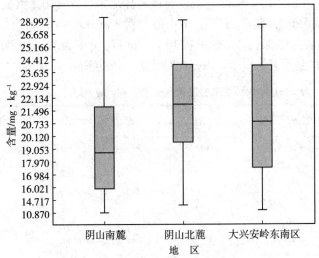

图6-29　内蒙古不同区域地区矿物质元素总量分布

6.3.2　不同产地差异

6.3.2.1　常量元素

对内蒙古不同产地马铃薯钾、钙、磷、镁、钠和铝等常量元素含量研究表明，矿物质元素含量总体比较丰富，其中钾元素含量最高，地区间平均值为18 062.4mg/kg，高于铝元素近1 000倍，化德县含量超过20 000 mg/kg，达拉特旗含量低于15 000 mg/kg，而其余地区含量介于15 000～20 000 mg/kg，地区间整体无显著性差异（p＞0.05）；磷元素含量较高的地区分别为多伦县、达茂旗、阿荣旗、牙克石、固阳县和察右后旗，总体含量高于1 500 mg/kg，地区间差异显著（p＜0.05）；钙元素含量较高的地区为达茂旗、固阳县、察右后旗、商都县和清水河县等地，总体含量高于600 mg/kg，地区间差异较显著（p＜0.05）；钠元素含量较高的地区为达茂旗，总体含量高于600 mg/kg，地区间差异显著（p＜0.05）。常量元素总量较高的地区集中在达茂旗、固阳县、察右后旗和多伦县等地，而这些产地均处于内蒙古主要矿区的交错地带（图6-30、图6-31、图6-32）。

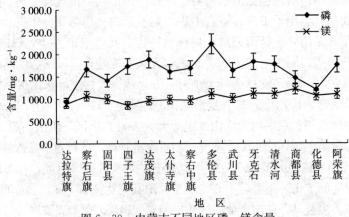

图6-30　内蒙古不同地区磷、镁含量

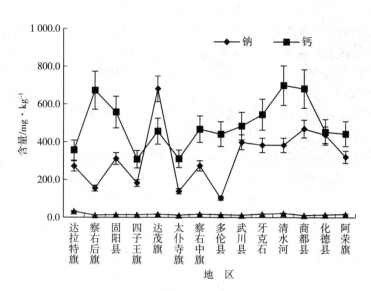

图 6-31　内蒙古不同地区钠、钙含量

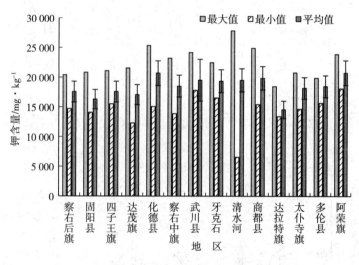

图 6-32　内蒙古不同地区钾含量

6.3.2.2　微量元素

对内蒙古地区马铃薯铁、锌、锰、硼、铜和硒等微量元素含量研究表明，铁元素占微量元素总量 80% 以上，固阳县、达茂旗、清水河县、阿荣旗等地含量高于 40 mg/kg，其余地区含量均低于 40 mg/kg，地区间无显著性差异（p＞0.05）；不同地区间铜元素含量分布呈正态分布特点，其中四子王旗、达茂旗、牙克石和清水河县等地含量高于 4mg/kg，牙克石与化德县含量低于 2mg/kg，其余地区含量均在 2～4mg/kg，产地间差异显著（p＜0.05）；不同地区的马铃薯锌元素含量总体为 5.0±1.0 mg/kg，产地间无显著性差异（p＞0.05）；硼元素含量均低于铁、铜、锰和锌等，含量平均值为 2.0mg/kg，多伦县含量最高，可达 3.8 mg/kg，达拉特旗和察右后旗含量均低于 1.0 mg/kg；其余地区含量大多集中在 2.5 mg/kg左右；与其他微量元素相比，马铃薯中硒元素含量最低，但地域间变化特征明显，在不同产地间硒含量呈现两极分化，呼伦贝尔、兴安盟和清水河三地含量低于1 μg/kg，硒元素缺乏突出，四子王旗马铃薯硒元素最大值可达 23.56 μg/kg，达到了富硒马铃薯的行业标准值（含量高于 15 μg/kg，NY/T 3116—2017），不同产地间差异极显著（p<0.01）。Berhe Tadesse 和 Gabriela Burgos 等人均研究表明，产地环境，特别是不同的土壤背景会影响马铃薯块茎矿物质元素含量[49,51]。结合文献报道与现场实地调研，全区马铃薯主产地自西向东，产地环境与生产管理等均存在一定差异，全区矿区分布不集中，而马铃薯种植区域处于矿区或周边地带，矿物质元素含量相对较高，此外化肥的施用也会对马铃薯矿质元素含量造成影响（图 6-33、图 6-34、图 6-35）。

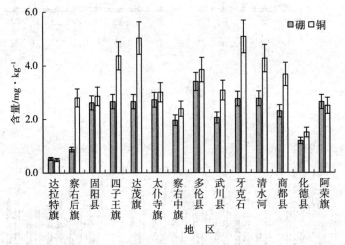

图 6-33　内蒙古不同地区硼、铜含量

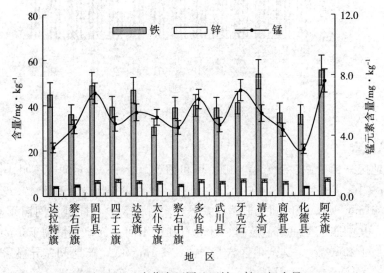

图 6-34　内蒙古不同地区铁、锌、锰含量

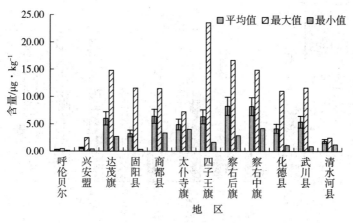

图 6-35　内蒙古不同地区硒含量

6.3.3　不同品种差异

6.3.3.1　常量元素

对克新一号、大白花、费乌瑞它、后旗红、冀张薯、夏坡蒂、新佳 2 号、优金和青薯 9 号等内蒙古马铃薯主栽品种常量矿物质元素含量研究表明，常量矿物质元素中，钾元素含量最高，占常量矿物质元素总量的 90% 以上，其中兴佳 2 号、优金和青薯 9 号等品种钾含量均高于 2 000 mg/kg，而不同品种间含量总体无显著差异（p＞0.05）；克新一号含钙量最高，含量在 600 mg/kg 以上，大白花、后旗红、新佳 2 号、青薯 9 号等品种钙元素含量均介于 500～600 mg/kg，而其余品种的马铃薯钙含量均低于 500 mg/kg，品种间差异显著（p＜0.05）；新佳 2 号钠元素含量最高，约 600 mg/kg，后旗红含量最低，约 200 mg/kg；钠元素在品种间差异显著（p＜0.05）。不同品种马铃薯镁和磷含量均高于 1000 mg/kg，在品种间无显著性差异（p＞0.05）；费乌瑞它、青薯 9 号、兴佳 2 号等品种铝元素含量高于 15 mg/kg，品种间差异显著（图 6-36、图 6-37、图 6-38）。

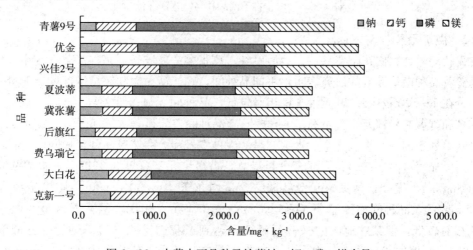

图 6-36　内蒙古不品种马铃薯钠、钙、磷、镁含量

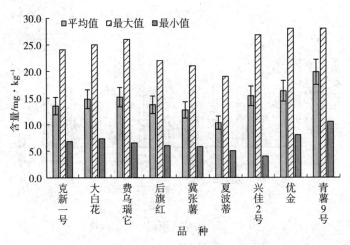

图 6-37　内蒙古不同品种马铃薯铝含量

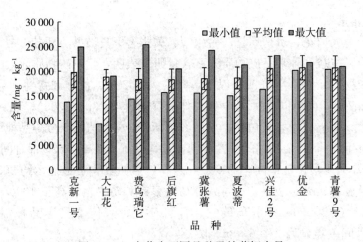

图 6-38　内蒙古不同品种马铃薯钾含量

6.3.3.2　微量元素

对克新一号、大白花、费乌瑞它、后旗红、冀张薯、夏坡蒂、兴佳 2 号、优金及青薯 9 号等马铃薯品种微量元素的研究表明，不同品种间，硼、锰、铜和锌总体含量处于同一数量级，含量在 1～10 mg/kg；硼元素含量相对较低，品种间无显著性差异（p＞0.05）；优金、克新一号和青薯 9 号锌元素含量高于 6 mg/kg，品种间差异显著（p＜0.05）；锰元素与锌元素含量基本处于同一水平，优金、青薯 9 号、兴佳 2 号和大白花等品种含量同样较高，品种间差异同样显著（p＜0.05）；铁元素含量最高，占微量元素总量 80% 以上，青薯 9 号含量高于 50 mg/kg，优金、冀张薯和费乌瑞它含量均介于 40～50 mg/kg，其他品种含量在 30～40 mg/kg，品种间差异显著（p＜0.05）；与其他元素相比，硒元素含量在微量元素中占比相对较低，但某些地区的马铃薯硒含量达到了我国富硒马铃薯的行业标准值（15 μg/kg 以上），例如费乌瑞它、大白花和克新一号三品种最大值分别为 23.65 μg/kg、16.8 μg/kg 和 15.24 μg/kg，不同品种间差异显著（p＜0.05）（图 6-39、图 6-40、图 6-41）。

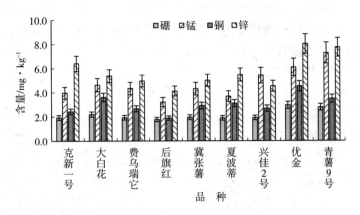

图 6-39 内蒙古不同品种马铃薯硼、锰、铜、锌含量

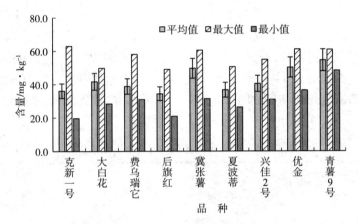

图 6-40 内蒙古不同品种马铃薯铁含量

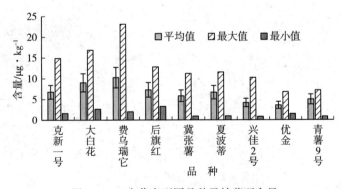

图 6-41 内蒙古不同品种马铃薯硒含量

　　矿物质元素在人体不可或缺，是广大居民膳食需求的重要因营养素，马铃薯作为我国粮食兼备的主粮化食物，矿物质元素含量的高低是评价其营养质量极为重要的指标，也应是消费者选择薯种的重要考量[56]。大量研究表明，土壤理化性质、地理位置、气候条件、管理模式及基因差异都会对马铃薯块茎矿物质含量产生影响[48-49,51,59-60]。因此，不同种植区域

和不同品种的马铃薯矿质元素含量可能存在差异，内蒙古作为我国马铃薯重要生产基地，享有"中国薯都"的美誉，生产规模和生产能力位居我国前列。因此，对内蒙古马铃薯矿物含量进行综合评价是马铃薯进行质量分级的重要依据，同时可为马铃薯育种筛选优质矿物质元素的亲本品种提供理论依据[50]。

6.3.4　综合分析

6.3.4.1　国内外含量比较

Berhe Tadesse1 等人[49]对埃塞俄比亚马铃薯矿物质元素研究表明，钙、镁、铁和锌含量分别为 170～260 mg/kg、420～450 mg/kg、20～40 mg/kg、20～80 mg/kg；Luis 等人[61]对西班牙马铃薯矿物质元素含量研究表明，钙、镁、铁和锌含量分别为 117～361 mg/kg、13.2～127.0mg/kg、7.3～14.1 mg/kg、3.0～4.9 mg/kg；Andrea M 等人[66]对美国犹他州马铃薯矿物质元素含量研究表明，钙含量为 197.6～212.3 mg/kg，铜含量为 17.2～20.9 mg/kg，铁含量为 18.14～24.88 mg/kg，钾含量为 18.14～21.90 g/Kg，镁含量为986～1 154 mg/kg，钠含量为 180.1～233.4 mg/kg，锌含量为 17.0～18.4 mg/kg；王颖等[50]对云南马铃薯矿质元素含量研究表明，锌含量为 1.5～6.5 mg/kg，镁含量为 200～350 mg/kg，钙含量为 29～100 mg/kg，钾含量为 3 800～14 000 mg/kg，磷含量为 300～1 000mg/kg。同时本研究团队还对成都、广州、新疆和哈尔滨等地马铃薯矿物质元素含量进行了监测分析（表 6-12）。

表 6-12　不同种植区域马铃薯矿质元素含量

种植区域	钙/ mg·kg⁻¹	铁/ mg·kg⁻¹	钾/ g·kg⁻¹	镁/ mg·kg⁻¹	钠/ mg·kg⁻¹	锌/ mg·kg⁻¹	磷/ g·kg⁻¹
内蒙古	550±50.5	54±4.5	20.0±0.35	1 021±120	218±80.1	7.7±1.2	1.8±0.3
成都	420±60.8	105±10.2	14.1±0.15	686.4±100	86±20.2	11±2.5	1.7±0.25
广州	579.6±90.5	73±8.9	16.1±0.3	783.8±120	123±30.1	9.1±2.1	2.2±0.3
新疆	468.6±90.6	86.4±11.2	16.0±0.25	901.5±150	141.9±40	7.1±1.8	0.9±0.08
哈尔滨	636.5±99.8	58.9±10.0	17.2±0.28	961.4±130	424.5±50	6.3±2.0	1.6±0.2
云南	—	—	3.8～14	200～350		1.5～6.5	0.3～1
中国	550～680	50～110	2～25	180～1 200	82～480.4	1.2～15	0.25～2.8
埃塞俄比亚	170～260	20～40		—		20～80	—
西班牙	117～361	7.3～14.1		13.2～127		3.0～4.9	
美国 （犹他州）	197～212.3	18.4～28.4	18.1～21.9	986.0～1 154		17.8～18	—

注："一"表示数据未报道，内蒙古、成都、广州、新疆和含尔滨等地数据表示为"平均值±标准偏差"，数据源于文献［49］、［61］、［66］。

比较内蒙古、成都和埃塞俄比亚等马铃薯矿质元素含量发现，内蒙古马铃薯矿质元素含量优势总体较为明显，主要体现在钙、钾、钠和镁等常量矿质元素，不同地区间矿质元素含量差异特征如下：内蒙古马铃薯钙元素含量是成都的近 1.3 倍，是新疆的近 1.1 倍，是埃塞俄比亚最大值的近 2.2 倍，是西班牙最大值的近 1.5 倍，是美国犹他州的近 2.6 倍，而略低于广州和哈尔滨，钾元素含量是成都的约 1.5 倍，是广州的约 1.2 倍，是新疆的近 1.2 倍，是哈尔滨的近 1.1 倍，是云南最大值的近 1.2 倍，与美国犹他州最大值差异不大；钠元素是成都的近 2.5 倍，是广州的近 1.8 倍，是新疆的近 1.5 倍；镁元素是成都的近 1.5 倍，是广州的近 1.3 倍，是新疆和哈尔滨的近 1.1 倍，是云南最大值的 2.8 倍，是西班牙最大值的 9.5 倍，与美国犹他州的最大值相差不大；而铁元素相对低于成都、广州、新疆和黑龙江等地，但总体高于埃塞俄比亚、西班牙和美国犹他州；锌元素总体含量略高于哈尔滨、新疆和西班牙，却略低于其他种植区域；磷元素总体含量略高于成都、新疆、哈尔滨和黑龙江等地，略低于广州。

6.3.4.2　相关性分析

对马铃薯矿物质元素进行相关性分析表明（表 6-13）：磷和铝、铁、硼、钾、锰，钾和锰、铁、锌、硼，铜和锌、铁都呈显著正相关（p<0.05）。铝与锰、铁，铜与硼，锰与钾、铁、硼，锌与铁、硼、铜、锰，铁与铜，硼与铁、锰都呈极显著正相关（p<0.01）。铝和锰、铁的相关系数高于 0.85。铜与硼相关系数高于 0.85，锰和铁的相关系数高于 0.9，锌和硼、铁和硼相关系数均高于 0.9；显著性正相关相关系数为 0.7~0.8，极显著性相关系数均高于 0.8。而钠与铝、磷、铜、锰、锌、铁、硼呈现出了一定负相关。有报道称，马铃薯中不同矿物质元素存在相关性，可能是由于这些矿质元素具有共同的化学特性，在植物组织中的吸收、转运方面会产生协同性和竞争性[63]。此外，硼、铁及锰与其他元素联系比较紧密。这可能是因为铁和锰元素是植物叶绿体的重要成分，与植物光合作用密切，同时锰还是多种酶的组分和重要活性剂，对酶活性的调节起到重要作用，因此可能会对其他矿质元素的吸收产生影响[64]。有关马铃薯对不同类别矿质元素的吸收量及矿质元素间存在的相关性机制有待深入研究（表 6-13）。

表 6-13　马铃薯不同矿物元素的相关性分析

元素	钠	铝	磷	钾	铜	锰	锌	铁	硼
钠	1.00	−0.139	−0.254	0.316	−0.076	−0.024	−0.254	−0.24	−0.290
铝	−0.139	1.00	0.608	0.606	0.378	0.869**	0.561	0.832**	0.718*
磷	−0.306	0.608	1.00	0.465	0.554	0.693*	0.372	0.737*	0.694*
钾	0.316	0.656	0.465	1.00	0.497	0.708*	0.694*	0.708*	0.684*
铜	−0.076	0.378	0.554	0.497	1.00	0.660	0.748*	0.766*	0.860**
锰	−0.024	0.869**	0.729*	0.814**	0.660	1.00	0729*	0.962**	0.852**
锌	−0.254	0.561	0.372	0.694*	0.748**	0.729**	1.00	0.812**	0.901**
铁	−0.238	0.832**	0.737*	0.708	0.902**	0.962**	0.812**	1.00	0.944**
硼	−0.290	0.718*	0.694*	0.684*	0.860**	0.852**	0.901**	0.944**	1.00

注："*"表示在 0.05 水平上显著相关；"**"在 0.01 水平上显著相关。

6.3.4.3　不同品种聚类分析

马铃薯矿物质元素含量受基因、产地环境多种因素影响，将内蒙古马铃薯费乌瑞它、冀张薯、夏坡蒂、后旗红、大白花、优金、青薯9号、兴佳2号和克新一号9个品种进行聚类分析，分析指标包括钙、铁、镁、钾、钠、锌、硼、铝、锰、磷等。经聚类分析发现，不同品种就矿物质元素含量水平大致可以分为两类。第一类包括克新一号、兴佳2号、青薯9号和优金，该类组别中含有多个含量较高的矿物质元素，例如磷、钾、镁、铜、锌、锰和铁。第二类包括大白花、后旗红、夏坡蒂、冀张薯和费乌瑞它。该类特点是铝、硼、钙含量相对较高，含量总体变异较小（图6-42）。为进一步对内蒙古马铃薯矿质元素含量进行评价，采用美国农业部（USDA）推荐的马铃薯矿物质元素含量作为标准参考值（表6-14），分别选择克新一号和费乌瑞它两品种主要矿质元素含量与美国农业部规定的参考值进行比较。克新一号钾含量平均值为19 720 mg/kg，约为美国农业部规定的马铃薯钾含量参考值的3倍；钙平均含量为652.3 mg/kg，约为美国农业部规定的马铃薯钙含量参考值的4倍；磷含量平均值为1 182.0 mg/kg，约为美国农业部规定的马铃薯磷含量参考值的2倍；锌含量平均含量为6.4 mg/kg，约为美国农业部规定的马铃薯锌含量参考值的1.8倍；镁含量均值为1 135 mg/kg，约为美国农业部规定的马铃薯锌含量参考值的4倍；铁元素含量为36.25 mg/kg，约为美国农业部推荐量的1.1倍。费乌瑞它钾含量平均值为18 287.8 mg/kg，约为美国农业部规定的马铃薯钾含量参考值的4倍；钙含量均值为418.5 mg/kg，约为美国农业部规定的马铃薯钙含量的2倍；磷含量均值为1 424.7 mg/kg，约为美国农业部规定的马铃薯磷含量参考值的2.5倍；锌含量均值为5.0 mg/kg，约为美国农业部规定的马铃薯磷含量参考值的1.5倍；镁含量均值为982.5 mg/kg，约为美国农业部规定的马铃薯镁含量参考值的4倍；钠含量均值为306 mg/kg，约为美国农业部规定的马铃薯钠含量参考值的3倍；铁含量均值为38.9 mg/kg，约为美国农业部推荐量的1.3倍。综上，在所分析的9个内蒙古马铃薯品种中，其锌、镁、钙、磷、钾、钠和铁含量均显著高于美国农业部所推荐的含量，内蒙古马铃薯矿物质元素总体种类丰富，含量较高。

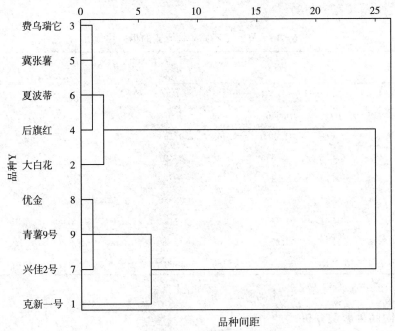

图6-42　马铃薯品种的聚类分析

表 6-14 美国农业部 USDA 参考值/mg·kg^{-1}

元素	锌	镁	钙	钾	磷	钠	铁
含量	2.90	230.0	120.0	4 210.00	570.00	100.00	32.4

注：数据源于王颖，等．云南省马铃薯品种（系）矿物质元素含量研究［J］．中国食物与营养，2014，20（09）：61-72。

6.3.5 膳食评价

内蒙古自治区因其得天独厚的气候条件和区位优势，成为我国马铃薯种植的主产区，马铃薯栽培历史悠久。随着我国马铃薯主粮化进程的推进，马铃薯在我国居民的膳食比重有了进一步提高[17]。研究表明，马铃薯中含有钾、钙、铁、锰、铜、锌等多种矿质元素，总体表现出种类丰富，含量较高的特点。大多矿质元素与人体健康息息相关，属于必需矿质元素，一定的矿质元素是维持机体生命活动所必须，但摄入过量、不足或缺乏都会影响人体正常生理机能[18]。因此，有必要深入探讨马铃薯主要矿质元素含量及膳食风险水平，以期为马铃薯生产和消费者科学、平衡膳食提供数据支持和参考依据。

传统的食品安全风险评估主要针对化学危害物食（品添加剂、污染物和农药残留）和治病微生物，评估方法比较成熟。矿物质营养元素评估属于新的研究领域，但近年来各国营养学科得到快速发展[65]。我国关于营养元素的风险评估工作在制定中国居民膳食营养素参考摄入量中有所涉及，提出了大多矿质营养素在不同性别和不同年龄段的日推荐摄入量、适宜摄入量和可耐受摄入量值，为我国制定相关营养政策和标准起草起到重要作用。我国矿质营养素膳食日推荐量、适宜推荐量及可耐受最高推荐量具体含量见表 6-15 和表 6-16。

表 6-15 中国居民膳食常量元素参考摄入量/mg·d^{-1}

人 群	钙		磷		钾		钠		镁
	RNI	UL	RNI	UL	AI	PI	AI	PI	RNI
0 岁～	200（AI）	1 000	100（AI）	—	350	—	170	—	20（AI）
0.5 岁～	250（AI）	1 500	180（AI）	—	550	—	350	—	65（AI）
1 岁～	600	1 500	300	—	900	—	700	—	140
4 岁～	800	2 000	350	—	1 200	2 100	900	1 200	160
7 岁～	1 000	2 000	470	—	1 500	2 800	1 200	1 500	220
11 岁～	1 200	2 000	640	—	1 900	3 400	1 400	1 900	300
14 岁～	1 000	2 000	710	—	2 200	3 900	1 600	2 200	320
18 岁～	800	2 000	720	3 500	2 000	3 600	1 500	2 000	330
50 岁～	1 000	2 000	720	3 500	2 000	3 600	1 400	2 000	330
65 岁～	1 000	2 000	700	3 000	2 000	3 600	1 400	1 800	320
80 岁～	1 000	2 000	670	3 000	2 000	3 600	1 300	1 700	310

（续）

人　群	钙		磷		钾		钠		镁
	RNI	UL	RNI	UL	AI	PI	AI	PI	RNI
孕妇（早）	+0	2 000	+0	3 500	+0	+0	+0	+0	+40
孕妇（中）	+200	2 000	+0	3 500	+0	+0	+0	+0	+40
孕妇（晚）	+200	2 000	+0	3 500	+0	+0	+0	+0	+40
乳母	+200	2 000	+0	3 500	+400	+0	+0	+0	+0

注：数据来自《中国居民膳食营养素参考摄入量 2013 版》，AI 表示元素的适宜摄入量，RNI 表示元素推荐摄入量，PI 表示钾和钠预防非传染病的建议摄入量，UL 表示可耐受最高摄入量。

表 6 - 16　中国居民膳食微量元素参考摄入量

人　群	铁/mg·d^{-1}			锌/mg·d^{-1}			铜/mg·d^{-1}		硒/ug·d^{-1}		锰/mg·d^{-1}	
	RNI		UL	RNI		UL	RNI	UL	RNI	UL	AI	UL
	男	女		男	女							
0 岁～	0.3	—	—	2.0（AI）	—	0.3（AI）	—	15（AI）	55	0.01	—	—
0.5 岁～	10	—	—	3.5	—	0.3（AI）	—	20（AI）	80	0.7	—	—
1 岁～	9		25	4.0	8	0.3	2	25	100	1.5	—	
4 岁～	10		30	5.5	12	0.4	3	30	150	2.0	3.5	
7 岁～	13		35	7.0	19	0.5	4	40	200	3.0	5.0	
11 岁～	15	18	40	10.0	9.0	28	0.7	6	55	300	4.0	8.0
14 岁～	16	18	40	11.5	8.5	35	0.8	7	60	350	4.5	10
18 岁～	12	20	42	12.5	7.5	40	0.8	8	60	400	4.5	11
50 岁～	12	12	42	12.5	7.5	40	0.8	8	60	400	4.5	11
65 岁～	12	12	42	12.5	7.5	40	0.8	8	60	400	4.5	11
80 岁～	12	12	42	12.5	7.5	40	0.8	8	60	400	4.5	11
孕妇（早）	—	+0	42	—	+2.0	40	+0.1	8	+5	400	+0.4	11
妇（中）	—	+4	42	—	+2.0	40	+0.1	8	+5	400	+0.4	11
孕妇（晚）	—	+9	42	—	+2.0	40	+0.1	8	+5	400	+0.4	11
母乳	—	+4	42	—	+4.5	40	+0.6	8	+18	400	+0.3	11

注：数据来自《中国居民膳食营养素参考摄入量 2013 版》，AI 表示元素的适宜摄入量，RNI 表示元素推荐摄入量，UL 表示可耐受最高摄入量。

6.3.5.1　膳食贡献评价

马铃薯作为主粮化食物，在我国居民膳食中占重要比重。为进一步评价内蒙古马铃薯矿质元素膳食贡献情况，以人群马铃薯矿质元素摄入量与推荐摄入量的比值％RNI为主要依据展开评价。我国居民马铃薯日均消费量约0.1kg[48,66]。以我国居民马铃薯日消费量、马铃薯矿质元素含量及我国居民矿质元素膳食推荐量为主要指标，折算出内蒙古不同品种马铃薯在不同人群的贡献率，一般认为％RNI值越高，马铃薯矿质元素贡献率越大[48]。％RNI＝C×IR/RNI×100[65]。式中，％RNI为矿质元素摄入量与RNI的比值，单位％；C为该种马铃薯的矿质元素含量，单位mg/kg；IR为该马铃薯的日均消费量，单位kg/d；RNI为推荐摄入量，单位mg/d。本研究选择了马铃薯中钙、磷、钾、钠、镁、锰、铜、锌、硒和铁10种对不同年龄段人群的膳食贡献加以分析，详见图6-43～图6-52。经分析结果可知，马铃薯对不同矿质元素膳食贡献大小为钾＞铜＞镁＞磷＞铁＞锰＞锌＞钙＞钠＞硒，总体贡献率分别为92.2％、90％、68％、45％、40％、25％、10％、8％、1.8％、1.6％。矿质元素对不同年龄段人群的总体贡献率％RNI（AI）随年龄段的增加基本都呈现下降趋势。2～4岁年龄段比值最高（％RNI），其中钾和铜贡献率在100％以上，而镁、磷、铁、锰、锌、钙、钠、硒分别为78％、50％、46.0％、31.7％、14.3％、8.5％、6.7％、2.0％。硒元素总体贡献率最低，在2％以下。由于农产品中硒元素在含量上较其他矿质元素总体偏低，不论是年龄段在2～7岁的还是在50岁以上的人群，都应对硒元素的膳食摄入引起足够重视，特别是北方地区，如内蒙古、甘肃等马铃薯膳食比重较大的地区。因此，应该针对硒元素膳食供给与摄入进行全方位研究。铜元素总体贡献率较高，特别是在2～4的岁段的人群总体贡献率（％RNI）在100％以上，为防止铜摄入过量影响健康，应予以重点关注。因此有必要进行马铃薯膳食摄入风险评估。在分析的克新一号、费乌瑞它、优金、大白花、夏坡蒂、后旗红、冀张薯、兴佳2号等内蒙古主栽品种，钾元素的％RNI在2～7岁年龄段在100％以上，即每天摄入0.1kg上述品种马铃薯（干基）即可满足对钾元素的膳食需求。不同品种间，优金对磷元素的贡献率最高，克新一号对钙和钾元素的贡献率最高，兴佳2号对钠元素的贡献最高，优金对镁、铜、锌元素的贡献率最高，青薯9号对锰元素的贡献率最高。总体而言，内蒙古马铃薯矿质元素膳食贡献较高，尤其是钾、铜、镁、磷、铁元素等贡献突出，总体贡献率在40％以上。

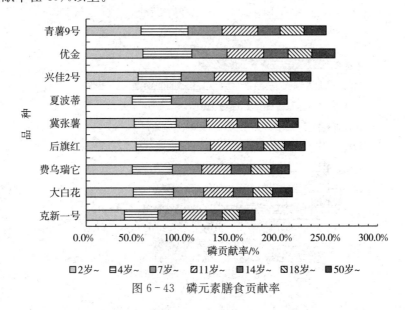

图6-43　磷元素膳食贡献率

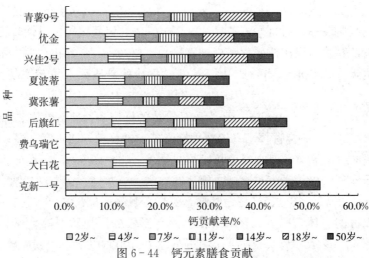

图 6-44　钙元素膳食贡献

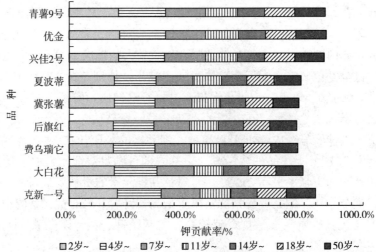

图 6-45　钾元素膳食贡献

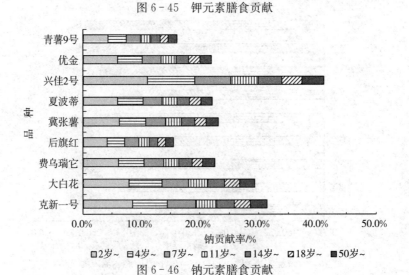

图 6-46　钠元素膳食贡献

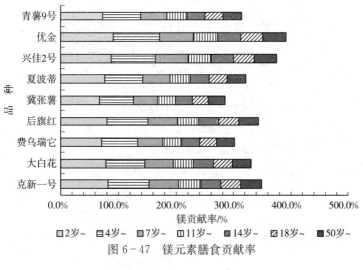

图 6 - 47　镁元素膳食贡献率

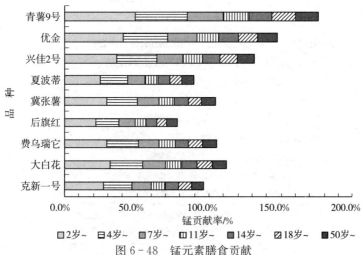

图 6 - 48　锰元素膳食贡献

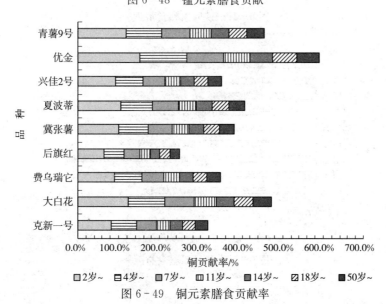

图 6 - 49　铜元素膳食贡献率

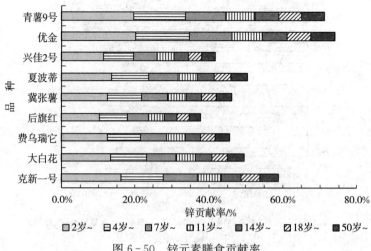

图 6-50　锌元素膳食贡献率

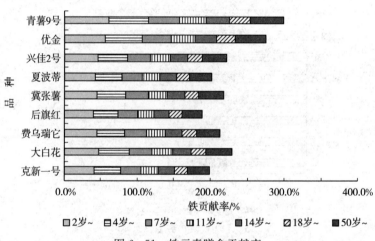

图 6-51　铁元素膳食贡献率

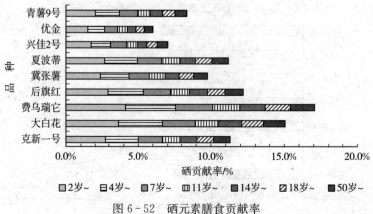

图 6-52　硒元素膳食贡献率

6.3.5.2 膳食摄入风险评估

适量的矿质元素对人体正常代谢有重要作用，当摄入量非常低时，会造成营养不良甚至某些病变的出现，若矿质元素摄入过量，则出现类似于其他化学物质毒性作用的风险也会增加[67]。因此，在确定某种矿质元素的摄入水平时，需要考量其存在的健康风险水平，马铃薯作为我国重要的餐桌食物，膳食比重在内蒙古地区尤为突出，因此有必要对马铃薯矿质元素膳食摄入进行风险评估。国内外营养学工作者也在进行矿质元素膳食摄入风险的研究。我国营养学会制定了一系列与营养需求相关的参考值，RNI、AI 和可耐受最高摄入量（UL）等参考指标。UL 是平均每日摄入矿质元素的最高允许量，用于评估和干预矿质元素摄入过量的健康风险，当人体摄入量超过可耐受最高摄入量时，发生毒副作用的风险会增加[65]。与发达国家相比，我国风险评估研究起步相对较晚，我国参照北欧的营养素风险等级划分模式，利用 UL/RNI 的比值将矿质元素的摄入风险划分为 3 级：UL/RNI<5 的营养素定为 A 级，包括钙、磷、铁、锌、硒、铜、锰，易发生过量摄入的风险；UL/RNI 在 5～100 的营养素定为 B 级，主要包括碘、铬，过量摄入风险较小；未设定 UL 或 UL/RNI>100 的营养素定为 C 级，主要包括钾、钠。基于钾和钠因尚未观察到过量摄入的不良反应，过量摄入的风险小。本研究以矿质元素暴露量（摄入量）与 UL 的比值即%UL，见式（6-4）为评价依据，对矿质元素膳食摄入风险进行评价[65]。

$$\%UL = C \times IR/UL \times 100 \qquad (6-4)$$

式中：%UL——风险指数，%；

UL——可耐受最高摄入量，mg/d。

%UL 越小则风险越低，当%UL≤100%时表示风险可接受，当%UL>100%时，表示风险不可接受。以我国居民马铃薯日消费量、马铃薯矿质元素含量及我国居民矿质元素最高可耐受量量为主要指标，折算出内蒙古矿质元素马铃薯在不同人群的风险。

目前我国营养学会尚未制定钠、镁、钾元素 UL 标准值，因此本研究选择钙、磷、锌、硒和铁、锰、磷 7 种矿物质元素进行风险评估。而铁和锰未制定 2～4 岁人群最高可耐受量，因此选择 4 岁以上人群进行风险评估，磷未制定 18 岁以下人群最高可耐受量，18 岁以下人群磷膳食摄入量同样不予以评估。由表 6-17 和表 6-18 可知，内蒙古不同品种的马铃薯矿质元素摄入风险水平最大值为 18.2%，平均值 3.5%，远远低于 100%，这表明马铃薯各类矿物质元素的摄入量是安全的。所有元素的平均风险指数与最大风险指数呈正相关关系。各类元素风险指数大小关系为铁>锰>铜>磷>锌>钙>硒。不同人群，随着年龄的增大，各类矿质元素的风险指数呈降低趋势。钙元素风险指数最大的人群为 2～4 岁段，最大值为 4.3%，平均值 3.4%，风险指数最小的年龄段为 18～50 岁人群，平均风险指数仅为 2.5%；铁元素风险指数最大的人群为 4～7 岁，最大风险指数为 18.2%，平均风险指数为 13.8%，风险指数最小的年龄段为 11～50 岁人群，风险指数为 10.3%；锰元素风险指数高点集中在 4～7 岁人群，最高风险指数为 20.8%，平均风险指数为 13.6%，最低风险指数的年段为 18～50 岁，平均值仅为 4.3%；锌元素风险指数高点集中在 2～4 岁年龄段，最大值为 10.0%，平均值为 7.2%，最低风险指数集中在 18～50 岁，平均值仅为 1.4%，风险指数最高值约最低值的近 9.5 倍。铜元素最高风险指数的年龄段集中在 2～4 岁，最大值为 23%，平均值为 15%，风险指数最低的年龄段集中在 18～50 岁人群，平均值为 3.8%。所有元素中硒元素的风险指数最低，在 1%以下。对内蒙古马铃薯矿质元素的贡献评价研究发现，钾和铜的贡献率（%RNI）在100%以上，而我国营养学会未对钾元素制定相应的最高可耐受量，对钾元素摄入过量的风险可不作过多关注，有研究表明，铜元素摄入过量发生毒副作用的风险较高[67]，内蒙古马铃薯铜元素最高风险指数为23%，远远低于100%，即马铃薯铜元素膳食不存在摄入过量的风险。

表 6-17　内蒙古马铃薯常量矿质元素膳食摄入风险指数/%

年龄段	钠		钙		磷		镁		钾	
	最大值	平均值	最大值	平均值	最大值	平均值	最大值	平均值	最大值	平均值
2 岁～	—	—	4.3	3.4	—	—	—	—	—	—
4 岁～	—	—	2.6	2.1	—	—	—	—	—	—
7 岁～	—	—	2.9	2.0	—	—	—	—	—	—
11 岁～	—	—	3.2	2.5	—	—	—	—	—	—
14 岁～	—	—	3.2	2.5	—	—	—	—	—	—
18—	—	—	3.2	2.5	4.9	4.2	—	—	—	—
50 岁～	—	—	3.2	2.5	4.9	4.2	—	—	—	—

注："—"表示该类元素在此年龄段未制定最高可耐受量。

表 6-18　内蒙古马铃薯微量量矿质元素膳食摄入风险指数/%

年龄段	铁		铜		锰		锌		硒	
	最大值	平均值	最大值	平均值	最大值	平均值	最大值	平均值	最大值	平均值
2 岁～	—	—	23	15	—	—	10.0	7.2	1.03	0.65
4 岁～	18.2	13.8	15.1	10.0	20.8	13.6	10.0	7.1	0.68	0.435
7 岁～	15.6	11.8	11.0	7.5	14.5	9.5	4.2	3.0	0.51	0.326
11 岁～	13.6	10.3	7.5	5.1	9.1	5.9	2.9	2.0	0.34	0.217
14 岁～	13.6	10.3	6.5	4.3	7.3	4.8	2.3	1.6	0.29	0.186
18 岁～	13.6	10.3	5.6	3.8	6.6	4.3	2.0	1.4	0.26	0.163
50 岁～	13.6	10.3	5.6	3.8	6.6	4.3	2.0	1.4	0.26	0.163

注："—"表示该类元素在此年龄段未制定最高可耐受量。

　　综合以上分析，内蒙古马铃薯矿质元素种类丰富、含量较高。马铃薯中含有钾、钠、镁、钙、磷和钾等常量矿质元素和铁、锰、铜、锌、硒和硼等微量矿质元素，含量以钾元素为主，占矿质元素总量的90%以上。各类矿质元素占比从大到小顺序分别为钾、磷、镁、钙、钠、铁、铝、锰、锌、硼和硒，矿质元素在产地与品种间存在差异，如磷、钙、铝、钠、硒等元素在地区间存在显著差异，而钙、钠、锌、锰、铁和硒等在品种间存在显著性差异。马铃薯的 12 种矿质元素中，除钠元素外，其余 11 种矿质元素之间的相关性以正相关为主，相互作用主要以协同作用为主。

　　马铃薯膳食贡献率%RNI（AI）总体较高，钾和铜元素尤为明显，对2～4岁年龄段人群贡献率均在100%以上，对不同年龄段人群总体贡献率在90%以上，钙和磷等总体贡献率总体高于40%。不同人群的矿质元素膳食风险评估结果显示，铜元素风险指数最高，最大值为 23.8%，但风险指数远远低于 100%，而其他元素膳食风险指数均低于 10%，马铃薯在提供良好膳食贡献的同时还能保证膳食摄入量的安全。

【参考文献】

[1] Mohamed F. R，Hesahm F. O. Fatty Acids and Bioactive Lipids of Potato Cultivars：An Overview [J]. Journal of Oleo Science，2016，65：459-470.

[2] Gary D，Howard V. D. Comparison of Fatty Acid and Polar Lipid Contents of Tubers from Two Potato Species [J] J. Agric. Food Chem，2004（52）：6306-6314.

[3] 楼乔明，杨文鸽，徐大伦，等. 多支链饱和脂肪酸质谱特征及其在海洋动物中的含量分析 [J]. 核农学报，2013，27（3）：334-339.

[4] 柳泽深，姜悦，等. 花生四烯酸、二十二碳六烯酸和二十碳五烯酸在炎症中的作用概述 [J]. 食品安全质量检测学报，2016，（10）：3190-3199.

[5] 肖良俊，张雨，吴涛，等. 云南紫仁核桃脂肪酸含量及营养评价 [J]. 检测分析，2014，39（4）：94-97.

[6] Sara B，Antonio B. M，Pauo V. Nutritional Quality of the Edible Tissues of European Lobster Homarus gammarus and American Lobster Homarus americanus [J]. J. Agric. Food Chem. 2009（57）：3645-3652.

[7] 王秀文，韦伟，王兴国，等. 支链脂肪酸的来源与功能研究进展 [J]. 中国油脂，2011，120（20）：1003-7969.

[8] Ying X，Yang W，Zhang Y. Comparative studies on fatty acid composition of the ovaries and hepatopancreasat different physiological stages of the Chinese mitten crab [J]. Aquacul-ture，2006，256：617-623.

[9] Rainuzzo J. R，Reitan K. I，Olsen Y. The significance of lipids at early stages of marine fish：a review [J]. Aquaculture，1997，155：103-115.

[10] Rosa R，Nunes M. L. Seasonal patterns of nucleic acid concentrations and amino acid profiles of Parapenaeus long-irostris（Crustacea，Decapoda）：relation to growth and nutri-tional condition [J]. Hydrobiologia 2005，537：207-216.

[11] Kris-Etherton P. M，Harris W. S，Appel L. J. Fish consumption，fish oil，omega w-3 fatty acids and cardiovascular disease [J]. Circulation，2002，106：2747-2757.

[12] 罗善军，何英彬，罗其友，等. 中国马铃薯生产区域比较优势及其影响因素分析 [J]. 中国农业资源与区划，2011，39（5）：137-144.

[13] 刘新，刘林春，尤莉，等. 内蒙古地区气候生产潜力变化及其敏感性分析 [J]. 中国农业气象，2011，39（1）：531-537.

[14] 李俊男，梁林波，习学良，等. 不同海拔下娘青核桃坚果性状及营养特征分析 [J]. 经济林研究，2019，37（4）：44-49.

[15] Cohen Z，Von Shak A，Richmond A. Effect of environmental conditions on fatty acid composition of the red algae Porphyridium cruentum：correlation to growth rate [J]. Phycol，1911（24）：321-332.

[16] 王婧，瑶吴莉，芳段晶，等. 饲料中必需脂肪酸对鱼类生长、抗氧化能力及脂肪酸代谢酶活的影响 [J]. 河南农业科学，2011，47（9）：16-20.

[17] Garofalaki T. F，Miniadis-Meimaroglou S，Sinanoglou V. J. Main phospholipids and their fatty acid composition in muscle and cephalothorax of the edible Mediterranean crustacea Palinurus vulgaris（spiny lobster）[J]. Chem. Phys. Lipids，2006（140）：45-55.

[18] 解春芝，曾海英，宋杰，等．不同种类腐乳游离脂肪酸组成分析及营养评价 [J]．中国酿造，2018，37（2）：39-44．

[19] 李俊芳，马永昆，张荣，等．不同果桑品种成熟桑椹的游离氨基酸主成分分析和综合评价 [J]．食品科学，2016，37（14）：132-137．

[20] Chung G. H，Fung P. K，Kim. Aroma impact components in commercial plain [J]．J. Agric. Food Chem，2005，53（5）：1614-1691．

[21] Szymczy C，Welnam P. P. Comparison and validation of different alternative sample preparation procedures of tea infusions prior to their multi-element analysis by FAAS and ICPOES [J]．Food Anal Method，2016，9（5）：1-14．

[22] Heinonen M L，Ollilainen V，Linkola E. K，Varo P. T，Koivistoinen P. E. Carotenoids in Finnish foods：Vegetables，fruits，and berries [J]．Agric. Food Chem，1919（37）：655-659．

[23] Van Eck J，Conlin B，Garvin D. F，Mason H，Na-varre D. A，Brown C. R. Enhancing beta-carotene content in potato by RNAi-mediated silencing of the beta-carotene hydroxylase gene [J]．Amer. J. Potato Res，2007（14）：331-342．

[24] Ducreux L. J，Morris W. L，Hedley P. E，Shep-herd T，Davis H. V，Millam S，Taylor M. A. Metabol-ic engineering of high carotenoid potato tubers con-taining significant levels of beta-carotene and lutein [J]．Exper. Bot，2005（56）：11-19．

[25] Timo R，López A，Riga P. Arazuri S，Jarén C，Benedicto L，Ruiz de Galarreta [J]．Phytochemicals determination and classification in purple and red fleshed potato tubers by analytical methods and near infrared spectroscopy [J]．Sci. Food Agric，2015（96）：1111-1199．

[26] 陈丽花，肖作兵，周培根．中国对虾的脂肪酸分析及其营养价值评价 [J]．上海海洋大学学报，2010，19（1）：125-129．

[27] Neufeld L. M，Cameron B. M. Identifying nutritional need for multiple micronutrient interventions [J]．Journal of nutrition，2012，142（1）：166S-172S．

[28] 曹丽波．维生素的概述及分类 [J]．养殖技术顾问，2014（2）：57-60．

[29] 张元元，张映瞳，胡花等．草莓汁贮藏期维生素 C 的降解动力学研究 [J]．现代食品科技，2019，36（1）：1-8．

[30] 高芸，吴萍，周宇洁．2 型糖尿病不同血管并发症与脂溶性维生素及营养代谢指标的关系 [J]．同济大学学报 [J]．2019，40（5）：629-643．

[31] 张培英，吕文河，孙丽等．马铃薯块茎中维生素 C 含量的变化 [J]．马铃薯杂志，1995，9（1）：22-23．

[32] 王辉，刘辉，刘嘉等．高效液相色谱法测定彩色马铃薯中 VC 含量 [J]．食品研究与开发，2017，38（12）：130-134．

[33] Enachescu G. Variation in ascorbic acid and thiamine content of potatoes during storage. Acad Rep poulare Romine Studii Cercctari Biol，Scr，Biol Veg，1960（12）：239-251．

[34] Volkov V. D. Biochemical feature of early ripening potato tubers [J]．Vestsclskokhoz Nauki，1959（1）：141-144．

[35] Keijbets M J H，Ebbenhorst-Seller G. Loss of vitamin C（L-ascor-bic acid）during long-term cold storage of Dutch table potatoes [J]．Potato Research，1990（33）：125-130．

[36] Fernando V，Angel G，Antonio P.，Cristina G.，In Vitro Gastrointestinal Digestion Study of Broccoli InflorescencePhenolicCompounds，Glucosinolates，andVitaminC [J]．J. Agric. FoodChem.，2004，52（1）：131-135．

[37] Rebecca S，Michel B，Cécile G，Yolande C. Small-Scale Analysis of Vitamin C Levels in Fruit and Ap-

plication to a Tomato Mutant Collection [J]. J. Agric. Food Chem. ，2006，54（17）：6159－6165.

[38] Christelle M, Daniele E,? Johanna Z, Cedric G, Jean-Francois H , Merideth B, Thomas z, Gabriela B. In Vitro Bioaccessibility and Bioavailability of Iron from Potatoes with Varying Vitamin C, Carotenoid and Phenolic Concentrations [J]. J. Agric. Food Chem. ，2015（63）：9011-9021.

[39] ShaoMei, Xiu, Zhang W. Analysis of nutrient components in Anshun Chinese yam [J]. Journal of Mountain Agriculture and Biology，2001（3）：45－41.

[40] 王彦博. 低温及套袋处理对山药保鲜效果的研究 [J]. 吉林中医药学报，2009，29（10）：111－116.

[41] 陆国权，黄华宏. 甘薯维生素C和胡萝卜素含量的基因型、环境及基因型与环境互作效应的分析 [J]. 中国农业科学，2002，35（5）：412－416.

[42] 魏艳，黄洁，许瑞丽，等. 木薯肉与木薯皮营养成分的研究初报 [J]. 热带作物学报，2015，36（3）：536－540.

[43] 黄素霞，林晓霞，朱寿民. 2型糖尿病患者抗坏血酸和核黄素缺乏调查 [J]. 浙江预防医学，2001，13（10）：11－14.

[44] 张福金，侯德坤，张欣昕，等. 内蒙古马铃薯农药残留及膳食风险评估 [J]. 农产品质量与安全，2017（5）：31－37.

[45] Atef M, Kebba S, Stan K, etc. Some Canadian-Grown Potato Cultivars Contribute to a Substantial Content of Essential Dietary Minerals [J]. J. Agric. Food Chem，2012（60）：4611－4696.

[46] 匡立学，聂继云，李志霞，等. 辽宁省4种主要水果矿质元素含量及其膳食暴露评估 [J]. 中国农业科学，2016，49（20）：3993－4003.

[47] 张旭东. 不同营养液浓度对"早夏黑"葡萄营养生长及叶片矿质元素积累的影响 [D]. 宁夏：宁夏大学，2017.

[48] Kebba S, Stan K. Some Canadian-Grown Potato Cultivars Contribute to a Substantial Content of Essential Dietary Minerals [J]. J. Agric. Food Chem，2012，60：4611－4696.

[49] Berhe T, Minaleshewa A, Kebede N. M. Concentration levels of selected essential and toxic metals in potato (Solanum tuberosum L.) of West Gojjam, Amhara Region, Ethiopia [J]. SpringerPlus，2015（4）：514－522.

[50] 王颖，李燕山，桑月秋，等. 云南省马铃薯品种（系）矿物质元素含量研究 [J]. 中国食物与营养，2014，20（09）：61－72.

[51] Burgos G, Amoros W, Morote M. Iron and zinc concentration of native Andean potato cultivars from a human nutrition perspective [J]. Journal of Science of Food and Agriculture，2007（17）：661－675.

[52] 王戈亮. 甘薯若干矿物质营养元素含量的基因型差异及其环境效应 [D]. 浙江：浙江大学，2004.

[53] 杨善岩，李海龙，狄志鸿. 硒元素生理功能及微生物富硒发酵研究现状 [J]. 食品工业，2013，34（6）：167－170.

[54] 宫丽，马光. 硒元素与健康 [J]. 环境科学与管理，2007，32（9）：32－35.

[55] Bacchi M A, Fernandes EAD, Tsai SM, Santos LGC. Conventional and organic potatoes：Assessment of elemental composition using k（0）-INAA [J]. Radioanal Nucl Chem，2004，259：421－424.

[56] 郭伟，付瑞英，赵仁鑫，等. 内蒙古包头白云鄂博矿区及尾矿区周围土壤稀土污染现状和分布特征 [J]. 环境科学，2013，34（5）：1199－1905.

[57] 张远飞，张金良，吴德文，等. 地球化学元素基因谱曲线及其地质意义——以内蒙古大兴安岭中南段成矿区（带）为例 [J]. 物探与化探，2016，40（2）：235－242.

[58] 程林润，许砚杰，周鑫，等. 马铃薯栽培品种和地方品种矿质元素含量差异分析 [J]. 核农学报，2011，32（11）：2170－2177.

[59] Subramanian N. K, White P. J, Broadley M. R, Ramsay G. Variation in tuber mineral concentrations a-

mong accessions of Solanum，species held in the Commonwealth Potato Collection ［J］．Genetic Resources and Crop Evolution，2017，64（1）：1927－1935.

［60］ Wszelaki A. L，Delwiche J. F，Walker S. D，Liggett R. E，Scheerens J. C，Kleinhenz M. D. ，Sensory quality and mineral and glycoalkaloid concentrations in organically and conventionally grown redskin potatoes ［J］．Sci Food Agric，2005（15）：720－726.

［61］ Luis S，Rubio C，Gonzalez-Weller D，Gutierrez A. J，Revert C. Hardisson A Comparative study of the mineral composition of several varieties of potatoes（Solanum tuberosum L.）from different countries cultivated in Canary Islands（Spain）［J］．Int. J. Food Sci. Technol，2011（46）：710－774.

［62］ Andrea M，Griffiths，David M，Cook，Dennis L，Merrill J. A retail market study of organic and conventional potatoes（Solanumuberosum）：mineral content and nutritional implications ［J］．International Journal of Food Sciences and Nutrition，2012，63（4）：393－401.

［63］ Gussarsson M，Adalsteinsson S，Jensén P. Asp H. Cadmium and copper interactions on the accumulation and distribution of Cd and Cu in birch（Betula pendula，Roth）seedlings ［J］．Plant&Soil，1995，171（1）：115－117.

［64］ 习敏，杜祥备，张胜，等．施肥对马铃薯锰素吸收及养分利用效率的影响 ［J］．江苏农业科学，2011，39（6）：159－162.

［65］ 刘哲．不同柑橘果实可食部矿物质元素分析及膳食营养评价 ［D］．重庆：西南大学，2017.

［66］ 韩军花，李晓瑜，严卫星．微量营养素风险等级的划分 ［J］．营养学报，2012（3）：212－219.

［67］ 房红芸，郭齐雅，于冬梅，等．2010—2012 年中国居民马铃薯及其相关产品消费现状 ［J］．卫生研究，45（4）：539－541.

［68］ Mansour A，Mohamed H，Belal B，Asem A. K. Abou-Arab，Hany M. Ashour B，Marwa F. Evaluation of some pollutant levels in conventionally and organically farmed potato tubers and their risks to human health ［J］．Food and Chemical Toxicology，2009（47）：615－624.

第7章 | Chapter 7
卫生品质综合评价

随着现代农业的发展，化肥、农药以及农膜等农用化学品的大量投入使得农产品的种类和产量大幅增加，基本满足了人们对量的需求，但也引起了农产品及其产地环境污染的问题，影响农产品的安全品质和营养价值，威胁到人体健康[1]。农药是主要用于提高农产品产量和保护作物免受损害而用于农业病虫害防治的化学物质。由于种种原因，当前我国马铃薯生产过程中依然离不开各种杀虫剂、杀菌剂、除草剂和生长调节剂的使用[2-4]，也不可避免地受到这些药物残留的影响[5-6]。同时，马铃薯是生长在地下的植物块茎，来自土壤和其他环境介质的铜、铅、铬、镉、汞、砷、镍等重金属的污染风险不容忽视[7-10]。据调查，人体摄入危害物质的量的90%以上来自于食物消耗[11]，而由此导致的致癌性污染约占人类癌症的30%[12]，食物安全日益成为人们关注的热点和需求的焦点[13]。因此，本研究作为《2014—2015年内蒙古马铃薯质量安全研究报告》[14]的延续，总结2016—2018年内蒙古马铃薯的农药残留特征和重金属残留趋势，通过引用农药、重金属的毒理学数据和管理标准，展开人群安全风险分析与膳食摄入影响评价，疏解马铃薯主粮化消费的隐忧。

7.1 评价范围及依据

7.1.1 评价范围

按照马铃薯区域种植规划与实际生产分布情况，2016年以来本研究团队连续3年对内蒙古乌兰察布市、包头市、呼和浩特市、呼伦贝尔市和锡林郭勒盟的5个盟市进行马铃薯样品的农药残留、重金属残留的风险监测，3年间共计获得327份样本，按照经度分布分别来自大兴安岭岭东南区，牙克石市、阿荣旗；阴山北麓，多伦县、太仆寺旗、化德县、商都县、察右后旗、察右中旗、四子王旗、武川县、固阳县、达茂旗；阴山南麓，兴和县、察右前旗、卓资县、呼和浩特市清水河县、丰镇市等18个市、县（旗）。监测分布如图7-1所示。监测区域覆盖内蒙古地区马铃薯种植面积的85%以上，抽样地区绝大多数是优势产区发展的重点市县，监测结果总体上代表了内蒙古马铃薯危害物质残留的质量安全状况。

7.1.2 样品分布

所监测的样本中，大兴安岭岭东南区和阴山南麓各抽样50份，分别占总抽样量的15.3%；阴山北麓227份，占总抽样量的69.4%；各市县抽样数量分布如图7-2所示。

图 7-1 2016—2018 年内蒙古马铃薯风险监测样品分布范围

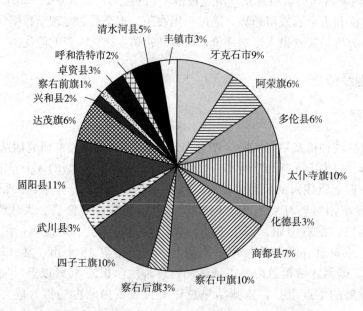

图 7-2 2016—2018 年内蒙古马铃薯风险监测样本地区分配比例（n=327）

据调查，内蒙古阴山沿麓南北区和大兴安岭岭东地区主栽的马铃薯品种为费乌瑞它、冀张薯和克新一号，占本地区播种种植面积的 70% 以上。所抽检的样品按品种分类，单个品种数量超过 5 个样本的主要有：优金 885、兴佳 2 号、夏坡蒂、克新一号、冀张薯、后旗红、费乌瑞它、布尔班克和大白花。实际抽检中克新一号、冀张薯和费乌瑞它的抽样量均接近或超出 20% 以上（图 7-3）。

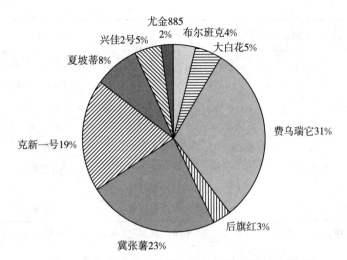

图 7-3 2016—2018 年内蒙古马铃薯风险监测主栽品种分配比例（n＝327）

7.1.3 监测项目和判定标准

结合 2014—2015 年内蒙古马铃薯农药残留检出情况，并参照我国马铃薯农药残留管理标准，本次农药残留监测参数选择了杀虫剂，克百威、丁硫克百威、甲拌磷、乐果、氧乐果、灭线磷、灭蚁灵、涕灭威、氯氰菊酯、辛硫磷、特丁硫磷、吡虫啉、啶虫脒、毒死蜱、噻虫嗪；杀菌剂，甲霜灵和精甲霜灵、阿维菌素、多菌灵、嘧菌酯、咪鲜胺、烯酰吗啉；除草剂：烟嘧磺隆、氯苯胺灵、异丙甲草胺；生长调节剂，矮壮素、多效唑、氯吡脲 28 项农药残留。检验标准依据：GB 23200.9、GB/T 20770、NY/T 761。判定标准参照 GB 2763、GB 2763.1。

重金属监测项目选择生物性有毒金属，主要包括马铃薯产品中的镉、铅、铬、汞、镍、铜、总砷的含量，检验标准依据：GB 5009.15、GB 5009.12、GB 5009.123、GB 5009.17、GB 5009.138、GB 5009.13 和 GB 5009.11 等。判定标准参照 GB 2762，方法响应汇总见表 7-1。

表 7-1 监测检验参数及其判定标准/mg·kg⁻¹

参数	限量值（MRL）	检出限（LOD）	参数	限量值（MRL）	检出限（LOD）
镉	0.1	0.008	阿维菌素	0.01	0.004
铅	0.2	0.01	辛硫磷	0.05	0.002
铬	0.5	0.02	特丁硫磷	0.01	0.012 5
汞	0.01	0.001	氯氰菊酯	0.01	0.003
砷	0.5	0.02	嘧菌酯	1	0.000 2
镍	1.0（油脂）	0.02	烯酰吗啉	0.05	0.000 9
铜	—	0.02	多菌灵	0.5（小麦、玉米）	0.000 1
克百威	0.1	0.001	咪鲜胺	0.5（稻谷、小麦）	0.000 5
乐果	0.5	0.02	啶虫脒	0.5（糙米、小麦）	0.002

（续）

参数	限量值（MRL）	检出限（LOD）	参数	限量值（MRL）	检出限（LOD）
氧乐果	0.02	0.008	吡虫啉	0.05（小麦、玉米）	0.006
甲拌磷	0.01	0.002	噻虫嗪	0.1（糙米、小麦）	0.005
甲/精甲霜灵	0.05	0.005	异丙甲草胺	0.1（糙米、玉米）	0.006
灭线磷	0.02	0.005	多效唑	0.5（稻谷、小麦）	0.000 1
灭蚁灵	0.01	0.001	毒死蜱	0.5（稻谷）	0.008
涕灭威	0.1	0.009	丁硫克百威	0.1（玉米）	0.001
氯苯胺灵	30	0.025	氯吡脲	—	0.000 2
烟嘧磺隆	0.8（EPA）	0.004	矮壮素	5.0（玉米）	0.000 5

注：对于检出的 n 种农药，当某个样品中的检测值＜LOD（检测限）时，用 1/2 LOD 代替。

7.2 农药残留趋势

据调查，我国单位面积的农药使用量是世界平均水平的 2.5 倍。马铃薯生产过程中大量使用除草剂以去除苗前或苗后阔叶类禾草类杂草，拌种或喷施使用杀虫剂以杀灭田间地老虎等害虫，高频次喷洒或随水灌溉使用杀菌剂预防或控制疫病、腐病等病害。据报道，我国农药的有效利用率为 30%～40%，而真正作用于靶标生物的不到 1%[1]。过量或不合理使用导致大量农药残留在马铃薯茎秆、块茎和土壤中，过量农药还会随水淋溶导致水源污染。土壤中的残留农药不仅可导致下茬复种作物种子根尖、芽梢等部位变褐或腐烂，降低出苗率，还可通过作物根系吸收富集在农产品内，造成循环污染。有些农药甚至可以转化为更毒或致癌的持久性有机污染物多氯联苯、多环芳烃等。据报道，被世界卫生组织确定为强致癌物质的苯、甲苯、二甲苯等苯系物被广泛应用于生产除草剂类农药[15]。虽然我国已明令限制使用甲拌磷、克百威、毒死蜱等高毒、高残留、拟激素类农药，但是新品种农药不断涌现，且在实际中以这些农药为生产原料或纯度控制不达标导致隐形添加现象仍然存在[16]。种种原因促使研究团队连续多年跟踪采集监测内蒙古马铃薯块茎中农药残留情况，以真实还原马铃薯的药物残留安全问题。

7.2.1 残留水平与范围

对 327 份样品的四类农药 28 个参数进行监测统计结果分析发现，30.6% 的样品检出了农药残留，共检出农药 14 种（76.0% 为低毒农药，20.0% 为中毒农药，高毒农药仅有 2 种），各农药的残留水平见表 7-2。在检出的 14 种农药中，仅有 1 种农药的检出率在 5% 以上，多菌灵的检出率最高，为 11.6%；5 种农药的检出率在 2.0%～5.0%；1 种农药的检出率在 1.0%～2.0%；6 种农药的检出率在 0.1%～1.0%。检出的 14 种农药中，除了克百威、乐果、甲拌磷、氯氰菊酯、烯酰吗啉、嘧菌酯、甲霜灵、精甲霜灵有最大残留限量外，吡虫啉、毒死蜱等 6 种农药（占检出农药的 42.8%）在中国尚未制定马铃薯中的最大残留限量，见表 7-2。检测的 327 份马铃薯样品中，仅有 3 份样品农药残留超标，超标农药主要是氯氰菊酯，超标率为 0.9%。检出的 14 种农药中，克百威、甲拌磷为限用农药，吡虫啉、毒死蜱、多菌灵、咪鲜胺、多效唑等仅在部分粮食上登记使用。

表 7 - 2　2016—2018 年马铃薯样品中农药残留水平统计（n＝327）

农药名称	毒性	检出数	检出率/%	超标数	超标率/%	50分位值	残留水平
克百威	高毒	1	0.3	0	0	0.052 5	ND～0.053
乐果	中毒	3	0.9	0	0	0.047 5	0.01～0.054
甲拌磷	高毒	3	0.9	0	0	0.006 55	0.002～0.008 4
氯氰菊酯	中毒	8	2.4	3	0.9	0.007 8	0.001 5～0.015 2
吡虫啉	中毒	2	0.6	—	—	0.010 095	0.003 0～0.017 2
毒死蜱	中毒	7	2.1	—	—	0.02	0.004 2～0.103 0
烯酰吗啉	低毒	1	0.3	0	0	0.025 52	ND～0.001 04
多菌灵	低毒	38	11.6	—	—	0.000 42	0.000 5～0.044 81
咪鲜胺	低毒	2	0.6	—	—	0.002 335	0.000 25～0.004 42
嘧菌酯	低毒	8	2.4	0	0	0.000 462	0.000 1～0.013 7
甲/精甲霜灵	低毒	9	2.8	0	0	0.008 8	0.002 5～0.037 6
多效唑	低毒	4	1.2			0.001 115	0.000 05～0.004 64
氯吡脲	低毒	14	4.3	—	—	0.000 25	0.000 10～0.000 34

注：各农药的 MRLs 判定依据 GB 2763、GB 2763.1；ND 为未检出。

　　比较而言，我国马铃薯中农药残留的范围和残留量很低。Sameeh A 等[7]对埃及的有机和常规农场监测发现，吉萨省不同收集点的马铃薯中，一些有机氯农药的残留如六氯苯（HCB）、七氯和一些滴滴涕代谢物，以及一些有机磷农药如甲胺磷、丙溴磷、甲拌磷和甲基嘧啶磷等在许多样本中被发现。其中常规种植马铃薯的 41.7% 的分析样本中检测到 HCB，58.3% 的分析样本中检测到甲胺磷，这些样本中 33.3% 的浓度高于其最大残留限量（MRLs），11.1% 甲胺磷超过 0.25mg /kg 的浓度水平。相比之下，有机种植马铃薯分析样品 HCB 超标率为 16.7%，杀虫剂在常规种植马铃薯中残留量几乎是有机种植的 2 倍。

7.2.2　年份变化与地区差异

　　从农药种类上看，2016—2018 年内蒙古马铃薯检出农药主要是杀虫剂、杀菌剂和生长调节剂，除草剂未检出，四类农药的样品检出率分别为 7.6%、17.7%、5.5% 和 0，农药检出比率分别为 24.0%、58.0%、18.0% 和 0（图 7 - 4），其中 15 种杀虫剂累计检出 6 种，分别是甲拌磷、克百威、乐果、氯氰菊酯、吡虫啉、毒死蜱；7 种杀菌剂累计检出 6 种，仅有阿维菌素未检出；3 种生长调节剂累计检出 2 种，分别是氯吡脲、多效唑，矮壮素未检出。

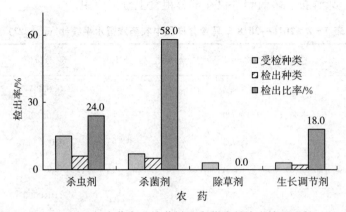

图 7-4　2016—2018 年内蒙古马铃薯样品农药残留检出情况比较（n=327）

与 2014—2015 年比较[14]，2016—2018 年内蒙古马铃薯检出的农药残留主体发生了改变，在所监测的农药范围内，马铃薯除草剂类农药残留已经完全避免，控制病害的杀菌剂在内蒙古地区甚至在北方一季作区成为马铃薯农药残留的主体，检出率较前一阶段增加了 1.3 倍，生长调节剂仍然在内蒙古的马铃薯生产中使用，但用量和使用范围控制得较好，检出率大大降低（较前一阶段降低了 3.2 倍），杀虫剂的检出率变化不大（图 7-5）。

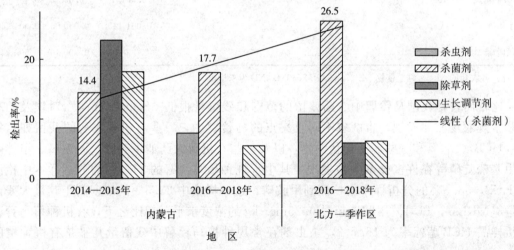

图 7-5　内蒙古与北方一季作区马铃薯样品农药残留检出率比较

甲拌磷、克百威、乐果、氯氰菊酯、吡虫啉、毒死蜱等杀虫剂农药在马铃薯上使用，拌种主要是防治地下对马铃薯根块造成危害的害虫，主要包括白色蛴螬、金针虫、地老虎以及马铃薯块茎蛾等；喷施主要杀灭地表对植株枝叶进行破坏的害虫，包括斑螫、二十八星瓢虫、桃蚜、潜叶蝇、白粉虱及其他粉虱，绝大多数属中毒到高毒类农药，必须限制使用。

近年来，由于复种指数加大，倒茬空间不足等原因，马铃薯的真菌性、细菌性病毒性病害增加，特别是晚疫病、早疫病、疮痂病[6]，造成马铃薯减产，马铃薯的品质严重下降，造成农民的经济损失加重。为了提前预防，在马铃薯关键生长期每隔 7 天就喷药 1 次，大量使用杀菌剂，如甲霜灵和精甲霜灵、阿维菌素、多菌灵、嘧菌酯、咪鲜胺、烯酰吗啉等，造成巨大的残留安全风险。

空间上，与北方一季作区同期比较，2016—2018年内蒙古马铃薯的农药残留检出水平和检出范围均较低，杀虫剂的检出率约为北方一季作区的70%，杀菌剂的检出率约为北方一季作区的67%，生长调节剂的检出率约为北方一季作区的88%，而除草剂在北方一季作区的其他省份仍然存在。

马铃薯系宽行种植作物，生产中的除草作业主要靠中耕及人工除草。近年来，随着种面积继续扩大，集中种植成为趋势，杂草防除中除草剂的作用逐渐发挥起来，并成为一项重要的措施。美国马铃薯生产中除草剂使用面积已达到总播面积的90%。我国的除草剂使用主要在马铃薯发芽出苗到田间封垄期间，内蒙古主要防治苋菜、马唐、藜、苍耳、马齿苋、狗尾草、早熟禾、刺儿菜、香附子、茅草以及鬼针草等，主要农药种类有百草枯（禁止使用）、异丙甲草胺、砜嘧磺隆、烟嘧磺隆、嗪草酮、氯苯胺灵等。总结2014—2015年以来马铃薯中检出的除草剂种类发现，内蒙古马铃薯的除草剂危害不大。

从我国当前对马铃薯农药残留管理的国家标准来看，连续三年的风险监测显示，除氯氰菊酯有超标情况需要严格管理外（马铃薯最大超标量值比率 r ＝最大检出值/标准限量值＝1.52），其他有标准限量的农药管理预期顺序分别为：甲拌磷（r＝0.88）＞甲霜灵（r＝0.75）≫嘧菌酯（r＝0.17）≫烯酰吗啉（r＝0.02）；而对于没有管理标准限量的农药，参照国标对稻米、小麦、玉米等粮食的限量要求，管理预期最大的农药是毒死蜱（$r_{玉米}$＝2.06），其次为吡虫啉（$r_{玉米}$＝0.34）≫多菌灵（$r_{玉米}$＝0.09），应当加快研究这些农药在马铃薯生产控制中的作用问题（图7-6）。

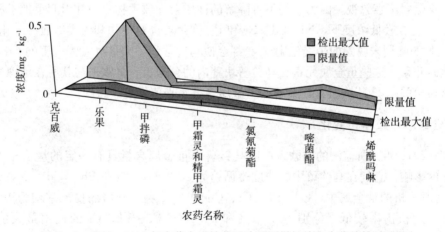

图7-6　2016—2018年内蒙古马铃薯风险监测样品检出农药的管理预期

在近期的一项食品监测与控制研究上，Fundación Plagbol 等[8]对玻利维亚拉巴斯当地市场的马铃薯、洋葱和莴苣样品进行了取样，并筛选了283种农药。其中在50%的莴苣样品中检测到氯氰菊酯、毒死蜱和 λ-氯氟氰菊酯的残留物，而在马铃薯和洋葱中未发现此类杀虫剂。这类农药在莴苣样品中同时并存2种或3种，超标率达到20%。研究团队经过各种洗涤方式试验，仅能使农药水平减掉一半，但仍有20%的样品显示超过限定值。足见氯氰菊酯、毒死蜱等农药的难降解性，应当引起重视。

7.3 重金属含量变化

重金属是具有高原子量的天然元素，密度一般大于或等于 $5g/cm^3$，常指金（Au）、银（Ag）、铅（Pb）、镉（Cd）、汞（Hg）、铬（Cr）、铜（Cu）、镍（Ni）及类金属元素无机砷（As）。这些元素在工业、农业、医疗和技术上的多种应用导致其在环境中广泛分布，引起人们对其对人类健康和环境潜在影响的担忧。重金属是全身性毒物，已知即使暴露水平较低也会引起多器官的损害。一般来说 Pb、Cd、甲基汞（MeHg）和 As 是暴露在人体内的头号有毒金属，并靶向肾脏、肝脏和大脑，引起肾毒性、肝毒性和神经毒性。WHO 将这四个元素列为具有重大公共卫生安全问题的优先金属。Cr 和 Cu 是人体必需的微量元素。Cr 的毒性与其存在的价态有关，三价 Cr 是对人体有益的元素，而六价 Cr 是有毒的，且易被人体吸收蓄积引起慢性毒害。Cu 与人体血红素的形成紧密相关，但摄入过量会引起肝硬化、腹泻、呕吐、运动障碍和知觉神经障碍。Cr 在天然食品中的含量较低，均以三价的形式存在。Cu 广泛分布于生物组织中。

调查发现，发达国家人类接触有毒金属的比例一直在下降，但发展中国家和地区接触的比例正在增加[17]。一些基于人口的调查表明，重金属暴露仍然很普遍[18-20]。重金属的主要人为暴露源于人为活动，比如采矿和冶炼操作、工业生产，家庭和农业用含重金属的生活生产资料等。农产品中的重金属很少单一存在，并存在累积风险[20]。此外，有毒金属与必需金属（如 Fe、Mn，Ca）相互作用，打破人体的基本金属状态[21]，引发更强的金属混合物毒性[22]。可食用植物是人类饮食矿物质的重要来源，也是对消费者引起金属中毒的来源之一。这些重金属不容忽视，因为它们不可降解的性质会导致生物累积并引起更加不利的生物效应[23]。即使在较低浓度下，Ni、Cd、Cr 和 Pb 等元素也对植物和人类有害[24]。使用废水灌溉[25]或长期施用未腐熟的牛粪施肥[26]等都会使马铃薯积累大量对人体有害的 Cd 和 Pb 等有毒元素。并且，这些重金属元素在马铃薯块茎内的分布、含量水平与其所在地理位置和种植制度密切相关[27-29]。内蒙古马铃薯的重金属含量水平值得继续跟踪。

7.3.1 含量水平及年份变化

2016—2018 年，所监测的内蒙古产区马铃薯中重金属含量具有一定的量值相关性，受各种因素的影响，它们在马铃薯中的浓度遵循趋势 Cu>Ni> Cr> Pb> Cd> As>Hg（表7-3）。在所分析的重金属中，Cd、Pb、Cr、Cu 和 Ni 5 种重金属的检出率均为 100%，总As、总 Hg 的检出率较低，分别为 33.1% 和 36.1%。Cd、Pb、Cr 的检出最大值分别是0.071 mg/kg（Cd）、0.098 mg/kg（Pb）和 0.31 mg/kg（Cr），Hg 和 As 检出的范围分别为 0.000 2～0.011mg/kg（Hg）、0.000 8～0.036 7 mg/kg（As）。Ni 和 Cu 的检出最大值分别为 0.49mg/kg、2.1mg/kg。如表 7-3 所示，受环境影响，Cr 和 Ni 含量的变异系数均大于 100%，分别为 138.6% 和 118.6%，总 Hg 和总 As 的变异接近 100%，其他元素的空间变异较小，特别是 Cu 元素较稳定（变异系数小于 50%）。Cr、Ni、Hg 和 As 平均值分别为 0.032 5mg/kg、0.073 mg/kg、0.001 7 mg/kg 和 0.005 3 mg/kg，远高于中位值，接近75 百分位点，Cr、Ni、Hg 和 As 的含量呈左偏态分布，主要分布在低含量区间，但 Cr 和Hg 在高值区有异常值存在。Cu 的平均值为 0.761mg/kg，中位数为 0.730 mg/kg，平均值和中位数相近，Cu 含量在本地区接近正态分布。

Ni 是人体膳食需求金属，人的需要量是根据动物实验结果推算约为 $25\sim35\mu g/d$。Ni 也是最常见的致敏性金属。仓鼠胚胎致突变性浓度 $5\mu mol/L$，大鼠经口最低中毒剂量（TDL0）为 158mg/kg。人体每天摄入可溶性 Ni 超过 250mg 会引起中毒，敏感人群摄入 $600\mu g$ 即可引起中毒，慢性超量摄取或超量暴露可导致心肌、脑、肺、肝和肾退行性变。金属 Ni 几乎没有急性毒性，但羰基 Ni 却能产生很强的毒性。羰基 Ni 可以蒸气形式迅速由呼吸道、皮肤吸收，也可由食物摄入。

表 7 - 3　2016—2018 年马铃薯中重金属含量分布统计表（n＝327，mg/kg，干基）

名　称	Cd	Pb	Cr	总 Hg	总 As	Ni	Cu
平均值	0.009 7	0.020 9	0.032 5	0.000 7	0.005 3	0.073	0.761
25 分位值	0.004 5	0.011 0	0.010 0	0.000 4	0.002 1	0.020	0.490
中位值	0.008 0	0.017 0	0.019 0	0.000 5	0.003 3	0.039 5	0.73
75 分位值	0.012 0	0.026 0	0.035 8	0.008 1	0.001 0	0.082	0.970
检出最大值	0.071 0	0.098 0	0.310 0	0.011 0	0.036 7	0.490	2.100
标准偏差	0.007 6	0.015 5	0.045 0	0.001 6	0.004 8	0.087	0.363
变异 CV	78.2	74.3	138.6	99.1	90.9	118.6	47.7

依据 GB 2762 标准判定，马铃薯中 Hg 含量的最大值超出限量值的 1.1 倍，Cr、Pb、As、Hg 含量最大值均低于限量值。在本次抽检范围内，仅有 1 份马铃薯产品检出 Hg 超标现象，超标率为 0.31%。由于 Ni 和 Cu 未在标准中进行限量控制，未作超标统计。

与 2014—2015 年相比[14]，2016—2018 年内蒙古马铃薯中 Cd、Cr、Ni、Pb 的平均值均有降低，降幅 20%～75%，降低最明显的是 Ni；而 Hg、As、Cu 的平均值均有增加，增幅 30%～55%，增加最明显的是 Cu。但从各年度来看，这种变化略有区别，在近三年的连续监测中，马铃薯 Cd、Cr、Pb 的含量进一步降低，Ni 的含量保持稳定，As、Cu 的年度增势渐趋回落，而 Hg 的回落最明显。方差分析显示，Hg 含量年度差异极显著（p＝0.869），As 的年度差异较显著（p＝0.569），Cu 含量年度差异不显著（p＝0.169），可见，环境中重金属的植物累积效应逐渐减弱（图 7-7）。

随着植物的生长作用，土壤中的易溶性金属元素可在马铃薯组织中具有较高水平的移动能力[26,28]，尤其是马铃薯圈灌或喷灌种植条件下，大量随水喷施的肥料会更加促进元素利用。此外，北方地区的农民通常使用动物粪肥和有机残留物作为基础肥料来提高产量，未充分发酵的有机质也会增加马铃薯中的重金属的污染来源。比如 Cu 多作为饲料添加剂使用，可能会增加有机肥中的含量水平，进而随施用提高了土壤马铃薯块茎中的含量。研究痕量金属发现 Pb 的浓度年份波动明显，调查中发现，很多种植马铃薯的地块紧邻公路，与玉米和向日葵作物隔年倒茬种植，因此猜测大气中沉降的 Pb 有可能对马铃薯产生影响。

不同品种的马铃薯由于品质特性差异、生长环境差异，对重金属的富集能力不一致。在 0.01 水平上的相关性统计分析发现，马铃薯品质与其富集的重金属相关性不十分显著，即便统计发现：马铃薯的蛋白质含量与其富集的 Cd 含量成正相关（p＝0.309**，** 代表 0.01 水平上相关性显著，下同）；马铃薯的淀粉含量与其富集的 Pb、Cr 含量成负相关（P＝－0.262**、－0.315**），与其富集的 Cu 含量成正相关（P＝0.269**）。

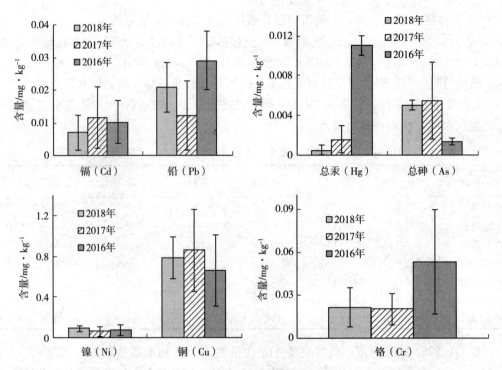

图 7-7　2016—2018 年内蒙古马铃薯风险监测样品重金属含量年度变化（n＝327）

　　Chen ZF 等[30]的研究证实，生长在受 Cd 金属污染土壤的马铃薯，其根茎叶等不同器官中 Cd 的含量均与土壤 Cd 浓度呈显著正相关关系，且不同器官中 Cd 含量为叶＞茎＝根＞块茎，Cd 的根茎转运系数为 0.89～1.81。表明 Cd 的储存和摄取器官主要为叶和茎。试验也显示，即便是低浓度的 Cd 从根部迁移到块茎，也使得块茎中的 Cd 累积量超过了我国食品安全标准。GEORGE F. A 等[31]研究发现，由于品种差异，生长在污水污泥中的马铃薯，其块茎中 Cu、Zn 和钼（Mo）的浓度显著高于对照，也高于西兰花和辣椒；而 Pb、Cd、Cr 和 Ni 与对照植物相比均无显著差异。内蒙古不同主栽品种马铃薯富集重金属的统计比较见图 7-8。

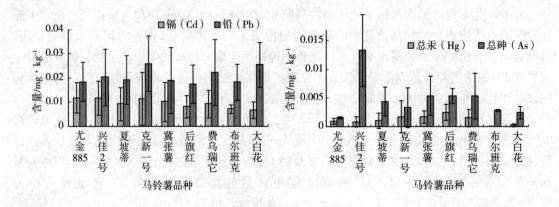

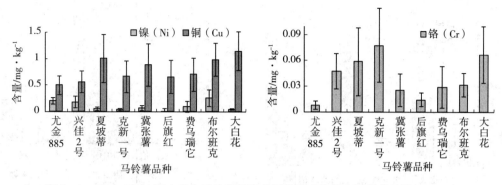

图 7-8　2016—2018 年内蒙古马铃薯风险监测样品重金属含量品种差异（n＝327）

总体上看，受监测的八种主栽马铃薯品种对 Cd 和 Pb 的富集差异不显著，而对总 Hg、总 As、Cr、Ni 和 Cu 的富集差异显著。相对而言，兴佳 2 号吸收了更多的 As，夏坡蒂吸收了更多的 Cu 和 Cr，克新一号 Cr 含量较高，布尔班克 Ni 含量较高，大白花 Cu 含量较高，冀张薯、后旗红、费乌瑞它相对无选择性，而优金 885 对这些重金属均具有排异作用。不同品种马铃薯中重金属的含量差异除与其品种的转移能力有关外[32-33]，也与其相对集中的生长环境有关[34]。

7.3.2　地区差异

根据产地环境差异，内蒙古马铃薯产区主要分布在大兴安岭岭东南区和阴山沿麓，阴山沿麓因为降水和积温差异又可分为阴山南麓和阴山北麓。大兴安岭岭东南地区降水量充分，土壤有机质含量 3% 以上，为黑土或黑钙土，矿产开发程度低，工业化程度也较低，地表植被覆盖度高，地面交通污染物的扩算作用不强。而阴山沿麓地区降水量少，尤其是阴山北麓地区年降水不及 200mm，土壤有机质含量 2.5% 以下，为棕钙土或风沙土，石材、矿产开发随意但程度不高，工业化程度也较低，地表植被覆盖度差，地面交通污染物的扩散作用强。

从三年来的总体比较结果看（图 7-9、图 7-10），大兴安岭岭东南区马铃薯的重金属富集量低于阴山沿麓地区，阴山南麓马铃薯的重金属富集量低于阴山北麓地区。从平均值来看，岭东南区马铃薯 Cd 和 Ni 的含量高于全区，而总 As、总 Hg 和 Cu 的含量低于全区，Pb、Cr 含量全区差异不大。从最大值来看，除 Pb 以外，阴山北麓马铃薯的重金属富集最大值均高于阴山南麓地区，特别是阴山北麓马铃薯总 As、总 Hg、Cd 和 Cr 元素的检出最大值分别是其他地区的 5～20 倍。

阴山北麓地区位于内蒙古中部阴山地区，属中温带干旱半干旱大陆性气候区。境内受阴山山脉阻挡，年平均气温 1.3～7.2℃，年降水量 110～420mm，无霜期 90～110d，海拔 900～1 800m，年平均风速 1.2m/s，昼夜温差大，马铃薯连作频繁，病虫害发生率不高，土壤肥力水平较低，土壤中全氮和速效氮含量严重不足。境内矿产资源丰富，达茂旗、多伦县、察右中旗、察右后旗，矿种有 40 多种，矿床、矿点和矿化点达 300 处，矿产种类多、分布广、储量大，煤矿及铜、镍、铁、铬、银等金属矿，以及萤石、玛瑙、石灰石、石英石、石墨、石膏、芒硝等石材矿，稀土矿等相对集中，火山喷发等造成的微量元素广域分布。

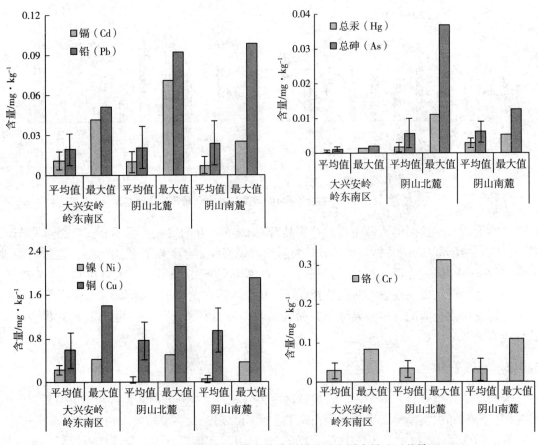

图 7-9 2016—2018 年内蒙古马铃薯风险监测样品重金属含量地区差异（n=327）

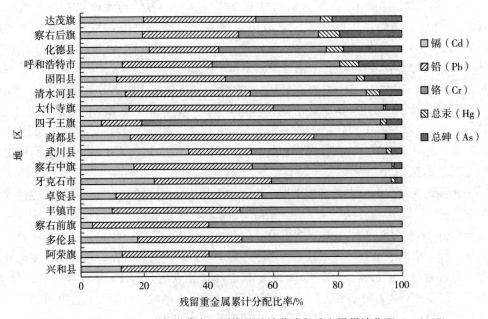

图 7-10 2016—2018 年内蒙古不同旗县马铃薯残留重金属累计分配（n=327）

阴山南麓地区以阴山山脉以南区分，交通网络四通八达，京藏 G6、京新 G7、国道 110、省级通道等公路网密集。该区域同属中温带干旱半干旱大陆性气候，年平均气温 3.0～10.2℃，年降水量 150～460mm，无霜期 100～115d，风速较小，昼夜温差大，十分适合马铃薯生长和运输。该区域采暖和日常生活大部分依赖于燃煤，矿产资源完全依赖于汽车运输。很多马铃薯种植基地虽然距离矿区较远，但运输中产生的粉尘、燃烧的烟尘和尾气沉降影响较大。研究表明，空气中 80%～90% 的 Pb 来源于使用含铅油料的燃烧不充分排放[35]。大气中的 Pb、Cu 和 Cr 等重金属在细颗粒物 PM2.5 中明显富集[36]。煤和石油燃烧后 10%～30% 的含重金属烟尘沉降在距排放源十几千米的范围内[37]。对于马铃薯种植分散、集约化管理程度不高的地区，这些因素都给马铃薯中重金属元素的植物扩散增添了可能来源。

据报道，我国受重金属污染耕地面积已达 0.1 亿 hm²，占 1.2 亿 hm² 耕地的 8.3%，而化肥和有机肥的施用是产地环境重金属的直接来源之一。我国耕地面积不足全世界的 10%，却使用了全世界近 40% 的化肥。据调查，我国过磷酸钙磷肥样品中的 Ni、Cu、Cr 平均含量分别为 16.9mg/kg、31.1mg/kg、18.4mg/kg[38]。而我国每年通过施用有机肥进入农田的 Cd、As、Cr 分别达到 771t、1 412t、6 113t，三者分别占进入农田总量的 54.9%、23.8%、35.8%。稻田土壤施用猪粪 17 年后的有效 Cu、Zn、Cd 含量分别较施化肥处理增加 335.9%、320.8%、421.4%[39]。因此，有机肥的安全性或许会成为化肥零增长的"拦路虎"。这些研究结果表明，各地区的地理位置，气候条件，土壤物化性质[34]，农业实践等都对马铃薯中的重金属含量水平有显著影响。

内蒙古东西部跨度大，种植的马铃薯品种众多，肥料、农药投入盈余，农民种植习惯差异较大，马铃薯中重金属含量存在一定差异。与世界其他发展中国家和地区报告的马铃薯中重金属含量比较（表 7-4），内蒙古 2016—2018 年马铃薯中 Cd 金属的最大检出值远低于黎巴嫩[40]，与埃及[10]和埃塞俄比亚[48]相当，是黎巴嫩马铃薯 Cd 金属报告值的 2.2%，是我国 2016 年马铃薯重金属专项监测残留水平的 1/3。内蒙古马铃薯 Pb 金属的最大检出值均低于埃塞俄比亚、黎巴嫩和埃及，是埃塞俄比亚马铃薯 Pb 金属报告含量的 0.5%，是埃及报告含量的 19.5%，是黎巴嫩报告含量的 5.2%，是我国 2016 年马铃薯重金属专项监测最高残留水平的 1/10。在所比较的国家和地区中，Cr 金属的最大检出值出现在黎巴嫩，是我国马铃薯 Cr 最高残留量的 10.2 倍，是内蒙古的 14.1 倍；内蒙古马铃薯总 Hg、As 和 Ni 金属的残留量均低于全国水平，在其他国家中未列出，而黎巴嫩马铃薯 Cu 含量报告值约为内蒙古的 100 倍。

表 7-4 内蒙古马铃薯重金属含量与世界其他地区报告值的比较（干基，mg/kg）

重金属名称	内蒙古（2016—2018 年）		中国（2016 年）[b]		埃塞俄比亚（2015 年）[31]	埃及（2009 年）[10]	黎巴嫩（2015 年）[39]
	均值	含量范围	均值	含量范围	含量范围	含量范围	含量范围
镉（Cd）	0.009 7	0.004 5～0.071	0.025	0.008～0.230	<0.1	0.015～0.045	ND～3.12
铅（Pb）	0.020 9	0.011～0.098	0.021	ND～0.942	2.0～17.4	0.196～0.503	ND～1.89
铬（Cr）	0.032 5	0.01～0.31	0.048	ND～0.421	—	0.019～1.275	ND～4.318

（续）

重金属名称	内蒙古（2016—2018 年）		中国（2016 年）[b]		埃塞俄比亚（2015 年）[31]	埃及（2009 年）[10]	黎巴嫩（2015 年）[39]
	均值	含量范围	均值	含量范围	含量范围	含量范围	含量范围
总汞（Hg）	0.000 7	0.000 4～0.011	0.002	ND～0.10	—	—	—
总砷（As）	0.005 3	0.002～0.037	0.025	ND～0.169	—	—	—
镍（Ni）	0.073	0.02～0.49	0.262	ND～2.385	—	—	—
铜（Cu）	0.761	0.49～2.1	0.746	ND～8.760	—	0.268～1.329	ND-214

注：a、b 为本研究所得数据；ND 为未检出。

内蒙古马铃薯中重金属含量也存在一定的量值稳定性，表现出 Cu＞Ni＞Cr＞Pb＞Cd＞As＞Hg 的趋势，这在欧洲等地也报道了类似的结果。Stasinos 等[42]人 2014 年在希腊调查并在欧洲食品安全局备案的一项调查显示：受污染的灌溉水影响，胡萝卜、洋葱和土豆中重金属出现一定程度的交叉污染和生物累积，洋葱等块茎中有毒金属的含量按 Pb＞Ni＞Cr＞Cd 的顺序排列，而基本金属的浓度则遵循 Fe＞Mn＞Zn＞Cu 的趋势。Vincevica 等[43]人 2013 年对拉脱维亚农田种植的胡萝卜监测到的某些潜在有毒金属的含量顺序为：Ni 0.28 mg/kg、Cr 0.16 mg/kg、Cd 0.12 mg/kg 和 Pb 0.05 mg/kg（平均值，干重）。马铃薯与胡萝卜和洋葱品种遗传性差异较远，但这些重金属都会诱导块茎的氧化应激，激活具有不同抗氧化活性的植物酶，对块茎的安全性和质量产生更为不利影响[34]。评价显示消费这类含重金属交叉污染的块茎食品对人类（特别是儿童和孕妇）具有一定的风险[43]。

7.4 安全/风险分析

风险分析是国际上公认的重要的食品/农产品安全管理理念与手段，是制定食品/农产品安全监管措施的依据。发达国家为了有效提高食品/农产品安全的监管效率、保护消费者的健康及促进农产品与食品国际贸易，纷纷建立了食品/农产品安全风险分析制度。针对已存在的和潜在的有关食品或饲料安全提供独立的科学建议和交流意见，为食品安全立法和政策提供科学基础，以确保及时有效地进行风险管理。我国从 2010 年开始实施食品安全风险监测计划，并在 2003 年全国所有省会城市开展蔬菜农药残留的例行监测，建立覆盖全国的风险监测体系，并在《食品安全法》和《农产品质量安全法》中固化为法律，成立风险评估专门委员会指导全国性的系列应急及常规的食品安全风险评估、监测、预警、交流和食品安全标准等技术支持工作。

在系列工作执行过程中，按照 WHO 和 FAO 的有关规定，我国严格遵守作物中特定物质的 MRLs 约定，并制定了国家限量管理标准 GB 2762、GB 2763，必要时及时修订。比如：采纳了 WHO/FAO 允许的食品中重金属限量，马铃薯中 Cd 的浓度应低于允许限量0.1mg/kg；依据实际情况将去皮马铃薯 Pb 的浓度应低于 0.1mk/kg（EC2006；WHO/FAO2011）调整为 0.2mg/kg。此外，完全采纳农药短期摄入量不应超过急性参考剂量（ARfDs），农药长期摄入量应低于 FAO/WHO 组织农药残留联席会议（JMPR）建议的日容许摄入量（ADI）限值，避免负面的健康影响。当前国际上广泛使用膳食暴露评估技术评价农产品质量安全，也以危化物性质为依据利用各类风险商值开展健康接触风险评价，各有一定的适应性和优劣。比如：在多污染样品中，计算综合危害指数（Hazard Index，HI）以表示累积摄入量，就简化了化合物间的作用方式。

7.4.1　健康风险评价

风险系数（Risk factor，Rf）是基于危害物风险程度大小的简易评价预警指标，综合考量了危害物的超标率或阳性率、施检频率和其本身敏感性影响的综合性能，一般认为在超标率相同条件下，检测频率较低的危害物比检测频率较高的危害物具有更大的风险。本研究中所有农药和重金属的施检频率均相同，均为 3 次/年，因此危害物的超标率和敏感性将决定风险系数的大小。如果 Rf＜1.5，属低风险，说明在每次必检情况下，马铃薯中危害物通过摄入途径而产生的风险极低；1.5≤Rf＜2.5 时，属中度风险，提示预警；Rf≥2.5 时，属高度风险，提示采取必要的阻控与管理措施。

化学危害物的 Rf 计算公式为：

$$Rf = aP + b/F + S \tag{7-1}$$

式中：P 为危害物超标率，单位为％；F 为检测频率，本研究取值 1；S 为危害物的敏感因子，本研究为正常施检、敏感度一般，所有受检物质均为可能存在的危害物，S 取值 1；a、b 为权重系数，本研究取值，a＝100，b＝0.1。如果 Rf＝1.1，证明在每次必检情况下马铃薯中的危害物包括农残和重金属均无超标，此时的风险程度最低。

安全指数（也称危害商数，Hazard quotient，HQ）是基于消费者健康损害的评价指标，主要用来评价人体摄入各种化学污染物而产生的非致癌风险。由于食用农产品中危害物对人体健康的危害与实际摄入及饮食途径相关，因此选择实际摄入量与安全摄入量的比值作为评价安全性和预警的指示依据。如果 HQ＜1，说明暴露人群不会因危害物通过马铃薯摄入途径而产生不良影响，反之暴露人群很可能受明显的负面影响，提示预警。

化学危害物的 HQ 计算公式为：

$$HQ = EDI/SIc = (C \times P \times EF) / (bw \times ADI) \tag{7-2}$$

式中：EDI 为危害物每日摄入量估计值，单位为 mg/kg·d；SIc 为安全摄入量；C 为马铃薯中危害物质的含量，本研究农药采用检出最大值、重金属采用 99.9 分位值，单位为 mg/kg；EF 为危害物暴露时间，本研究按日计量；P 为马铃薯每日消费量，单位为 kg，本研究按照《中国居民膳食宝塔》2016 年推荐量 100g/d 成人，大份餐 692.23g/d 成人；bw 为体重，单位为 kg，按成人 60kg 计算；ADI 为危害物的每日允许摄入量，单位为 mg/kg·bw。

表 7-5 列出了内蒙古马铃薯中所检各类危害物质以及依据我国 GB 2762、GB 2763 限量标准判断的超标率和风险系数。在检测频率都相同的情况下，马铃薯中氯氰菊酯和总汞因超标率导致风险系数增加，Rf 分别为 2.00 和 1.41，说明氯氰菊酯在马铃薯存在中度风险，总汞在马铃薯存在低度风险，需要通过不同程度增加施检频率来加强监管降低风险，而其他被检出的 12 种农药和 5 重金属均处于最低风险程度，Rf＝1.1。

表 7-5　2016—2018 年内蒙古马铃薯中各危害物的暴露量、日摄入量和综合风险商值排序

危害物名称	超标率/%	99.9分位值/最大值[a]/mg/kg⁻¹	ADI[b]/mg·kg⁻¹·bw⁻¹	日实际摄入量[c]/mg·kg⁻¹·bw	风险系数(Rf)[d]	安全指数(HQ)[e]	综合危害指数值(HI)[f]	风险排序(Z)
克百威	0	0.005	0.001	$8.333\,33\times10^{-6}$	1.10	0.008~0.06	1.11~1.16	9
乐果	0	0.054	0.002	0.000 09	1.10	0.045~0.31	1.15~1.41	5
甲拌磷	0	0.008 4	0.000 7	0.000 014	1.10	0.02~0.14	1.12~1.24	6
氯氰菊酯	0.9	0.015 2	0.02	$2.533\,33\times10^{-5}$	2.00	0.001~0.01	2.00~2.01	1
吡虫啉	—	0.017 2	0.06	$2.866\,67\times10^{-5}$	1.10	0.000 5	1.10	12
毒死蜱		0.103	0.01	0.000 171 667	1.10	0.02~0.17	1.12~1.22	7
烯酰吗啉	0	0.001 04	0.2	$1.733\,33\times10^{-6}$	1.10	0.000 01	1.10	12
多菌灵	0	0.044 81	0.03	$7.461\,33\times10^{-5}$	1.10	0.002~0.02	1.10~1.12	11
咪鲜胺	0	0.044 42	0.2	$7.366\,67\times10^{-5}$	1.10	0.000 04	1.10	12
嘧菌酯	0	0.013 7	0.2	$2.283\,33\times10^{-5}$	1.10	0.000 00	1.10	12
甲/精甲霜灵	0	0.037 6	0.08	$6.266\,67\times10^{-5}$	1.10	0.000 8~0.01	1.10~1.11	12
多效唑	0	0.004 64	0.1	$7.733\,33\times10^{-6}$	1.10	0.000 08	1.10	12
氯吡脲	—	0.000 34	0.07	$5.666\,67\times10^{-7}$	1.10	0.000 01	1.10	12
镉（Cd）	0	0.071	0.001	0.000 118 333	1.10	0.12~0.82	1.22~1.92	2
铅（Pb）	0	0.098	0.05	0.000 163 333	1.10	0.003~0.02	1.10~1.12	10
铬（Cr）	0	0.31	0.05	0.000 516 667	1.10	0.01~0.07	1.11~1.17	8
总汞（Hg）	0.31	0.011	0.000 7	$1.833\,33\times10^{-5}$	1.41	0.03~0.11	1.44~1.59	4
总砷（As）	0	0.036 7	0.05	$6.116\,67\times10^{-5}$	1.10	0.001~0.01	1.10~1.11	12
镍（Ni）	—	0.49	0.04	0.000 816 667	1.10	0.02~0.14	1.12~1.24	6
铜（Cu）	—	2.1	0.033	0.003 5	1.10	0.11~0.73	1.21~1.83	3

注：a 表示农药为检出最大值，重金属为 99.9 分位值；b 表示农药参照 GB 2763 ADI 值，重金属采用 WHO-ADI；c 表示参照 WHO，成人体重 60kg，平均日摄入 100g/d，大份餐 692.2g/d；d 表示所有危害为常见检参数，检测频率 F=1，敏感因子 S=1；e 表示采用日允许摄入量 ADI 和大份餐分别计算；f 表示 HI=Rf+RQ。

表 7-5 同时也给出内蒙古马铃薯中所检各类危害物质的 99.9 分位值或最大检出值、每日成人体内实际摄入量和 HQ。依据我国《居民膳食营养素参考摄入量》2013 年推荐量，成人日平均摄入量 100g/d 和大份餐 692.2g/d 不同，马铃薯中所检各类危害物质的 HQ 发生变化，大份餐的日食量增加，相应危害物质的 HQ 亦呈增加趋势。$HQ_{镉} > HQ_{铜} > HQ_{乐果} >$ 其他危害物，但整体上马铃薯中所检各类危害物质的 HQ 均小于 1，说明马铃薯中这些危害物质通过膳食摄入途径不会对人群产生非致癌风险等不良影响。

由于 Rf 侧重于考量危害物本身的危害风险程度，而 HQ 侧重于关注消费者的健康损害，综合二者的优势则更利于评价农产品中危害物的综合影响。因此引入 HI 表示当多种危害污染物同时存在时，在不考虑两种危害物是属于同一组还是具有相同的作用方式的情况下的累积危害风险。当 HI≤2.1，表明没有明显的人为伤害[11]。

化学危害物的 HI 计算公式为：

$$HI = HQ + Rf \qquad\qquad (7-3)$$

马铃薯中危害物的综合危害指数（表 7-5）显示：在同时考虑危害物本身危害程度和对暴露人群健康影响的情况下，镉和铜的危害指数升级，特别是国家对铜无食品中含量设限的背景下，马铃薯中铜的危害评价增强，需要预警重视。成人每日以大份餐马铃薯进食时，氯氰菊酯、总镉、总铜、总汞的 HI 分别为 2.01、1.92、1.83 和 1.59 均大于 1.5 但小于 2.1，属轻度风险，对人体无明显的人为伤害。风险排序显示：内蒙古马铃薯中排在前八位的风险危害物是氯氰菊酯＞总镉＞总铜＞总汞＞乐果＞甲拌磷＞毒死蜱＞总铬。马铃薯中吡虫啉、烯酰吗啉、多菌灵、咪鲜胺、甲/精甲霜灵、嘧菌酯等农药残留的危害风险极低。

多种危害物残留现象是普遍问题。欧洲食品安全局 EFSA 公布报告[44]显示，欧盟有超过 26% 的食品样品中含有多种农药残留，其中含有 4 种以上的农药组分样品占 1/3，单个产品中最多含有 8 种农药。美国制定了多残留风险评估技术体系和框架，在制修订农药残留限量标准时考虑多种农药之间存在浓度相加的联合风险效应[45]。欧盟法规（EC）396/2005 规定在制定农药最大残留限量标准时采用累积性风险评估方法开展多种农药的安全性评价，充分考虑了多种农药残留的协同效应[46-47]。Marlene S 等[8]依据加和效应利用 HI 评价了生菜的多种杀虫剂农药累计指数，将危害分类为急性和慢性，区分出成年人和儿童危害趋势，实践意义很强。本研究中由于无机危害物的贡献作用较大，存在单一样本的总体危害指数接近 2.1 的现象，需要避开污染源种植，或改变播种轮作制度。

7.4.2　膳食摄入评价

以风险系数、安全指数和综合危害指数进行的评价多以平均值、极端值，或最大趋势值进行的预警式评价，目的在于及时对农产品的质量安全进行预测和评估，为立刻引起有关群体重视、提前警示消费人群和管理者，为能够有效实现突发事件的事先控制、降低事件发生概率、减少危害的影响服务的。但农产品中这些危害物的短期或长期存在对食用人体的危害影响，尤其是对不同人群亚组的风险如何需要进一步确证。

事实证明，喝农药自杀、从事农药生产与使用的职业暴露过量、或可能是消费者的意外事故食用了含有更多农药或重金属的农产品，都可能发生人体内摄入足够数量的危害物导致急性中毒，并且后果非常严重，可能导致昏迷或死亡。

但对消费者的大部分不良影响都是由长期摄入食物中的危害物残留引起的，这些慢性影响如：妇女子宫内意外接触杀虫剂有可能降低生育能力或者婴儿智商降低[48]、人体内摄入过多含杀虫剂的面粉导致癌症风险[49]、摄入过多含镉金属的大米导致骨痛风险增加等，虽然农药或重金属随食物摄入所带来的风险低于吃粮食和蔬菜的益处，但是摄入更多含危害物质的食物并因此导致单位体重摄入危害物残留的儿童可能会有更大的癌症风险[50]。

因此按照 WHO 和 FAO 法规，农药等危害物短期摄入量不应超过急性参考剂量 ARfDs，农药等危害物长期摄入量应低于 FAO/WHO JMPR 建议的 ADI 限值，避免负面的健康影响[51-53]。采用慢性膳食摄入商（%ADI）表征长期食用因含有危害物的农产品产生的健康风险，采用急性膳食摄入商（%ARfD）表征短期食用因含有危害物的农产品产生的健康风险。

慢性膳食摄入商（%ADI）计算公式为：

$$\%ADI=（STMRi×Fi）/（bw×ADI）×100\% \qquad (7-4)$$

式中：STMRi 为 i 种危害物残留中值，本评估取农药残留中值、重金属残留平均值，单位为 mg/kg；Fi 为第 i 类食品的居民日均消费量，单位为 kg，取 0.10kg；ADI 为每日允许摄入量，单位为 mg/kg·bw；bw 为体重，单位为 kg，按 60kg 计。其中％ADI 越小风险越小，当％ADI≤100％时，表示慢性风险可以接受；反之,％ADI 越大风险越大，当％ADI＞100％时，表示有不可接受的慢性风险。

基于三年 327 份样本，剔除变异因素的慢性膳食摄入风险分析发现（表 7-6），按照每天摄入马铃薯 0.1kg 计算农药和重金属的平均暴露量，成人体内以马铃薯膳食估计每日摄入总铜为最高，依次降低的是克百威、乐果、总镍、烯酰吗啉、毒死蜱、总铬和总镉，但经与每日允许摄入量商值折算的慢性膳食摄入风险％ADI 分别为 3.69、8.75、3.96、0.16、0.02、0.33、0.06、1.33，总铜、克百威、乐果和总镉的慢性膳食摄入风险均大于 1％但远小于 100％，而总镍、烯酰吗啉、毒死蜱和总铬的慢性膳食摄入风险均小于 1％，说明即使存在因危害物本身健康管理要求不同而导致每日允许摄入量不同，但马铃薯中检出的这些污染物从单一化合物角度长期食用没有风险，差别不大。

表 7-6　内蒙古马铃薯中各类危害物质的日均摄入量与慢性膳食摄入风险（n=327）

危害物名称	50 分位值/ mg·kg⁻¹	日均摄入量/ ug·kg⁻¹·bw	慢性膳食摄入风险指数（％ADI）	风险判断	危害物名称	50 分位值/ mg·kg⁻¹	日均摄入量/ ug·kg⁻¹·bw	慢性膳食摄入风险指数（％ADI）*	风险判断
克百威	0.052 5	0.087 5	8.75	No	甲/精甲霜灵	0.008 8	0.014 7	0.02	No
乐果	0.047 5	0.079 2	3.96	No	多效唑	0.001 12	0.001 9	0.002	No
甲拌磷	0.006 55	0.010 9	1.56	No	氯吡脲	0.000 24	0.000 4	0.001	No
氯氰菊酯	0.007 8	0.013 0	0.07	No	镉（Cd）	0.008	0.013 3	1.33	No
吡虫啉	0.010 095	0.016 8	0.03	No	铅（Pb）	0.017	0.028 3	0.06	No
毒死蜱	0.02	0.033 3	0.33	No	铬（Cr）	0.019	0.031 7	0.06	No
烯酰吗啉	0.025 52	0.042 5	0.02	No	总汞（Hg）	0.000 5	0.000 8	0.12	No
多菌灵	0.000 42	0.000 7	0.002 3	No	总砷（As）	0.003 3	0.005 5	0.01	No
咪鲜胺	0.002 335	0.003 9	0.001 9	No	镍（Ni）	0.039 5	0.065 8	0.16	No
嘧菌酯	0.000 462	0.000 8	0.000 4	No	铜（Cu）	0.73	1.216 7	3.69	No

注：* ％ADI 计算：农药、重金属均采用 50 分位值；ADI 见表 7-5。

在不考虑 2 种危害物是属于同一组还是具有相同的作用方式的情况下，这些污染物的慢性膳食摄入总风险（Σ％ADI）值为 20.2％，仍小于 100％，表明慢性风险是可以接受的。

考虑到过往的研究过程中一些膳食基础数据、人群结构数据难以获得，基于 WHO/FAO 数据库[54]，假设 MRLs、ADI 和 ARfD 至少在一些样本中被单独和组合使用且有据可查，剔除不需要做急性参考剂量管理的咪鲜胺、嘧菌酯、甲/精甲霜灵等农药，分析了不同人群亚组的急性饮食健康风险。

其急性膳食摄入商（％ARfD）计算公式为：

$$\%ARfD=ESTI/ARfD×100\%=（Ue×v+LP-Ue）×HR/（bw×ARfD）×100\%$$
$$(7-5)$$

式中：ESTI 为短期估计摄入量，单位为 kg；ARfD 为急性参考剂量，参考 WHO 数据库[55]，单位为 mg·kg^{-1}·bw；Ue 为单颗块茎马铃薯平均重量，单位为 kg，本研究取 0.134 1kg；ν 为变异因子，本研究取值 3；LP 为大份餐，单位为 kg，本研究取 0.692 2kg；HR 为最高残留量，取 99.9 百分位点值，单位为 mg/kg。％ARfD 越小风险越小，当％ARfD≤100％时，表示急性风险可以接受；反之，％ARfD 越大风险越大，当％ARfD＞100％时，表示有不可接受的急性风险。

按照我国人群年龄结构分为幼儿、儿童、青少年、成年和老年五个亚组，各亚组对应年龄、平均体重和大份餐计算量分别为：幼儿组 2～6 岁、儿童组 7～13 岁、青少年组 14～17 岁、成年组 18～59 岁、老年组 60 岁以上；平均体重分别为 17.6kg、34kg、50.3kg、60.0kg 和 55.4kg；大份餐量分别为 0.296 6kg/d、0.296 6kg/d、0.343 1kg/d、0.692 2kg/d和0.649 1kg/d。基于大数据样本进行的急性膳食摄入风险分析显示见表 7-7。

表 7-7　内蒙古马铃薯中各类危害物质对人群亚组的急性膳食摄入风险（n＝327）

危害物名称	99.9 分位（最大检出值）/ mg·kg^{-1}	参考剂量/ ARfD/mg· kg^{-1}·bw	急性膳食摄入风险 ％ARfD a					
			平均（＞2 岁）	幼儿（2～6 岁）	儿童（7～13 岁）	青少年（15～17 岁）	成年（18～60 岁）	老年（＞60 岁）
克百威	0.005	0.009	0.62	0.95	0.49	0.38	0.65	0.65
乐果	0.054	0.02	3.03	4.56	2.38	1.84	3.15	3.16
甲拌磷	0.008 4	0.005	1.88	2.17	1.48	1.15	1.96	1.97
氯氰菊酯	0.015 2	0.04	0.43	0.65	0.34	0.26	0.44	0.45
吡虫啉	0.017 2	0.4	0.048	0.073	0.038	0.029	0.05	0.05
毒死蜱	0.103	0.1	1.16	1.75	0.91	0.70	1.20	1.21
烯酰吗啉	0.001 04	0.4	0.002	0.003	0.002	0.001	0.002	0.002
多菌灵	0.044 81	0.1	0.51	0.76	0.40	0.31	0.52	0.53
多效唑	0.004 64	0.1	0.052	0.079	0.041	0.032	0.05	0.05
氯吡脲	0.000 34	1	0.000 4	0.001	0.000 3	0.000 2	0.000 4	0.000 4
镉（Cd）	0.071	0.001	79.58	120.86	62.56	48.53	82.74	13.19
铅（Pb）	0.098	0.003 5	31.38	47.66	24.67	19.14	32.63	32.11
铬（Cr）	0.31	0.003	115.81	175.90	91.05	70.63	120.42	121.07
总汞（Hg）	0.011	0.000 6	20.55	31.21	16.15	12.53	21.36	21.48
总砷（As）	0.036 7	0.008	5.14	7.81	4.04	3.14	5.35	5.37
镍（Ni）	0.49	0.017	32.31	49.07	25.40	19.70	33.59	33.77
铜（Cu）	2.10	0.04	58.14	19.37	46.26	35.88	61.18	61.51

注：a 表示％ARfD 计算根据农药采用检出最大值，重金属采用 99.9 分位值；ARfD 采用 FDA，2001[55]。

整体上，人体对马铃薯重金属的急性膳食摄入风险高于马铃薯农残。其中总 Cr、总 Cd、总 Cu 的平均急性膳食摄入风险％ARfD 均高于 50％，分别为 115.81％、79.58％、58.84，是农残的急性膳食摄入风险的 58～1 500 倍，急性膳食摄入风险较高，且总铬的％ARfD＞100％，存在不可接受的急性风险，应该降低膳食摄入量。马铃薯中重金属的急性膳食摄入风险顺序为 Cr＞Cd＞Cu＞Ni＞Pb＞总 Hg＞总 As。与 2014—2015 年同期相比[14]，马铃薯农药残留的急性膳食摄入风险总体降低，%ARfD 没有超过 10％的农药危害物存在。

从人群亚组来看，马铃薯中农残和重金属等危害物对幼儿和老年的急性膳食摄入风险较高，对青少年和儿童的急性膳食摄入风险较低，急性膳食摄入风险顺序是幼儿＞老年＞成年＞儿童＞青少年，幼儿的急性膳食摄入风险是成人的 1.5 倍，是青少年的 2.5 倍。这与 2014—2015 年马铃薯的急性膳食摄入风险评价结论相同。为保护消费者免受重金属或农药中毒和急性影响，建议制定预防性手段，控制和监测马铃薯中重金属等污染食品的措施。

Cu 是人体必需元素。成年人体内 Cu 含量为 1.4～2.1mg/kg 体重中。Cu 是机体蛋白质和酶的重要组分，它可以催化血红蛋白的合成。缺 Cu 会导致血浆胆固醇升高，引起贫血，骨和动脉异常，以至脑障碍。但 Cu 过剩，会引起腹泻、呕吐、肝硬化、运动障碍和知觉神经障碍。人体 Cu 暴露主要来自农产品，有几个因素可能会导致农产品中铜含量的增加，包括污染的土壤，比如工业废物排放或杀虫剂/除草剂污染的水造成的。Essa 等[56]对黎巴嫩的马铃薯片进行重金属膳食评价发现，有 7.1％马铃薯片中 Cu 的浓度高于 FAO/WHO 规定的 40mg/kg 的允许 ADI 限值，也高于 Harmankaya 报道的结果[57]。薯片中重金属的 EDI 摄入量是 Cu＞Cr＞Cd＞Pb. 根据消费率和体重计算，发现儿童每公斤体重每种金属的消耗量是成人的三倍。然而，所有测试金属的摄入量都低于口服参考剂量（RfD）。

Cr 也是人体必需元素。Cr 金属可通过各种途径侵入土壤、植物、空气及生物体内，进而污染人们的食品，并沿食物链进入人体，经不断沉积，给人体健康带来严重危害。人体 Cr 中毒性表现：接触引发铬性皮炎及湿疹、Cr 性皮肤溃疡，呼吸引起鼻中隔溃疡、穿孔及呼吸系统癌症，食入引起口黏膜增厚、肌肉痉挛、反胃呕吐、肝大等症状，严重时使人失去知觉甚至死亡。Sameeh A. 等[7]对埃及常规种植和有机种植马铃薯进行重金属的健康评估认为，大多数分析样品中含有可检测浓度的 Cu、Ni、Cd、Pb 和 Cr，并且常规种植马铃薯几乎是有机种植的 2 倍。国际上，马铃薯在中低收入国家和发达国家均大量食用，马铃薯也是 Cr 元素的重要食物来源[26,28]。

由于特殊的生长习性，土壤污染或农艺管理不规范，都会导致马铃薯块茎中存在"鸡尾酒"式的多种有毒物质叠加风险。埃及的调查同时发现，近 50％的马铃薯分析样本中同时检测到 HCB、七氯、滴滴涕（DDTs）等有机氯农药，甲胺磷、丙溴磷、甲拌磷和甲基嘧啶磷等有机磷农药检出率更高，33.3％的样品中发现以上农药的浓度超过其最大残留限量，过半数样品的 Pb 超过其 MLs。通过估算马铃薯对农药和重金属的膳食摄入量，常规或有机马铃薯中的甲拌磷残留物均可能对人类健康构成威胁，但重金属均未显示导致人类健康的饮食摄入风险[10]。

Marlene S. 等[8]对来自玻利维亚拉巴斯市场的马铃薯、洋葱和莴苣样品 283 种农药残留进行监测评估，在 50％的莴苣样品中检测到氯氰菊酯、毒死蜱，而在马铃薯中没有发现杀虫剂，也没有样品含有单独一种或多种农药残留浓度会导致暴露超过可接受的每日摄入量或急性参考剂量。但来自南美巴西的莴苣研究显示，超出当地 MRL 限值的莴苣占 1％～13％，没有超过 ADI 的样品，但有 6％的样本高于急性参考剂量[58]。

综合分析我国[14]与南美[11,58]、中亚[10,38,56,57]、北非[40]、欧盟[39,40]等地区的国家的马铃薯中农药残留和重金属含量水平，虽然不同国家在方法学、残留监测方法、限量标准等方面差异很大，但发展中国家的农产品中残留危害物超 MRLs 概率较高是有明显趋势的。ARfD 和 ADI 合规性具有一定的范围，同时，MRLs 在国家/机构、年份和作物之间也存在差异，尽管不时修改，但基于 ARfD、ADI、MRLs 所开展的膳食评价依然与消费模式和体重有关，即受文化、社会、经济、地理和个体因素差异的影响[59-60]，膳食风险评估结论具有一定的时空性。

【参考文献】

[1] 潘攀，杨俊诚，邓仕槐，等.土壤－植物体系中农药和重金属污染研究现状及展望 [J].农业环境科学学报，2011，30（12）：2389-2398.

[2] Williamson S，Ball A，Pretty J. Trends in pesticide use and drivers for safer pest management in four African countries [J].Crop Prot. 2008；27：1327-1334.

[3] 黄冲，刘万才.近年我国马铃薯病虫害发生特点与监控对策 [J].中国植保导刊.2016，36（6）：48-52，29.

[4] FAN Nengting WANG Wenzhi. Potato Sprout Inhibitor chlorpropham [J].Chinese Forestry Science and Technology. 2002（2）：22-26.

[5] Oates L，Cohen M，Braun L，Schembri A，Taskova R. Reduction in urinary organophosphate pesticide metabolites in adults after a week-long organic diet [J].Environ Res. 2014（132）：105-111.

[6] Isling LK，Boberg J，Jacobsen PR，et al. Late-life effects on rat reproductive system after developmental exposure to mixtures of endocrine disrupters [J].Reproduction. 2014（147）：465-476.

[7] Sameeh A.，Mansour，Mohamed H.，Belal，et al. Evaluation of some pollutant levels in conventionally and organically farmed potato tubers and their risks to human health [J].Food and Chemical Toxicology 2009（47）：615-624

[8] Marlene Skovgaard，Susana Renjel Encinas. Olaf Chresten Jensen，et al. Pesticide Residues in Commercial Lettuce，Onion，and Potato Samples From Bolivia-A Threat to Public Health? [J].Environmental Health Insights. 2017（11）：1-8.

[9] JECFA. Evaluation of certain food additives and the contaminants [R].Seventy-second report of the joint FAO/WHO expert committee on food additives，WHO Food Additives Series No. 72，2010.

[10] USEPA. Risk-based concentration table [R].Washington DC，Philadelphia PA：United States Environmental Protection Agency，2000.

[11] Fries，G. F.. A review of the significance of animal food products as potential pathways of human exposures to dioxins [J].Journal of Animal Science，1995，73（6）：1639-1650.

[12] Tricker，A. R.，Preussmann，R.，1990. Chemical food contaminants in the initiation of cancer [J].Proceedings of Nutritional Society，1990（49）：133-144.

[13] D'Mello，J. P. F.，Food Safety：Contaminants and Toxins. CABI Publishing，Wallingford，Oxon [D]，UK：Cambridge，2003.

[14] 姚一萍，张福金.内蒙古马铃薯质量安全研究报告 [M].呼和浩特：内蒙古大学出版社，2016.

[15] 谭冰，王铁宇，李奇锋，等.农药企业场地土壤中苯系物污染风险及管理对策 [J].环境科学，2014，35（6）：2272－2280.

[16] 张寒，黄晓华，徐永.农药隐性成分现状分析及对策 [J].农药科学与管理，2017，38（5）：6-10，20.

[17] Järup L. Hazards of heavy metal contamination [J].British Medical Bulletin，2003，68（1）：167.

[18] Crinnion WJ. The CDC fourth national report on human exposure to environmental chemicals：what it tells us about our toxic burden and how it assist environmental medicine physicians [J].Alternative

medicine review, 2010, 15 (2): 101 - 109.

[19] Mari M, Nadal M, Schuhmacher M., Barbería, E., García, F., Domingo JL. Human exposure to metals: Levels in autopsy tissues of individuals living near a hazardous waste incinerator [J]. Biol. Trace Elem. Res, 2014, 159: 15 - 21.

[20] Zhu H, Jia Y, Cao H, Meng F, Liu X. Biochemical and histopathological effects of subchronic oral exposure of rats to a mixture of five toxic elements [J]. Food Chem. Toxicol, 2014, 71: 166 - 175.

[21] Goyer R a. Toxic and essential metal interactions. Annu [J]. Rev. Nutr, 1997, 17: 37 - 50.

[22] Rai A, Maurya SK, Khare P, Srivastava A, Bandyopadhyay S. Characterization of developmental neurotoxicity of As, Cd, and Pb mixture: Synergistic action of metal mixture in glial and neuronal functions [J]. Toxicol. Sci, 2010 (118): 586 - 601.

[23] Wagesho 2015 Wagesho Y, Chandravanshi BS. Levels of essential and non-essential metals in ginger (Zingiber officinale) cultivated in Ethiopia [J]. SpringerPlus, 2015 (4): 107.

[24] Kirkillis CG, Pasias IN, Miniadis-Meimaroglou S, Nikolaos ST, Zabetakis I. Concentration levels of trace elements in carrots, onions, and potatoes cultivated in Asopos Region, Central Greece [J]. Anal Lett, 2012 (45): 551 - 562.

[25] Parsafar N, Marofi S. Heavy metal concentration in potato and in the soil via drainage water irrigated with wastewater [J]. Irrig Drain 2014 (63): 682 - 691.

[26] Srek P, Hejcman M, Kunzova E. Effect of long-term cattle slurry and mineral N, P and K application on concentrations of N, P, K, Ca, Mg, As, Cd, Cr, Cu, Mn, Ni, Pb and Zn in peeled potato tubers and peels [J]. Plant Soil Environ, 2012 (58): 167 - 173.

[27] LeRiche EL, Wang-Pruski G, Zheljazkov VD. Distribution of elements in potato (Solanum tuberosum L.) tubers and their relationship to after-cooking darkening [J]. HortScience, 2009 (44): 1866 - 1873.

[28] Luis S, Rubio C, Gonzalez-Weller D, Gutierrez AJ, Revert C, Hardisson A. Comparative study of the mineral composition of several varieties of potatoes (Solanum tuberosum L.) from different countries cultivated in Canary Islands (Spain) [J]. Int J Food Sci Technol, 2011, 46: 774 - 780.

[29] Subramanian NK, White PJ, Broadley MR, Ramsay G. The three-dimensional distribution of minerals in potato tubers [J]. Ann Bot, 2011, 107: 681 - 691.

[30] Chen ZF. Zhao Y e tal. Accumulation and Localization of Cadmium in Potato (Solanum tuberosum) Under Different Soil Cd Levels [J]. Bull Environ Contam Toxicol, 2014, 92: 745 - 751.

[31] GEORGE F. A, JOHN C. S. Accumulation of heavy metals in plants and potential phytoremediation of lead by potato, Solanum tuberosum L [J]. Journal of Environmental Science and Health Part A, 2007, 42, 811 - 816.

[32] Ozturk E, Atsan E, Polat T, Kara K. Variation in heavy metal concentrations of potato (Solanum tuberosum L.) cultivars [J]. J Anim Plant Sci, 2011, 21: 235 - 239.

[33] Abbas G, Hafiz IA, Abbasi NA, Hussain A. Determination of processing and nutritional quality attributes of potato genotypes in Pakistan [J]. Pak J Bot, 2012, 44: 201 - 208.

[34] Dimirkou A, Mitsios IK. Influence of some soil parameters on heavy metals accumulation by vegetables grown in agricultural soils of different soil orders [J]. Bull Environ Contam Toxicol, 2008 (81): 80 - 84.

[35] 刘英对，王峰．珠江三角洲主要城市郊区公路两侧土壤和蔬菜中铅含量初探 [J]．仲恺农业技术学院学报，1999，12（4）：51 - 54.

[36] 陈培飞，张嘉琪，毕晓辉，等．天津市环境空气 PM10 和 PM2.5 中典型重金属污染特征与来源研究 [J]．南开大学学报（自然科学版），2013，46（6）：1 - 7.

［37］杨景辉. 土壤污染与防治［M］. 北京：科学出版社，1995.

［38］张琼，万雷. 重金属镉对农产品的污染与安全标准［J］. 现代农业，2012（6）：84-86.

［39］李本银，黄绍敏，张玉亭，等. 长期施用有机肥对土壤和糙米铜、锌、铁、锰和镉积累的影响［J］. 植物营养与肥料学报，2010，16（1）：129-135.

［40］Hariri E，Martine I，et al. Abboud Carcinogenic and neurotoxic risks of acrylamide and heavy metals from potato and corn chips consumed by the Lebanese population［J］. Journal of Food Composition and Analysis，2015（42）：91-97.

［41］Tadesse，et al. Concentration levels of selected essential and toxic metals in potato（Solanum tuberosum L.）of West Gojjam，Amhara Region，Ethiopia［J］. SpringerPlus，2015，4：514.

［42］Stasinos S，Nasopoulou C，Tsikrika C，Zabetakis I. The bioaccumulation and physiological effects of heavy metals in carrots，onions，and potatoes and dietary implications for Cr and Ni：a Review［J］. J Food Sci，2014，79：25-35.

［43］Vincevica-Gaile Z，Klavins M，Rudovica V，Viksna A. Research review trends of food analysis in Latvia：major and trace element content［J］. Environ Geochem Health，2013，35：693-703.

［44］EFSA（European Food Safety Authority）. Opinion of the scientific panel on plant protection products and their residues to evaluate the suitability of existing methodologies and，if appropriate，the identification of new approaches to assess cumulative and synergistic risks from pesticides to human health with a view to set MRLs forthose pesticides in the frame of Regulation（EC）396/2005［M］. The EFSA Journal，2008（704）：1-14.

［45］U. S. EPA. Supplementary guidance for conducting health risk assessment of chemical mixtures，EPA/630/R－00/002［R］. Washington，DC：U. S. Environmental Protection Agency，2000.

［46］FAO. Submission and evaluation of pesticide residues data for the estimation of maximum residue levels in food and feed［J］. FAO plant production and protection paper，2009（197）：127.

［47］Lozowicka B. Health risk for children and adults consuming apples with pesticide residue［J］. Sci Total Environ. 2015（502）：184-198.

［48］González-Alzaga B，Lacasana M，Aguilar-Garduno C，et al. A systematic review of neurodevelopmental effects of prenatal and postnatal organophosphate pesticide exposure［J］. Toxicol Lett，2014（230）：104-121.

［49］Isling LK，Boberg J，Jacobsen PR，et al. Late-life effects on rat reproductive system after developmental exposure to mixtures of endocrine disrupters［J］. Reproduction，2014（147）：465-476.

［50］Lozowicka B. Health risk for children and adults consuming apples with pesticide residue［J］. Sci Total Environ，2015（502）：184-198.

［51］JMPR. Summary report acceptable daily intakes，acute reference doses，shortterm and long-term dietary intakes，recommended maximum residue limits and supervised trials median residue values recorded by the 2011 meeting.［M/OL］.（2012-2-1），［2018-10-18］. http：//www. fao. org/fileadmin/templates/agphome/documents/Pests_Pesticides/JMPR/2012_JMPR_Summary_Report__F2_. pdf. Updated 2012.

［52］Codex Alimentarius. Pesticide residues in food and feed-pesticide index.［M/OL］.（2016-2-1）.［2016-2-1］. http：//www. fao. org/fao-who-codexalimentarius/standards/pestres/pesticides/en/.

［53］The European Crop Protection Association. Pesticide use and food safety. Brussels［R/OL］.（2014-2-1）［2016-5-23］. http：//www. ecpa. eu/sites/default/files/ECPA_ResiduesLeafletUK_Web_01. pdf.

［54］Food and Agriculture Organization of the United Nations（FAO）. Submission and Evaluation of Pesticide Residues Data for Estimation of Maximum Residue Levels in Food and Feed，FAO Plant Production and Protection [M]. Rome: FAO, 2009 (Second edition).

[55] Food and Drug Administration (FDA). Dietary Reference Intakes for Vitamin A, Vitamin K, Arsenic, Boron, Chromium, Copper, Iodine, Iron, Manganese, Molybdenum, Nickel, Silicon, Vanadium, and Zinc, Report of the Panel on Micronutrients [M]. Washington, DC: National Academy-Press, 2001.

[56] Essa Hariri a, Martine I. Abboud b, Sally Demirdjian c, etal. Carcinogenic and neurotoxic risks of acrylamide and heavy metals from potato and corn chips consumed by the Lebanese population [J]. Journal of Food Composition and Analysis, 2015, 42: 91-97.

[57] Harmankaya, M., O zcan, M. M., Endes, Z.. Mineral contents of several corn and potato chips [J]. J. Agroaliment. Process. Technol, 2013, 19 (2): 222-227.

[58] Jardim ANO, Caldas ED. Brazilian monitoring programs for pesticide residues in food-results from 2001 to 2010 [J]. Food Control, 2012, 25: 607-616.

[59] European Commission. EU-pesticides database [R/OL]. (2015-1). [2015-9-25]. http: // ec. europa. eu/food/plant/pesticides/eu-pesticides-database/public/? event=homepage&language=EN.

[60] Bryant Christie Inc. Global MRL database. [R/OL]. (2015-1). [2015-9-25]. https: // www. globalmrl. com/db#query.

第8章｜Chapter 8
质量分级与主栽品种差异

　　我国马铃薯种质资源相对缺乏，生产上使用的品种主要从国外引进再繁育，迄今为止，我国共从国外引进马铃薯种质资源4 000余份，很多地区据此已经培育出极具特色的当家品种。如米拉、费乌瑞它、底西瑞、冀张薯等被大面积推广应用，并根据品种的用途不同，建立了品种审定标准、品质评价标准和生产管理标准。到2018年12月，我国制定和颁布过的马铃薯生产和质量国家标准32项，行业标准75项，地方标准90项，这些标准以规范生产技术的占71%，涉及农产品质量和分级管理的占28%。从数量上来看，我国制定的马铃薯标准数量很多，适用于马铃薯生产、加工、流通等全过程，但主要是服务于生产服务的生产型标准模式和为贸易服务的贸易型标准模式，且多以感官指标为主，理化指标为辅。生产上依然存在马铃薯质量参差不齐，加工增值少，质量不分级，流通不规范，不能体现优质价值，被迫鲜食利用，造成巨大资源浪费，与我国大力倡导的绿色发展理念不相符，丰富品种资源的同时开展品种利用方式的评价，以及如何按照合理指标进行质量分级是提升产业整体发展水平和质量水平的需要，对于引导主粮化发展意义深远。

8.1 质量分级

8.1.1 质量分级研究进展

　　发达国家、地区和组织在农产品质量分级方面已经有了较长的发展历史和成功的发展经验。不同的机构以不同的经济目的进行质量分级标准制定。例如联合国欧洲经济委员会（UN/ECE）制定的农产品分级标准围绕贸易展开，无论从内容设置、分级指标的制定，还是从标准涉及的农产品上，都是以贸易为目的。经济合作与发展组织（OECD）制定的农产品质量分级标准主要针对水果和蔬菜，并附带解释条款和图片，理解和操作起来比较方便[1]。欧盟则主要以上述的ECE和OECD的标准为蓝本进行质量分级。而ISO的农产品质量分级主要以物理和化学指标为主，感官指标为辅[2]。美国、日本和加拿大等发达国家，也都有各自适用的农产品质量分级标准。美国的分级体系完备，主要是推荐性标准。日本主要侧重于保护消费者和便于交易，质量标准和尺寸大小分开制定。加拿大主要对大宗谷物、油料种子、水果、蔬菜等农产品开展质量分级，标准技术水平较高[3]。例如UN/ECE制定的《肉牛胴体及分割肉标准》，该标准[4]按照最大脂肪厚度、pH将牛肉质量分为6～7个等级。

　　我国的农产品质量分级标准从产品生产、流通和消费等各个环节进行农产品质量安全控制。分级标准在生产环节主要目的在于引导和规范农产品生产、提高农产品质量，在消费环节主要目的是质量监督、清除劣质和保护消费者利益，在流通环节则具有规范市场秩序、实现农产品优质优价的目的[5]。我国制定的食用农产品质量分级标准，主要集中于水果、蔬菜、粮食和畜禽产品。从数量上来看，我国制定的标准数量巨大，适用于农产品流通的全过程，主要服务于生产服务的生产型标准模式和为贸易服务的贸易型标准模式[6]。马铃薯收获后同样也需要进行质量分级，质量分级不仅可以提高马铃薯的质量，对各等级制定相应的价格，还有利于马铃薯的流通和销售，同时也能增加种植的经济效益。

农产品质量分级，首先要考虑选择能真实反映产品的内在质量和特性的因素作为分级指标，其次要可操作性强，方便量化，另外，还要体现不同产品各自的特点。上述原则对于马铃薯的质量分级也同样适用。马铃薯的质量包括外部品质和内部品质：外部品质包括大小、形状、颜色和表面缺陷等，内部品质包括是否黑心、损伤加工特性和营养价值物理、化学指标等。不同的食用和加工方式对马铃薯品质的需求也有所不同。例如，作为蔬菜食用的马铃薯需要去除表皮，因此要求单薯个体较大，以便降低去皮的损失率。用于淀粉加工的马铃薯则要求淀粉含量较高，炸薯条则要求单薯有较大的长轴，且还原糖含量较低，不易褐变。

目前，关于马铃薯的分级标准主要有《马铃薯脱毒种薯》（GB 18133）、《马铃薯等级规格》（NY/T 1066）和《马铃薯商品薯分级与检验规程》（GB/T 31784）等。GB 18133[7]，按照病害及混杂株的百分比，将脱毒种薯分为基础种薯和合格种薯两大类5个等级。NY/T 1066[1]规定了鲜食马铃薯的质量分级，根据马铃薯感官指标分为特级、一级和二级。GB/T 31784[9]按照商品薯不同用途进行分类，主要分为鲜食薯、薯片加工用薯、薯条加工用薯、全粉加工用薯和淀粉加工用薯五类。鲜食薯以重量、腐烂率、杂质率和缺陷程度为指标，参数划分为3级，薯片加工用薯增加了油炸次品率和干物质含量2个指标参数，薯条加工用薯增加了炸条颜色不合格率等指标参数，全粉加工用薯除了感官参数，以干物质含量为重要化学指标参数，淀粉加工用薯，则以淀粉含量为重要化学指标参数。

马铃薯的传统分级由人工完成，即通过肉眼观察判别马铃薯的等级。人工分级的作业率低，准确性和客观性差，不同人员的分级结果差异大，已无法满足马铃薯加工的效率和要求，影响了我国马铃薯在国际市场上的出口量。随后，马铃薯的分级通过机械技术手段实现，即通过杠杆原理进行分选。常用的机械式质量分选机主要有固定衡量秤体、运动输送盘式和固定限位装置、运动衡量秤体式两种机型[10]。但由于机械式分选机本身的动态测量误差、摩擦等诸多因素的影响，使得其分选精度不高、适应性差，所以难以实现自动化控制。

随着科学的发展和技术的进步，我国开发出了多种基于新技术的马铃薯分级方法、系统和机械装置。例如，孔彦龙等[11]提出了一种基于图像综合特征参数的分选方法，提取马铃薯俯视图的面积参数和侧视图的周长参数，通过回归分析建立马铃薯的质量检测模型，实现对马铃薯的质量分选。鲁永萍等设计了一种基于单片机的控制系统，对马铃薯的质量进行分级，具有较高的分级效率和准确率[12]。周竹等[13]设计了一种基于V型平面镜能同时获取马铃薯三面图像的自动分级系统，根据马铃薯大小特性，提出了基于最小外接柱柱体体积法的分级方法。刘洪义等对马铃薯分级机械进行了重新设计及关键部件的优化改进，在减轻工作量的同时，也提高了作业效率[14]。

本研究团队利用前章主体营养品质、微量成分等数据结果，基于内在品质特征，对内蒙古马铃薯的加工质量和营养质量进行了分级，以期通过分级提高马铃薯的质量，实现马铃薯优质优价，推动马铃薯附加产值提升，增加马铃薯产业经济效益，打造内蒙古马铃薯的绿色优质品牌，推动内蒙古马铃薯产业的可持续发展。

8.1.2 基于加工质量的分级

我国通过行业标准对马铃薯的质量特别是鲜食加工质量指标提出了要求，包括《加工用马铃薯流通规范》（SB/T 10968）[15]和《农作物品种审定规范 马铃薯》（NY/T 1490）[16]（表8-1）。

SB/T 10961—2013规定了薯条加工用马铃薯、薯片加工用马铃薯、全粉加工用马铃薯和淀粉加工用马铃薯的干物质、淀粉和还原糖的不同等级要求：适合薯条、薯片和全粉加工的马铃薯干物质含量不小于18%，而做淀粉加工的马铃薯淀粉含量不小于16%，同时要求薯片、全粉加工的马铃薯的还原糖含量不得高于0.25%。并依含量层次分为三个不同等级。NY/T 1490中规定了鲜薯食用型品种、油炸加工型品种和淀粉加工型品种的品质要求：食用型鲜薯的蛋白质含量高于1.5%；油炸加工型品种要满足干物含量大于等于19.5%，且还原糖含量小于等于0.3%的要求；而淀粉加工型品种则要求淀粉含量大于17%。

依据标准，对4年575份马铃薯样品中的干物质、淀粉、还原糖和蛋白质数据进行加工质量分级，依据SB/T 10968：以样本总量为基数，干物质含量大于等于18%的样品占总数的75.86%，即有75.86%的样品满足薯条加工用马铃薯干物质含量要求。

表8-1 我国现行马铃薯相关标准的品质指标要求

品质指标	SB/T 10961—2013 加工用马铃薯流通规范				NY/T 1490—2007 品种审定规范 马铃薯		
	薯条加工用马铃薯	薯片加工用马铃薯	全粉加工用马铃薯	淀粉加工用马铃薯	鲜薯食用型品种	油炸加工型品种	淀粉加工型品种
干物质/%	18	18（三级）	19（三级）			≥19.5	
		19（二级）	20（二级）				
		20（一级）	21（一级）				
淀粉/%				16（三级）			>17
				18（二级）			
				20（一级）			
还原糖/%		0.25（三级）	0.25（三级）			≤0.30	
		0.20（二级）	0.20（二级）				
		0.10（一级）	0.16（一级）				
蛋白质/%					1.5		

标准规定薯片加工用马铃薯要同时满足干物质和还原糖含量要求，参照标准，有25.98%的样品达到薯片加工用三级标准，有14.71%的样品达到薯片加工用二级标准，有0.69%的样品达到薯片加工用一级标准；有22.30%的样品达到全粉加工用三级标准，有11.95%的样品达到全粉加工用二级标准，有3.22%的样品达到全粉加工用一级标准；淀粉加工用薯也分为三级，满足三级标准的样品占比22.07%，满足二级标准的样品占比5.06%，满足一级标准的样品占比1.38%。依据NY/T 1490，鲜薯食用型品种满足蛋白含量要求的样品占比94.94%，油炸加工型品种满足干物质含量要求的样品占比29.43%，淀粉加工型品种满足淀粉含量要求的样品占比13.56%。

本研究也按照鲜食、油炸和淀粉加工等不同利用方式的指标标准进行了不同年度的统计，如图 8-1 所示，达到鲜薯食用型品种蛋白含量要求的样品占比年度变化差异小；与 2016 年相比，达到油炸加工标准指标的样品占比在 2017 年有所提高，2018 年持续保持；达到淀粉加工标准指标的样品占比在 2017 年有大幅提高，但在 2018 年有所回落。随着年度变化，符合加工利用标准的马铃薯样品数量在提升和保持，说明随着马铃薯主粮化生产的推进，尽管内蒙古马铃薯样品仍然以鲜食利用为主，但加工品种推广和栽培比重有所提升，马铃薯的利用方式向加工方向发展，这与本研究团队的调研结果一致。

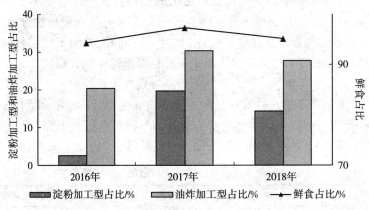

图 8-1　不同年度马铃薯加工利用占比

8.1.3　基于营养质量的分级

前章研究从碳水化合物、蛋白、中微量元素和维生素等多角度证明了马铃薯富含多种人体所需的营养素，且不同品种和地区样品存在显著性差异。为了将多维营养指标综合为一个分级指标，本研究团队按照食安通—食物营养成分查询表[17]，以淀粉、蛋白、钠、镁、磷、钾、钙、锌、铁、铜、锰、维生素 E、维生素 B_1、维生素 B_2 和维生素 C15 个营养素为评价参数，以主成分分析和灰色关联度分析法为评价手段，建立了基于内在营养的内蒙古马铃薯营养质量分级技术，以期实现马铃薯优质优价，推动马铃薯附加产值提升。

8.1.3.1　营养指标权重计算

本研究团队参照了食安通—食物营养成分查询表，获得马铃薯营养成分标准值，如表 8-2 所示，参照马铃薯营养成分表统计了内蒙古不同地区不同品种中淀粉、蛋白、钠、镁、磷、钾、钙、锌、铁、铜、锰、维生素 E、维生素 B_1、维生素 B_2 和维生素 C15 个营养素的含量，标准化处理后进行主成分分析，得到 6 个主成分的特征根和方差，同时获得和不同营养素的成分矩阵，如表 8-3 中主成分 1～6 所示。

表 8-2　营养成分表（在 100g 可食部分中的含量）

营养素名称	标准值	营养素名称	标准值
碳水化合物/g	17.2	铁/mg	0.8
蛋白/g	2	铜/mg	1.2
钠/mg	3	锰/mg	0.12

（续）

营养素名称	标准值	营养素名称	标准值
镁/mg	23	维生素 E/mg	0.34
钾/mg	342	维生素 B_1/mg	0.08
钙/mg	8	维生素 B_2/mg	0.04
锌/mg	0.37	维生素 C/mg	20
磷/mg	40	—	—

表 8-3　主成分特征根、方差和成分矩阵

营养素名称	成　分					
	1	2	3	4	5	6
淀粉 *	−0.375	0.013	0.480	0.323	0.125	−0.343
蛋白	0.111	−0.312	0.476	−0.426	−0.010	−0.151
钠	0.492	0.536	−0.331	−0.147	0.042	−0.155
镁	0.442	0.668	0.349	0.046	0.078	−0.046
钾	−0.126	0.530	0.391	0.287	−0.452	0.110
钙	0.556	0.456	0.087	−0.001	0.413	0.112
铁	0.492	−0.556	0.038	0.580	−0.004	0.078
磷	0.037	0.171	0.580	0.236	−0.114	−0.188
锌	0.588	−0.545	0.312	−0.043	−0.243	0.051
铜	0.596	−0.281	0.260	−0.255	0.119	−0.412
锰	0.293	−0.179	0.153	0.206	0.379	0.546
维生素 E	−0.177	−0.181	0.012	0.616	0.380	0.003
维生素 B_1	−0.139	0.205	0.481	−0.329	0.112	0.521
维生素 B_2	−0.522	−0.200	0.346	−0.215	−0.009	0.120
维生素 C	−0.140	−0.172	0.026	−0.465	0.303	0.045
特征根	2.402	2.218	1.736	1.568	1.249	1.081
方差	15.00	13.86	10.85	9.800	7.807	6.754

注：* 表示马铃薯中碳水化合物以淀粉计。

利用主成分分析的特征根、方差和成分矩阵计算不同营养素的权重，计算公式如下：

$$S_i = \frac{\sum \frac{Z_i}{\sqrt{\lambda_a}} \times \sigma_a \times 100}{\sum \sigma_a} \tag{8-1}$$

$$W_i = \frac{S_i}{\sum S_i} \tag{8-2}$$

公式中：S_i 表示第 i 个营养成分的综合得分系数，Z_i 表示第 i 个营养成分的成分矩阵得

分，λ_a 表示第 a 个主成分的特征根，表示第 a 个主成分的方差。将 S_i 归一化计算后，得到 W_i，W_i 表示第 i 个营养成分的权重。通过上式，计算不同营养成分的权重，如表 8-4 所示。

表 8-4　不同营养素权重

营养素名称	权重值	营养素名称	权重值
淀粉	0.025 4	锌	0.023 3
蛋白	−0.035 7	铜	0.022 8
钠	0.080 8	锰	0.160
镁	0.219	维生素 E	0.065 7
钾	0.105	维生素 B_1	0.095 5
钙	0.218	维生素 B_2	−0.078 6
铁	0.068 4	维生素 C	−0.061 9
磷	0.102	—	—

8.1.3.2　灰色关联度分析

灰色关联度分析是一种衡量因素间关联程度的统计分析方法，根据灰色系统理论，在灰色关联度分析中，样品的好坏用关联度表示，关联度大表示该样品综合性状好，关联度小表示该样品的综合性状差[11]。根据邓聚龙的灰色系统理论[19]中的灰色关联分析，首先选定参照值，对每个营养素进行无量纲化处理，再计算参照值与无量纲化数据的绝对差值，获得 Δ_i 计算灰色关联系数 L 和加权灰色关联度 R。计算公式如下：

$$L_i = \frac{\Delta_{min} + 0.05 \times \Delta_{max}}{\Delta_i + 0.05 \times \Delta_{max}} \qquad (8-3)$$

$$R = \sum L_i \times W_i \qquad (8-4)$$

公式中：L_i 表示第 i 个营养成分灰色关联系数，Δ_{min} 和 Δ_{max} 表示第 i 个营养成分的 Δ_i 的最小值和最大值，W_i 表示第 i 个营养成分的权重。

本研究团队以内蒙古样品的淀粉、蛋白、钠、镁、钾、磷、钙、锌、铁、铜、锰、维生素 E、维生素 B_1、维生素 B_2 和维生素 C 含量的平均值为参照值，以样品测定值除以对应的平均值，获得无量纲化数据，再计算参照值与无量纲化数据的绝对差值，获得 Δ_i，然后灰色关联系数 L 和加权灰色关联度 R。同时计算了食安通标准水平和全国大数据平均水平的灰色关联系数 L 和加权灰色关联度 R，如表 8-5 所示，食安通标准水平的加权灰色关联度为 0.71，全国大数据平均水平的加权灰色关联度为 0.55。

表 8-5　标准水平的灰色关联系数和加权灰色关联度

营养素名称	灰色关联系数	
	食安通标准水平	全国大数据平均水平
淀粉	0.36	0.36
蛋白	0.79	0.72
钠	0.58	0.58

（续）

营养素名称	灰色关联系数	
	食安通标准水平	全国大数据平均水平
镁	0.89	0.65
钾	0.69	0.55
钙	0.88	0.56
铁	0.69	0.53
磷	0.43	0.32
锌	0.85	0.70
铜	0.92	0.72
锰	0.53	0.48
维生素 E	0.65	0.74
维生素 B_1	0.74	0.70
维生素 B_2	0.83	0.75
维生素 C	0.63	0.58
加权灰色关联度	0.71	0.55

8.1.3.3　综合营养分级

通过灰色关联度分析法计算，以食安通标准水平和全国大数据平均水平的加权灰色关联度为分级标准，内蒙古马铃薯内在营养质量分为三级，大于食安通标准水平，即大于 0.71 为优级，大于全国大数据平均水平，即 0.55～0.71 为标准级，低于 0.55 为普通级，即获得内蒙古马铃薯营养质量评级。

以 2018 年内蒙古马铃薯样品为例，利用上述分级表进行内在营养质量分级。通过淀粉、蛋白、钠、镁、钾、磷、钙、锌、铁、铜、锰、维生素 E、维生素 B_1、维生素 B_2 和维生素 C 等的含量和平均值计算加权灰色关联度，以营养质量分级表为参照，进行不同分级的样品数量统计，结果如表 8-6 所示：有 41.58% 的样品的加权灰色关联度大于 0.71，有 50.50% 的样品的加权灰色关联度在 0.55～0.71 之间，属于标准级，只有 8.91% 的样品加权灰色关联度小于 0.55，属于普通级。统计结果证明：与营养质量分级表和全国水平相比，内蒙古马铃薯内在营养质量相对较高，具有明显优势。同时也发现，内蒙古马铃薯的矿物含量和维生素含量的开发和利用可能对推动马铃薯附加产值提升有重要作用。

表 8-6　内蒙古马铃薯营养质量评级结果

分级	加权关联度/评级依据	评级结果/%
优级	>0.71	41.51
标准级	0.55～0.71	1.91
普通级	<0.55	50.50

8.2 主栽品种差异

马铃薯种质资源丰富，包含众多野生种和栽培种。野生种在美国南部、墨西哥，安第斯山山脉沿途各国直到智利均有发现[20]。马铃薯栽培种均来源于南美洲，分为普通栽培种和原始栽培种[21]，普通栽培种也称为现代栽培种，目前已在全世界广泛种植[22]，原始栽培种大多分布于南美安第斯山山脉的不同海拔高度区域[23]。迄今为止，我国共从国外引进马铃薯种质资源4000余份[24]，通过国外引种、种质资源鉴定和评价，我国挖掘出了一批高产、优质、抗（耐）病的优良品种，如来自国际马铃薯中心的 CIP 390478.9，通过评价后被我国育种单位定名为冀张薯8号[25]，被大面积推广应用，获得了很好的经济效益，还有米拉、费乌瑞它、底西瑞、卡迪拉尔等部分品种在我国也有较大的种植面积[26-27]。

国际上马铃薯种业发达的国家均十分重视品种的评价和利用。在欧美、加拿大等马铃薯生产先进国家和地区，根据品种的用途不同，具有科学合理的品种审定标准[28]。例如，淀粉加工专用品种，以淀粉含量、耐性和便于清洗为主要依据；鲜食品种则以食味好、干物质含量高为主要依据，而对产量则不作过高要求，每公顷15t产量左右即达标；对高产品种，则要求每公顷产量高达40t以上。因此，在欧美等地马铃薯生产已基本实现了马铃薯品种专用化、生产规模化、技术高新化和质量控制全程化[29]。

我国拥有发展马铃薯产业具有巨大的市场潜力，但当前马铃薯主要用于鲜食，加工产品少，质量参差不齐，马铃薯增产后，原料过剩，不能及时加工增值，导致巨大的马铃薯资源得不到充分发挥，严重制约我国马铃薯生产发展水平[30]。因此，根据马铃薯品种的固有生物学特性，筛选专用品种，能很大程度上推动马铃薯原料物尽其用，同时挖掘专用品种资源，为马铃薯育种提供数据基础，对促进马铃薯加工产业升级具有积极的指导意义。

8.2.1 品质组分差异

对产自内蒙古的夏坡蒂、新佳2号、费乌瑞它、克新一号、布尔班克、冀张薯、大白花、优金、大西洋、后旗红、青薯9号等11个品种进行干物质、淀粉、还原糖和蛋白含量统计。结果如表8-7所示。样本数量超过50份的有费乌瑞它、克新一号、冀张薯和夏坡蒂；干物质和淀粉含量最高的是青薯9号，其次是后旗红；还原糖含量最低的是大西洋品种；蛋白质含量最高的是克新一号。干物质、淀粉、还原糖和蛋白含量样本总体变异系数分别为13.58%、17.81%、68.30%和19.10%，各项指标离散程度较大，表明不同品种马铃薯存在明显差异。

表8-7 不同品种的品质统计

品　种	样本数量（批次）	干物质/%	淀粉/%	还原糖/%	每100g蛋白质/g
布尔班克	10	20.23	14.11	0.25	2.39
大白花	17	20.17	14.60	0.33	2.04
大西洋	5	19.96	15.79	0.19	1.95
费乌瑞它	138	19.20	12.83	0.34	2.82

（续）

品 种	样本数量（批次）	干物质/%	淀粉/%	还原糖/%	每100g蛋白质/g
后旗红	17	20.86	16.07	0.35	2.03
冀张薯	66	18.83	14.18	0.38	1.97
克新一号	113	19.93	13.00	0.37	2.94
青薯9号	6	20.98	16.50	0.23	1.88
夏坡蒂	50	20.53	15.07	0.36	2.06
新佳2号	13	20.22	12.39	0.50	2.47
优金	6	19.11	15.17	0.46	1.95
总体平均值		19.68	14.09	0.36	2.09
变异系数		13.58	17.81	68.30	19.10

8.2.2　组分关联与亲缘性

对不同品种的干物质、淀粉、还原糖和蛋白含量进行相关性分析，结果如表8-8所示，干物质和淀粉含量、干物质和蛋白含量在0.01水平上存在显著性正相关关系，相关系数分别为：0.611和0.239，还原糖和蛋白含量在0.01水平上呈负相关，相关系数为-0.299，说明干物质、淀粉、还原糖和蛋白含量4个指标参数的相互作用关系共同决定了不同品种马铃薯的品质的优劣。

表8-8　马铃薯品质指标相关性分析

	干物质	淀粉	还原糖	蛋白
干物质	1			
淀粉	0.611**	1		
还原糖	0.008	-0.014	1	
蛋白	0.239**	0.017	-0.299**	1

注：** 表示在0.01水平（单侧）上显著相关。

为有效评价马铃薯不同品种的品质指标的重要性，对干物质、淀粉、还原糖和蛋白含量进一步进行因子分析，以特征值大于1，累计方差贡献率达到70%以上为主成分提取条件，提取到2个主成分，累计方差贡献率达73.4%，根据初始载荷矩阵数据显示，第一主成分中，干物质和淀粉有较高的载荷，分别为0.888和0.889，第二主成分中，还原糖有较高的载荷，为0.786。

由因子成分图8-2可以看出：第一主成分的横坐标显示，正向取值越大，代表品种干物质和淀粉含量越高；第二主成分的纵坐标显示，正向取值越大，代表品种蛋白含量越高；负向取值越大，代表品种还原糖含量越低。

利用主成分分析结果计算特征向量系数矩阵，绘制不同品种的主成分指标参数得分图，

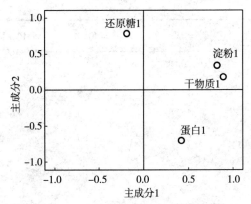

图8-2 马铃薯主成分的因子载荷图

进一步反应不同马铃薯品种与品质间的关系，可以筛选不同品种的加工用途，如图8-3所示：第一、第四象限品种干物质和淀粉含量高，主要适宜作为加工品种，如青薯9号、后旗红等品种，横坐标正向取值较大，适宜淀粉加工；第四象限还原糖含量较低，品种颜色不易发生褐变，如布尔班克，纵坐标负向取值较大，适宜薯片薯条加工；第二象限，纵坐标取值越大，品种蛋白含量丰富，如优金品种；第三象限品种，横坐标取值越偏负，含水量越多，纵坐标取值越偏负，越不易褐变，鲜食或菜用品质好，如费乌瑞它、新佳2号等。

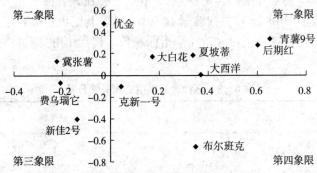

图8-3 不同品种主成分的分析得分图

对11个品种干物质、淀粉、还原糖和蛋白品质数据进行聚类分析，采用Ward聚类方法计算欧氏距离的系统聚类结果如图8-4所示：以10为分类切割点，11个马铃薯品种被划分为4类，4类间距离较远，类中点距离较近，分类效果较好。

第一类包括后旗红、青薯9号和大西洋，由主成分分析看，后旗红、青薯9号、大西洋、大白花和夏坡蒂均位于主成分参数得分表的第一象限，这类品种干物质和淀粉含量高，属于淀粉加工型品种；第二类包括费乌瑞它、冀张薯、克新一号和新佳2号，其含水较多且不易褐变，而且淀粉含量低，适宜做鲜食品种；第三类是优金品种，位于主成分参数得分表的第二象限，蛋白含量较高；第四类是布尔班克，位于主成分参数得分表的第四象限，其还原糖含量、干物质和淀粉含量较高，适宜做薯片薯条加工。

聚类分析与主成分分析结果显示：聚类分析和主成分分析具有较高的一致性，说明后旗红、青薯9号是淀粉加工型产品的首选品种，布尔班克是适宜薯片薯条加工首选品种。

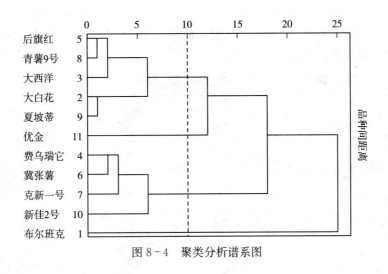

图 8-4　聚类分析谱系图

8.2.3　品质排序

为了更直观的表示不同品种的品质，对不同品种利用标准加权法进行品质的综合排名。利用综合评价值计算，首先利用式（8-5）对测量值进行标准化转化，得到表 8-9 的数据。

$$指标标准化值＝（观测值－平均值）/标准差 \qquad (8-5)$$

表 8-9　不同品种品质的标准转化值

品种	干物质	淀粉	还原糖	蛋白质
布尔班克	0.21	0.01	−0.48	0.75
大白花	0.18	0.20	−0.13	−0.06
大西洋	0.11	0.68	−0.70	−0.34
费乌瑞它	−0.18	−0.50	−0.08	−0.08
后旗红	0.44	0.79	−0.05	−1.09
冀张薯	−0.32	0.04	0.08	0.21
克新一号	0.09	−0.44	0.06	0.21
青薯 9 号	0.49	0.96	−0.52	−0.63
夏坡蒂	0.32	0.39	0.02	−0.04
新佳 2 号	0.20	−0.68	0.58	0.65
优金	−0.21	0.43	0.43	−0.34

根据上述因子分析结果，将干物质和淀粉作为第一主成分，还原糖和蛋白为第二主成分，对 4 个指标根据主成分成分矩阵计算权重，并用式（8-6）计算综合评价值：

$$综合评价值＝标准化值×权重 \qquad (8-6)$$

从表 8-10 可以看出：综合评价得分值直接反映了不同品种的加工特性，随着得分值的增加，品种加工特性增加，综合评价得分值可将 11 个品种分成 4 类，青薯 9 号、后旗红综合评价值位于前列，其干物质和淀粉含量高，属于淀粉加工型品种，布尔班克干物质较高，而还原糖含量相对低，属于薯条薯片加工型，而加工品质综合评价得分相对较低的是费乌瑞它、克新一号，不适宜加工使用，属于鲜食品种。

表 8 - 10　不同马铃薯品种品质标准加权法综合分析

品种	综合评价值	排名	分类
青薯 9 号	33.38	1	淀粉加工型
后旗红	25.93	2	
夏坡蒂	24.43	3	
大西洋	11.83	4	
布尔班克	11.59	5	薯条薯片加工型
大白花	10.64	6	兼用型
优金	8.92	7	
新佳 2 号	1.90	8	
冀张薯	−5.61	9	
克新一号	−7.99	10	鲜食型
费乌瑞它	−26.26	11	

8.3　近红外光谱在马铃薯质量评价中的应用

8.3.1　马铃薯品质的近红外光谱分析研究进展

近红外光是指波长介于可见光与中红外区域之间，范围为 $780 \sim 2\ 526$ nm 的电磁波。近红外光谱技术是结合了光学、材料科学、电子学、计算机科学及化学计量学为一体的交叉技术[31]。其工作原理主要是：当一束红外单色或复合光照射样本时，样本分子选择性地吸收红外光中的部分能量，转变为分子振动或转动的能量，使分子在能级间跃迁，产生吸收光谱。能量跃迁包括基频跃迁（分子在相邻振动能级之间的跃迁）、倍频跃迁（分子在多个振动能级之间的跃迁）和合频跃迁（分子两种振动状态的能级同时发生跃迁）。所有近红外光谱的吸收谱带都是中红外吸收的基频的倍频及合频[32]。不同的物质分子，原子间相互作用不同，产生的跃迁能量也不相同，从而形成不同特征的吸收带，使得不同物质的近红外光谱具有自身特点的"指纹性"。通过这样的"指纹性"可以确定物质的理化性质。

随着各个学科的飞速发展，近红外光谱技术的应用领域和影响力逐渐扩大，国外学者利用红外光谱技术在马铃薯品质检测方面取得了一定的研究成果。R. P. Chalucova 等人利用近红外光谱透射光和反射光研究了一种马铃薯内部品质探测仪器，对带皮马铃薯进行内部品质检测，能成功预测马铃薯蛋白质含量[33]。Norbert U. Haase 应用近红外分析对 8 个地区 133 个马铃薯样本进行水分、淀粉及蛋白质的预测，得了较低的标准误差，模型预测精度分别为 90%、53% 和 25%[34]。近年来，在我国，近红外光谱技术在马铃薯品质快速检测方面也取得了一定的研究成果。张小燕等以 44 个马铃薯品种作为样本，用主成分分析法选定马铃薯主要成分特征波段，采用偏最小二乘法分别建立了水分、蛋白质、淀粉和还原糖的预测模型，模型与对应的化学参数有较高的相关性，可用于马铃薯成分的快速测定[35]。孙旭东等，研究应用近红外光谱技术结合最小二乘法建立马铃薯全粉还原糖含量非线性数学模型[36]。李志新研究近红外光谱分析测定马铃薯淀粉的可行性，应用近红外光谱分析可以对 400 份马铃薯淀粉进行测定，建立了淀粉的模型曲线[37]。吴晨研究了基于近红外光谱技术的马铃薯淀粉含量的无损检测，通过回归系数法和连续投影算法进行特征波长的选取，建立了多元线性回归模型和偏最小二乘回归模型，比较结果显示，连续投影算法结合多元线性回归所建立的模型效果较好[38]。

大量研究结果表明近红外光谱技术对马铃薯的内部品质检测具有独特优势。因此，本研究团队也利用近红外光谱技术构建了马铃薯中干物质、淀粉、蛋白和还原糖的快速测定模型，以期实现马铃薯品质的快速检测。

8.3.2 近红外光谱分析方法的建立流程

8.3.2.1 光谱扫描图谱和测量化学值获取

本研究团队利用美国 MicroNIR 手持式可见近红外光谱扫描探头（图 8-5），对 249 份采自不同品种、不同产地来源、不同生产模式的马铃薯样本通过组织捣碎机处理后进行近红外光谱扫描，样本被分成建模集和预测集，建模集样品数为 200 个，预测集为 49 个。

该近红外光谱扫描探头的光谱测定范围为 950～1650nm，采样间隔 3nm。利用 Micro-NIR＋Pro＋v2.0 谱图扫描处理软件进行近红外光谱扫描。

图 8-5 可见近红外光谱分析探头

具体工作过程：仪器预热 30min 后，进行参数设置，选择漫反射模式，扫描次数 100 次，采集暗电流和背景光谱进行优化和白平衡后，开始测量。每份样品扫描 20 次，并分别存储扫描谱图。剔除异常光谱曲线后进行平均，得到的平均光谱计为一个样本的光谱曲线。图 8-6 所示为马铃薯样本的原始光谱图。

同时，将匀浆处理样本进行干物质、淀粉、蛋白质和还原糖的常规化学值测定，获得化学值数据。干物质、淀粉、蛋白质、还原糖的测定方法参照国家相关标准进行。

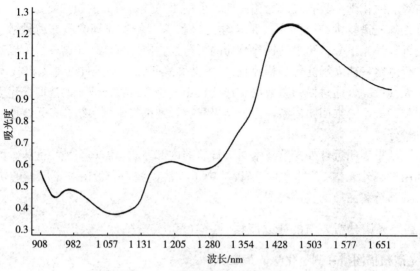

图 8-6　马铃薯样本的原始光谱图

8.3.2.2　模型建立

本模型建立流程如图 8-7 所示，原始光谱图和化学值数据通过数据处理软件 The Un-scrambler X 10.4 进行谱图预处理和化学值插入处理。并采用偏最小二乘法建立模型。

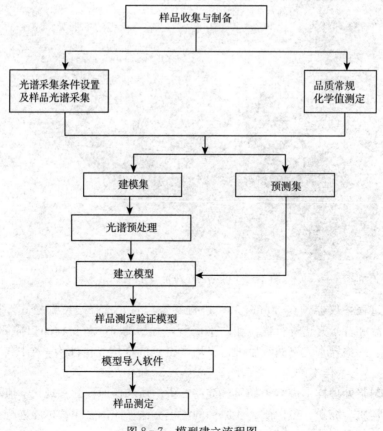

图 8-7　模型建立流程图

偏最小二乘法是一种基于因子分析的多变量校正方法，是目前在光谱分析中应用最频繁的多元校正方法。偏最小二乘的原理是在成分分析的基础上，对光谱阵和浓度阵，同时进行分解，并将含量信息引入到光谱数据分析中，在计算主成分前，交换光谱和浓度的得分，从而使光谱主成分和对应组分含量直接进行关联[39]

基于开发工具，利用软件进行模型建立。利用其建立马铃薯的干物质、粗蛋白、淀粉、还原糖的偏最小二乘定量模型，获得的预测模型和验证集相关系数分别为 0.927、0.700、0.893 和 0.931。

8.3.2.3　模型验证

将所建马铃薯预测模型植入到 MicroNIR＋Pro＋v2.0 谱图扫描处理软件中，并将装有图扫描处理软件的电脑和近红外扫描镜头集合一体，形成马铃薯品质的近红外快速检测设备。

随机选取马铃薯样本，利用便携式马铃薯多品质参数快检设备对模型进行验证，同时进行实验室方法比对。结果显示：装置预测值与标准理化值的相关系数分别为 0.903、0.644、0.809 和 0.878，重复采样最大变异系数分别为 0.267、2.58、1.24 和 0.123。结果证明：品质速测设备的准确度和精密度符合技术指标要求。实现马铃薯干物质、淀粉、粗蛋白和还原糖的多品质参数的快速检测（图 8-8～图 8-11）。

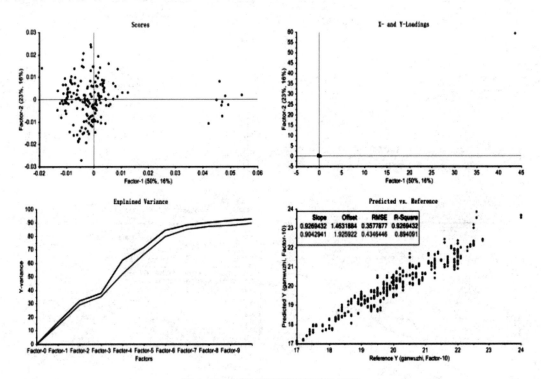

图 8-8　干物质预测模型和验证集

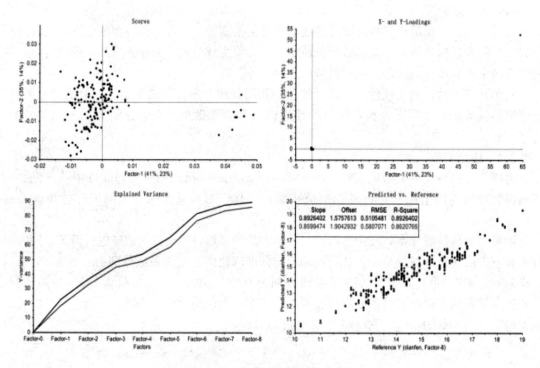

图 8-9　淀粉预测模型和验证集

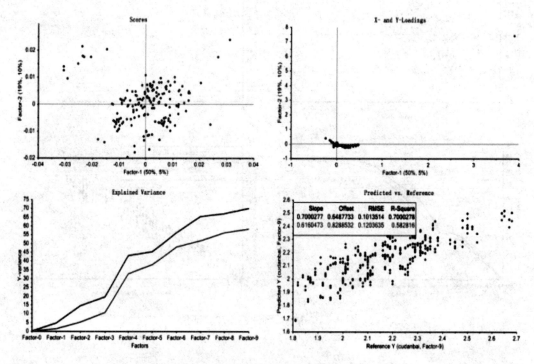

图 8-10　粗蛋白预测模型和验证集

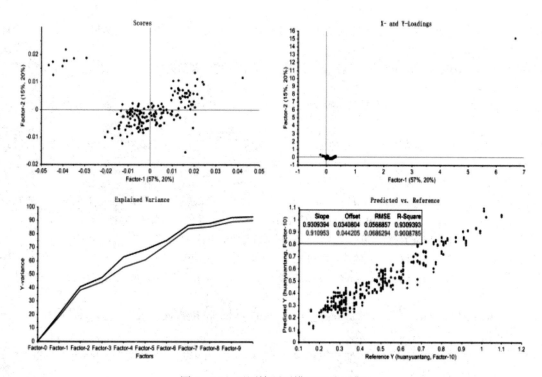

图 8-11 还原糖预测模型和验证集

【参考文献】

[1] 席兴军. 国际组织和先进国家农产品质量分级标准特点剖析 [J]. 农业标准化, 2007 (11): 58-61.

[2] 赵卓. 农产品质量分级促进农业现代化的作用机理研究 [D]. 上海: 上海交通大学. 2009 (3): 10-15.

[3] 张灵光. 农产品质量分级标准是增强市场竞争力的基础 [J]. 农业标准化, 2007 (3): 59-62.

[4] United Nations Economic Commission for Europe (UN/ECE). Beef carcass and split meat: FFV-38 [S]. UN: UNECE STANDARD, 2008.

[5] 马歆. 探讨我国农产品质量分级标准现状的问题与对策运用 [J]. 消费经济, 2016 (1).

[6] 初侨. 我国农产品质量分级制度与标准现状研究 [J]. 标准科学, 2015 (3): 13-15.

[7] 中华人民共和国国家质量监督检验检疫总局. 马铃薯种薯: GB 18833-2012 [S]. 北京, 中华人民共和国国家质量监督检验检疫总局, 2012: 12.

[8] 中华人民共和国农业部. 马铃薯等级规格: NY/T 1066-2006 [S]. 北京中华人民共和国农业部, 2006: 7.

[9] 中华人民共和国国家质量监督检验检疫总局. 马铃薯商品薯分级与检验规程: GB/T 31784-2015 [S]. 北京, 中华人民共和国国家质量监督检验检疫总局, 2015: 7.

[10] 申屠留芳, 韦奇, 巩尊国. 马铃薯分选机的设计 [J]. 农机化研究, 2014, 36 (8): 114-117.

[11] 孔彦龙, 高晓阳, 李红玲. 基于机器视觉的马铃薯质量和形状分选方法 [J]. 农业工程学报, 2012, 28 (7): 143-147.

[12] 鲁永萍, 郁志宏, 郝敏. 基于单片机控制的马铃薯质量分级系统的研究 [J]. 农机化研究, 2014,

36（1）：136－138.

[13] 周竹，黄懿，李小昱. 基于机器视觉的马铃薯自动分级方法 [J]. 农业工程学报，2012，28（7）：178－183.

[14] 刘洪义，朱晓民，谭海林，等. 马铃薯分级生产线机器关键设备的设计 [J]. 农机化研究，2010，32（4）：84－86.

[15] 中华人民共和国商务部. SB/T 10968－2013，加工用马铃薯流通规范 [S]. 北京，中国标准出版社，2013：4.

[16] 中华人民共和国农业部. 农作物品种审定规范 马铃薯：NY/T 1490－2007 [S]. 北京，中华人民共和国农业部，2007：12.

[17] 食安通. 食品安全查询系统 [EB/OL]. http：//www.eshian.com/.

[18] XingGang Lei. Research on the Feasibility of Gray Relation Analysis in Nutritional Evaluation of ProteinChinese [J]. Journal of Analytical Chemistry，2010，38（12）：1789－1792.

[19] 邓聚龙. 灰色系统理论教程 [D]. 武汉：华中理工大学出版社，1987.

[20] 谷茂，丰秀珍. 马铃薯栽培种的起源与进化 [J]. 西北农业学报，2000（1）：114－117.

[21] Hawkes J G. The potato evolution biodiversity and genetic resources [J]. Quarterly Review of Biology，1990（1）：85.

[22] Mendoza H A, Haynes F L. Some aspects of breeding and inbreeding in potato [J]. American Potato Journal，1973（50）：216－222.

[23] Carputo D, Barone A. Ploidy level manipulations in potato through sexual hybridization [J]. Annals of applied biology，2005（146）：71－79.

[24] 夏平. 国外种质资源在我国马铃薯生产中的应用 [J]. 中国马铃薯，2000（3）：41－43.

[25] 孙秀梅. 国外种质资源在我国马铃薯育种中的利用 [J]. 中国马铃薯，2000（14）：110－111.

[26] 盛万民. 中国马铃薯品质现状及改良对策 [J]. 中国农学通报，2006（22）：166－170.

[27] 张艳萍. 引进秘鲁马铃薯种质资源的评价与利用 [J]. 西北农林科技大学，2014.

[28] 李文刚. 国际马铃薯种业现状及发展综述——国际马铃薯新品种选育现状及趋势 [A]. 中国马铃薯大会，2014.

[29] 村外. 国外马铃薯加工业状况及进出口需求 [J]. 农产品加工，2008（6）：111，14.

[30] 高明杰，罗其友，刘洋. 中国马铃薯产业发展态势分析 [J]. 中国马铃薯，2013（4）：243－247.

[31] 张琳，周金池. 近红外光谱仪主要性能指标及研究进展 [J]. 分析仪器，2010（5）：1－5.

[32] 高荣强，范世福. 现代近红外光谱分析技术的原理及应用 [J]. 分析仪器，2002（3）：9－12.

[33] Chalucova R P, Krivoshiev G P, Bojilov P. Monitoring the Internal Quality of Potatoes by NIR Transmission and Reflection Measurement [J]. Optical Analysers，2000：68－70.

[34] Norbert U. Rapid Estimation of Potato Tuber Quality by Near-Infrared Spectroscopy [J]. Starch-Starke，2006，58（6）：268－273.

[35] 张小燕，杨炳南，刘威，等. 马铃薯主要营养成分的近红外光谱分析 [J]. 食品科学，2013，34（2）：165－169.

[36] 孙旭东，董小玲. 近红外光谱快速检测马铃薯全粉还原糖 [J]. 农业工程学报，2013（14）：261－262.

[37] 李志新. 应用近红外品质分析仪测定马铃薯淀粉的研究 [J]. 黑龙江农业科学，2011（11）：78－79.

[38] 吴晨，何建国，贺晓光，等. 基于近红外高光谱成像技术的马铃薯淀粉含量无损检测 [J]. 河南工业大学学报（自然科学版），2014，35（5）.

[39] 郝勇，陈斌. 茶叶中低含量氨基酸近红外光谱定量分析模型研究 [J]. 农业机械学报，2014，45（6）：12－16.

第 9 章 | Chapter 9
产地溯源与识别

　　马铃薯作为人类必需的粮食来源之一，消费者对其营养性、安全性等问题关注度与日俱增，其中特别是对于地理标志产品、特色产品、有机食品等的标签标注的真实性。各国纷纷出台政策，保护地区名牌，保护特色产品。欧盟早在 20 世纪就建立了一些关于保护食品或典型地理标志或控制农产品来源的立法[1]。我国于 2008 年 2 月 1 日实施了《农产品地理标志管理办法》，并推行"三品一标"行动，以保护地区名优特农产品[2-3]。但在实际生产和流通中，假冒品牌、假冒产地、以次充好等现象的存在损害了消费者的合法权益。生产者希望通过某种手段区分与保护品牌，经营者希望通过某种途径识别产地来源，消费者期待购买到安全优质的可信产品，因此迫切需要产地溯源与鉴别技术。因此，地理标志产品、名优特产品的长期发展需要严格的管理，特别需要使用科学的技术手段进行监测和识别，才能保护生产者和消费者的利益，保护产业的可持续发展。内蒙古地域辽阔，资源环境各异，土壤矿质元素含量分布和稳定同位素具有一定的地域特征，得天独厚的自然地理环境孕育的马铃薯具有优于其他产区的品质特征。建立有效的马铃薯产地溯源与识别技术，以保护内蒙古优质马铃薯的品牌十分必要。

9.1　指标获取及其应用进展

　　农产品产地溯源和识别是农产品安全监管环节——农产品溯源系统的重要内容，也是地域名优或特色农产品产业可持续发展的重要保障。农产品溯源系统是将农产品生产、加工、销售等过程的各种相关信息进行记录并存储，能通过识别码对该产品进行查询认证，追溯其在各环节中的信息[4]。农产品产地溯源和识别是为了实现农产品从餐桌到农田的逆向追溯，配合相应的检测技术，根据农产品的特征和地理信息，追溯农产品原产地的过程。因此产地溯源就是明确产品原产地的过程和目标；产地识别就是证明产品真实性的手段和结果。农产品产地溯源和识别技术是近年来各国学者研究和发展的一项新技术，是保护和甄别农产品中地理标志产品、地区名优产品的"有力武器"。

　　农产品溯源和识别技术常常包括化学分析和数据处理两大关键技术环节，而这些技术的核心是确定能表征农产品地域信息的特异性指标。动植物体中的化学成分组成与其生长地域、环境有关，利用相应的分析技术获得其独特的化学指纹特征，并结合适当的统计技术建立模型，应用于特定产品的来源判别，保证一定的识别率，可实现对产品的产地来源及真实性的判断。目前用于产地溯源的化学分析手段主要采用仪器分析，包括稳定同位素分析技术[5]、矿质元素分析技术[6]、有机成分分析技术[7-8]、近红外光谱技术[9]、核磁共振技术[10]、DNA 技术[11]，以及新兴的电子鼻/电子舌技术[12]等。这些技术以质谱、光谱、色谱以及基因鉴定分析设备作为指标获得的工具，其中可靠、高灵敏度的稳定性同位素和矿物元素指纹技术，以及快速、简便、环保的近红外光谱分析技术被认为是最有潜力的产地溯源指标获得手段，在农产品产地溯源研究应用更加广泛。

9.1.1 近红外光谱溯源技术

近红外光谱（NIR）是指波长范围为 $780\sim2\ 526nm$，波数为 $4\ 000\sim12\ 820cm^{-1}$ 的电磁波，主要反映的是含氢基团（O—H、C—H、N—H 和 S—H 等）的伸缩、振动、弯曲等引起的倍频和合频吸收，各种基团都有自己特定的近红外特征吸收峰，从而表征有机物化学成分结构和含量信息。不同地域来源的农产品受气候、环境、地质等因素的影响，其化学成分组成和结构存在一定的差异，从而形成光谱形状、吸收位置或强度不同的特征光谱图。通过将未知样品光谱图与已知或标准样品的光谱图进行比较可确定未知样品的归属或鉴别产品的真假。由于农产品近红外区的光谱吸收较弱，重叠严重，谱带复杂，必须借助主成分分析（PCA）、偏最小二乘回归（PLS）、线性判别分析（LDA）和人工神经网络模型（ANN）等化学计量学方法提取有效光谱信息，建立判别模型[13]。因此近红外光谱指纹技术需要与现代电子技术、光谱分析技术、计算机技术和化学计量技术的高度集合；需要大量有代表性且化学值已知的样品，模型需要不断的维护改进，以提高精度。一旦模型稳定后，利用近红外光谱技术进行农产品溯源，将具备简便、无损、高效等特点。

NIR 技术可以检测固体样品，也可检测液体样品，在农产品产地来源和生产史鉴别方面的应用日益增多。Cozzolino 等[14]采用 NIR 技术结合 PCA－PLSR 法，对来自澳大利亚的 269 个不同品种的白葡萄酒样品的产地进行判别，建立葡萄酒溯源模型，对不同品种的产地识别率为 96%～100%。Arana 等[15]采用 NIR 对来自不同地区的维尤拉葡萄和夏敦埃葡萄进行比较，结果 NIR 不但能定量测定可溶性固形物含量，还可以对其品种和产地进行区分，利用不同的变量做判别分析，品种的判别率达到了 97.2%，夏敦埃葡萄产地的判别率达到了 79.2%。我国科研人员利用 NIR 技术对特色水果的原产地也进行了研究，庞艳苹等[16]采用因子化法、合格性测试和主成分分析法对 NIR 采集的 225 个草莓数据进行建模分析，结果表明，不同模式识别方法对于草莓原产地的识别正确率均高于 93.3%。吴建虎等[17]利用 NIR 对采集自山西永和枣、山西板枣和新疆和田枣 3 种干枣进行数据扫描，选择多元散射校正法、一阶导数法和二阶导数法对所采集的光谱进行预处理，经主成分分析和建模分析，所建立模型对 3 个产地的枣校正和验证判别准确率都达到 100%。

在粮食产地溯源方面，很多应用已经可以市场化。Kim 等[18]采用近红外光谱分析技术结合 PLS 模式识别方法，对来自韩国的 280 份和其他地区的 220 份大米样品建立模型，鉴别率达到 100%。宋雪健等[19]选取来自肇源和肇州 2 个地区的 144 份小米样品，应用近红外漫反射光谱技术结合化学计量学对不同状态的小米进行产地溯源研究，结果表明：采用因子化法和偏最小二法差建立的模型对 2 个产地的小米的正确鉴别率均在 90% 以上。张智峰等[20]利用 NIR 技术对产自山西朔州、内蒙古、云贵高原、四川大凉山、陕西 5 个产地的 72 份苦荞样本进行数据采集，结合主成分 PCA 分析，可以很好地实现不同产地苦荞的聚类，并得到 1 370nm、1 680nm、870nm、971nm 特征峰；结合灰色关联分析，确定与苦荞的碳水化合物＞蛋白质＞脂肪＞钠＞硒＞黄酮顺序高度关联。表明 PCA 和灰色关联分析结合 NIR 技术可以实现苦荞产地溯源研究，为苦荞地理标志产品鉴别提供了一种快速高效低成本的方法。目前，关于马铃薯的近红外产地溯源研究未见报道。

9.1.2 矿质元素指纹溯源技术

不同地域的土壤、水、空气等环境介质中矿物元素含量有其各自的组成特征，通过食物链的传递，会导致不同地域来源的动植物体中矿物元素组成存在差异，从而实现对产品来源的判别[5,28]。研究发现，不同地域的矿物元素组成及含量都有其各自的特征，植物对矿物元素的吸收积累不仅受本身基因性状影响，还与环境条件密切相关，其环境因素主要包括水、人类活动、土壤类型、饲料配方及气候条件等，由此造成了植物在不同地域环境下，矿物元素含量具有各自地域特征。矿质元素较氨基酸、维生素和脂肪酸稳定，在食物链的扩散中构成了环境条件的可靠标记。因此，通过研究分析农产品或其原料中矿物元素的组成和含量差异可鉴别其产地来源。

矿物元素指纹分析技术主要包括紫外-可见分光光度法（UV-Visible）、原子吸收光谱法（AAS）、电感耦合等离子体质谱法（ICP-MS）和仪器中子活化法（INAA）等。其中，UV-Visible法操作简单、定量分析效果好，其染色剂来源不便获得；INAA适于多态样品检测，分析成本过高；ICP-MS、AAS可以快速、高灵敏度地测定农产品或其原料中的常量、微量或痕量矿质元素含量，并且易于实现和普及。通过分析样品中元素组成的特征性指纹图谱，可以追溯产品及其原料的产地来源，以及鉴别食品的种类。矿质元素溯源分析技术是国内外被广泛使用，在植物源性特色农产品领域，如葡萄/葡萄酒、果汁、茶叶、猕猴桃、枸杞等果蔬及其制品[22-26]，以及稻米、苦荞、山药、大豆和马铃薯[27-33]等粮食及其制品都用应用；随着研究技术的发展，其研究领域逐渐扩展到牛羊肉、蜂蜜、真菌等动物性农产品中[28]。该技术方法检测灵敏度高，技术较为成熟，并且可以同时获得多项元素指标的信息，在进行溯源的同时还可以反映样品的品质特性，因此更具有实际应用价值。

国外学者进行矿质元素产地溯源的研究起步较早，发展较快，取得的成果较为显著。Baxter等[22]通过ICP-MS对采集自西班牙和英国的112种葡萄酒样品进行多元素分析，使用判别分析统计数据，能够明确地确定葡萄酒的生产地。也可以完全区分英国和西班牙白葡萄酒、红葡萄酒和桃红葡萄酒，准确率为95%。Perez等[23]以Ca、Cd、Cr、Cu、Fe、K、Mg、Mn、Na、Ni、P、V、Zn等多种元素作为指纹指标，对来自俄勒冈州、墨西哥、智利和阿根廷的3种新鲜果汁（草莓、蓝梅和梨）进行主成分分析和判别分析，可以完全正确区分草莓、蓝梅和梨的原产地，随样品和模型的不同，果汁产地的判别率在70%～100%。使用微量元素分析饮品如茶、可可、咖啡的原产地研究更为普遍。Pilgrim等测定了中国、印度等不同国家茶叶样品的矿质元素含量，建立了Cu、Zn、Ni等元素的产地判别模型，最终整体的正确判别率达到了97.64%[24]。近年来，矿质元素溯源分析技术也在我国农产品产地溯源上得到了广泛应用，特别是在大尺度地域的产地溯源取得较丰硕的成果。马奕颜[25]探讨了矿质元素溯源分析技术在猕猴桃产地溯源的有效性，建立了猕猴桃产地溯源的有效指标体系及产地判别模型。胡琳等[26]对枸杞的矿质元素含量进行了研究，分析了不同生长时期的枸杞叶汁中矿质元素含量的差异，为后期枸杞矿质元素产地研究奠定了基础。

我国学者近年来较为重视粮食原产地研究。邵圣枝等[27]对黑龙江、江苏和辽宁的稻米中矿质元素含量进行分析，结果发现Li、Be和Na等其他矿质元素的含量变化较大，具有明显的地域特征，结合PCA-LDA判别的识别率为91%，与Kelly等[21]利用Mn、B、Se、

Rb 作为溯源指标对美国、欧洲、印度和巴基斯坦 4 个国家的稻米原产地进行鉴别技术类似。由此说明，矿质元素能作为地域特征的重要指纹信息，是有效的粮食产地溯源指标。张强等[29]对不同省份苦荞矿质元素的特点进行分析，筛选判别苦荞产地的有效指标，判别结果正确率和交互验证正确率达到了 97.4%；李向辉为探讨矿质元素指纹技术在山药原产地溯源中的可行性，确定 Li、Cu、Rb、Sr、Ba 在山药品种与产地间存在着显著差异，4 个主产地山药的原始和交叉验证总体正确判别率都为 100%[30]。鹿保鑫等分析黑龙江北安市 9 个农场和黑河市嫩江县 6 个农场共 42 个大豆样品中矿质元素含量，Na、K、Mn、Rb、Ba 和 Au6 种元素可作为两个大豆主产区溯源指标，判别率为 100%[[31]]。

采用矿质元素溯源马铃薯的产地研究历史久远，在美国、西班牙和意大利均有实践。Anderson 等[32]1999 年使用 ICP AES 对从美国和加拿大收集的 680 个马铃薯样品进行多元素（包括 K、Mg、Ca、Sr、Ba、V、Cr、Mn、Fe、Co、Ni、Cu、Zn、Mo、S、Cd、Pb 和 P）分析。使用统计学（PCA、典型判别分析，判别函数分析和 k－最近邻居）和神经网络多种统计技术对数据集进行评估发现，神经网络分类具有最高的正确分类百分比，识别率接近 100%，可以明确识别爱达荷州和非爱达荷州种植的马铃薯。Padín 等[33]2001 年通过 AAS 法对采自西班牙加利西亚的 102 个优质土豆样品进行 10 种金属元素（K，Na，Rb，Li，Zn，Fe，Mn，Cu，Mg and Ca）测定，应用聚类和主成分分析、优化数据结构，使用不同监督模式识别程序在分类和预测能力方面的性能优异，成功率为 98%～100%，根据 SOAN－MLF 神经网络可用于原产地马铃薯的品牌识别。同样，Giacomo 等[34]以 ICP－MS 分析的 Mg、Cr、Mn、Fe、Ni、Cu、Zn、Sr、Cd 和 Ba10 种元素为溯源指标，采用线性判别分析（LDA）模式，成功地对阿布鲁佐、富里诺和意大利其他四省的马铃薯进行鉴别，识别率为 98.3%～100%。不仅如此，这些矿物质和微量元素的含量也能够区分富里诺盆地栽培的三种马铃薯品种，识别率在 96.7% 以上。结合稳定同位素分析手段[7]，识别可信度更有保证。这些研究表明，通过一定化学分析手段确认矿物质和微量元素的含量是识别马铃薯的地理原产地及其品种的良好工具。

9.1.3 稳定性同位素比率溯源技术

生物体中稳定性同位素组成是基于生物体与外界环境进行物质交换过程中，受环境、气候及生物代谢影响而发生自然分馏效应，造成不同来源产品的同位素自然丰度存在差异[5]。这种差异携有环境因子的信息，且不受化学添加剂的影响，因此可作为物质的一种"自然指纹"，用于追溯农产品的产地来源，及确证农产品的真实性。C、N、H、O、S 是近年来国内外农产品产地溯源研究中最常用的 5 种稳定同位素。研究表明：不同的同位素比能指示不同的指纹信息，其分馏原因如表 9－1 所示，可以看出，$^{13}C/^{12}C$ 和 $^{15}N/^{14}N$ 是由生物的食物来源不同引起地源差异，$^{2}H/^{1}H$、$^{18}O/^{16}O$、$^{34}S/^{32}S$ 则是由本身地理差异作为指示信息。

表 9－1　同位素比指标信息

同位素比	分馏原因	指示信息
$^{13}C/^{12}C$	C3 和 C4 植物	食源引起地源差异
$^{15}N/^{14}N$	营养级别分类、农业生产	食源引起地源差异
$^{2}H/^{1}H$	蒸发、浓缩、沉淀	地源差异

（续）

同位素比	分馏原因	指示信息
$^{18}O/^{16}O$	蒸发、浓缩、沉淀	地源差异
$^{34}S/^{32}S$	细菌作用	地源（海洋）差异

　　稳定性同位素分析安全、无污染。一般采用同位素比率质谱仪（主要分为自动进样器、元素分析仪、质谱仪3大部分）进行分析。主要过程是：经前处理后的样品用锡杯包裹通过自动进样器进入元素分析仪，在高温裂解炉（H、O）或燃烧炉（C、N）发生裂解或燃烧，样品中的H和O元素经过裂解管的玻璃碳转化为H_2和CO，C和N元素经过燃烧炉转化为CO_2和N_2，随后生成的气体通过气相色谱柱进行分离后进入质谱定性定量。从20世纪70年代起同位素组合物已被用于研究食品材料的真实性，例如通过产品碳、氮和/或氧同位素组成的差异来识别蜂蜜、果汁、橄榄油和葡萄酒的掺假[35]。近年来，食品安全问题频繁发生，可通过同位素组成的自然变化来鉴定和追溯肉类及制品、动物饲料、水果、谷类作物、马铃薯等[7,36-41]的地理来源。稳定性同位素分析获得的结果准确可靠，且适用范围广，但是其设备昂贵、分析成本高，限制了该技术的大范围应用。

　　在牛羊肉产品、牛乳及乳制品等经济价值较高的畜产品产地溯源方面，稳定同位素分析技术也应用较多。Schmidt[36]等对美国和欧洲的牛肉样品中C和N同位素进行研究，结果表明两个地区的牛肉中C同位素比值差异较大；爱尔兰与其他欧洲国家牛肉的C、N同位素比值也存在明显差异；可以作为区分不同产区牛肉的重要指标。孙淑敏[37]利用同位素比率质谱仪，对来自内蒙古3个牧区（呼伦贝尔市、阿拉善盟、锡林郭勒盟）以及重庆和山东菏泽2个农区的羊肉及饲料样品的C、H、O三种同位素的比值进行了测定，发现不同地域羊肉组织的C、N同位素的比值存在显著差异，羊肉组织的C同位素与羊所食用的粗饲料C同位素比值高度相关，主要受牧草种类的影响。

　　目前国内外学者利用C、N、H、O、S同位素对植物性农产品产地溯源进行了大量实验。Simpkins等[38]利用C同位素技术研究了澳大利亚不同产地橙子的果肉和橙汁样品，结果发现，鲜榨橙汁中的碳同位素丰度存在着地域差异，提出并建立了橙汁中碳同位素比值的数据库。张遴等[39]同样采用C稳定同位素质谱技术，对来自我国陕西、宁夏、山东等11个省份的"红富士"苹果进行测定分析，发现"红富士"苹果中C同位素具有区域独特性和时间稳定性。除了C同位素以外，Chung等[40]利用N、O、S稳定同位素作为判别指标，实现了对来自韩国、中国和菲律宾的水稻糙米的产地鉴别，其中以O和S同位素的判别效果最佳。陈天金[41]等分析了水稻中的C、H、N、O同位素指标组合，证明：采用这些组合指标对不同国家产地正确判别率在85%以上，对我国不同省份产地的正确判别率在95%以上。

　　利用稳定同位素进行马铃薯产地溯源的尝试最早在2011年，Longobardi等[7]利用顶空固相微萃取/气相色谱—质谱（HS-SPME / GC-MS）和同位素比质谱仪（IRMS）结合适当的统计技术，成功预测了意大利三个不同产源即西西里岛、普利亚和托斯卡纳种植的马铃薯。其中同位素比率方差分析显示，在三个不同地理区域生产的马铃薯中，氧（$\delta^{18}O$）和氮（$\delta^{15}N$）同位素比值存在的统计学显著性差异（p＜0.05），交叉验证的预测能力为91.7%。马铃薯在生长过程中受到栽培周期（普利亚和西西里岛栽培为冬—春循环，托斯卡纳为夏—秋季循环）以及地理位置特征的影响，例如距离海岸的距离和海拔高度差异等因素，造成马铃薯氧和氮同位素的丰度变化。评估中通过（判别函数分析 DFA，使用标准程序）对同位素数据进行多变量分析，并且采用两种不同的独立判别函数，计算的变异性为 93.0% 和 7.0%。不同地理来源的马铃薯样品之间的区别在第一判别函数中清楚地显示，其主要与 $\delta^{18}O$（标准化系数，-0.95）和 $\delta^{15}N$（-0.70）负相关，并且在较小程度上与 $\delta^{13}C$（0.28）呈正相关。因此 $\delta^{18}O$ 是区分三个地理群体中土豆样本的最具判别性的变量。研究表明，植物材料的 $^{18}O/^{16}O$ 比率（也用于 $^2H/^1H$ 比率）通常取决于与地理来源直接或间接相关的几个因素：例如植物吸水率（与纬度、海拔、距离相关）、蒸发源、温度和沉淀量；蒸腾过程中的蒸发和扩散效应（受相对湿度、温度、水蒸气的同位素组成影响）；和生物合成途径，包括有机分子和植物水之间的同位素交换[35]。

9.2 数据处理及其判别验证

综合上述利用不同化学分析技术获取的溯源数据，都需要结合适当的化学计量学多元统计技术建立模型才能展开判别应用。化学计量学是应用数学、统计学、计算机及其他相关学科的理论和方法去设计和选择最优的测量过程和实验方法，并通过对化学数据的解析，最大限度地获取有用的化学信息[42]。在基于稳定同位素、矿物元素及其他相关成分分析的农产品产地溯源研究中，常用的化学计量学方法包括：方差分析皮尔逊相关系数分析、聚类分析、主成分分析、判别分析（含 LDA、CDA、Fisher 判别）、人工神经网络等。对于多变量，先筛选出具有显著性差异和相关性强的关键变量，再在此基础上，结合后续的分类和模式识别方法进行产地溯源。对于使用光谱数据、图像数据进行特征信息提取时，先要开展数据的预处理工作，以去除冗余信息干扰。

9.2.1 数据预处理

原始光谱图存在背景和噪音信息干扰，为达到最大化样品之间所需信息的变异性和最小化无关信息，减少噪音，需将原始光谱数据进行预处理[43]。常用的方法如平滑处理、多元散射校正、一阶导数、二阶导数等，不同的预处理方法会使结果有所差异。

（1）平滑处理（Smoothing）是消除随机误差、光谱噪音常用的一种信号平滑方法，有移动平均平滑法和卷积平滑法 Savitzky—Golay，卷积平滑法是目前应用较广泛的去噪方法。

（2）多元散射校正（Multiplicative scatter correction，MSC）是另一种常用的光谱预处理方法。可有效地消除光程差异、待测样品颗粒不均匀对近红外光谱的干扰和散射影响，增强差异位点的光谱吸收信息，进而提高光谱的信噪比。

（3）标准正态随机变量（Standard normal variate，SNV）主要是用来消除物体的表面散射、固态物体颗粒的大小以及光程大小的变化对红外光谱的影响。其区别于 MSC 的是只对单个光谱进行计算。而 MSC 的计算对象是整个光谱集。

（4）小波去噪（Wavelet de-noising，WD）是一种信号时频分析法，以某些特殊函数为基础将数据过程或数据系列变换为级数系列的过程，具有多分辨率的特点，在频域和时域有表征该信号局部信息的能力，包括光谱降维和降噪。通过小波变换可以容易地分离出噪声或其他不需要的信息，小波去噪在特征信息保留和保护分析精度上具有优势。

（5）一阶导数（First derivative，1st Der）主要作用是基线校正，原始光谱通过求导变换可有效地消除基线偏移以及样品所含有不同成分之间的相互干扰而导致的近红外吸收光谱重叠等的背景干扰，从而提高灵敏度和分辨率。

（6）二阶导数（Second derivative，2nd Der）类似一阶导数，对基线再校正，可以消除基线的漂移和光谱弯曲等线性趋势。

（7）单位向量标准化（Unit vector normalization，UVN）是将单个样品光谱规范到相同尺度，使得标准化以后光谱长度相同，一般用到模式识别中。

（8）去趋势化（Detrending，DT）一般结合 SNV 使用，当光谱数据经 SNV 处理后在用 DT 处理可以消除多元共线性，基线漂移和基线弯曲。

对于图像数据，还需要对样本图像进行图像转换、均值滤波、维纳滤波、钝化滤波、增强对比度、关操作、填充空洞等预处理过程，为进一步对图像的外观特征包括形态、颜色和纹理提取服务。形态特征包括面积、周长、长轴长、短轴长、矩形度等；颜色特征包括红绿蓝模式（RGB）和 HSV 空间各分量的均值和方差；纹理特征基于灰度共生矩阵采用统计法提取，有大小梯度、能量、相关、熵等。图像数据特征提取需要特殊软件编程实现。

9.2.2 相关性分析

（1）相关性与显著性 方差分析（Analysis of Variance，ANOVA）是 R. A. Fisher 发明的用于两个及两个以上样本均数差别的显著性检验，又称"F 检验"或"变异数分析"。相关系数分析（Pearson Correlation Coefficient，PCC），是 K. Pearson 发明的用于衡量两个服从正态分布的随机变量相关密切程度的统计学方法，也称线性相关系数或皮尔逊相关系数。

在农产品产地溯源分析中，ANOVA 和 PCC 通常是用于初步比较不同变量的变化情况，分析其差异显著性和相关性，比如通过 F 检验判断各区域量测变量之间是否存在差异，以筛选出具有显著性差异和相关性强的关键变量。在此基础上，再结合后续的分类和模式识别方法进行产地溯源。

方差分析在农产品产地溯源分析中是一种辅助的分析方法，常常用于筛选出具有显著差异（$p < 0.05$）的指标来简化用于其他计量学分析的变量。而线性相关系数介于 $-1 \sim 1$ 之间。在自然科学领域中，该系数广泛用于度量两个变量之间的相关程度。

（2）灰色关联分析（Grey relation analysis，GRA）通常，要定量地研究两个事物间的关联程度，可以用相关系数和相似系数等表示，但这需要足够多的样本数或者要求数据服从一定概率分布。在实际情况下，有许多因素之间的关系是灰色的，难以区分因素的密切程度，这样就难以找到主要特性。

灰色关联分析，以"信息部分明确、部分未知"的"小样本"的灰色系统为研究对象，定量地表征多因素之间的关联程度，从而揭示灰色系统的主要特性。关联分析是灰色系统分析和预测的基础。

其在农产品产地溯源研究中的步骤包括：①整理主要成分含量和需要提取信息的对应响应，如特征波长对应的光谱吸收度；②选定参考序列和 n 个比较序列并进行归一化处理，消除量纲；③计算每个参考列一个关联度得到关联矩阵，根据矩阵元素的大小分析得出结论。

9.2.3 无监督归类分析

（1）主成分分析（Principal Component Analysis，PCA）是化学计量学中常用的一种数

据处理方法，通过对高维数据进行降维处理，提取数据中反映主要方差的特征向量作为主成分（最大的几个特征值对应的特征向量），同时以主成分作为新的坐标系，用数据对新的坐标系进行投影并对投影点分析，从而实现高维数据的低维直观可视化分析的一种模式识别策略。PCA 的步骤：①利用获得的原始光谱数据构建 $X=m \times n$ 阶的矩阵，其中 m 代表样本数目，n 为原始光谱数据的维数；②将 $m \times n$ 阶矩阵 X 的每一列进行归一化处理，即样本的每个属性；③求出协方差矩阵 D，并求解该矩阵的特征值和对应的特征向量；④将求出的特征值从小到大排列，选择最大的 k 个，然后将其对应的特征向量组成新特征矩 N；⑤通过上述求解将原始的数据降到 k 维，通过计算累计贡献率得到原始数据的信息保留量。

在农产品产地溯源研究中，对检测到的矿物元素、同位素或者其他成分的多个指标进行 PCA 后，利用主成分进行二维投影或三维投影得到主成分得分图或聚点图来给出各样本的区分归类效果，较为直观地区分来自不同产地的农产品。其目的在于将复杂数据简单化，去除冗余，从而找出主要特征因子。主成分的个数主要由累计贡献率来决定，通常累计贡献率在 80%～90% 时就可以用主成分代替原始变量做进一步的分析。Longobardi 等[7]通过将 DFA 与 3 种同位素比率和 25 种挥发性化合物相结合，可以获得基于地理来源的马铃薯样品的略微改善的视觉分离

（2）聚类分析（Cluster Analysis，CA）是根据样本/变量本身的特征，通过统计对样本/变量进行分类的多元分析方法，通过数据建模达到简化数据的目的。也称为分类分析、集群分析。根据对象不同可分为样本聚类（Q 型）和变量聚类（R 型）两种。样本聚类是根据被观测对象的各种特征进行分类的方法，其目的是找到不同样本间的共同特征。变量聚类是找到一些彼此独立又具代表性的变量来反映整体变量的多元数据整合方法。通常用距离和相似系数来度量聚类样本或变量之间的相似性。对于非连续性样本观测值要采用卡方检验，对于连续样本观测值可采用不同模式进行距离计算。而变量间的相似系数越大，反映变量间的相似性越高。根据需要，变量聚类又可细分为二阶聚类、K-均值聚类和层次聚类。

在农产品产地溯源研究中，聚类分析是研究如何将样品或变量进行分类的一种方法，它能够从测定农产品的矿物元素含量、同位素含量或者其他成分含量出发，设定特定的距离，进行聚类分析，就能够将相同产地的农产品成功划分到一类，不同产地的农产品划分到另一类，从而判别农产品的产地来源的不同。聚类分析与主成分分析在农产品产地溯源研究中主要对多变量进行归类，并进一步为模式判别服务，均属于无监督法，事先没有规定分类的标准和种类的数目，要求通过信息处理找出合适的分类方法。

9.2.4　有监督判别分析

判别分析（Discriminant analysis，DA）也称判别函数分析，是在分类确定的条件下，根据某一研究对象的各种特征值判别其类型归属问题的一种多变量统计分析方法。其基本原理是按照一定的判别准则，建立一个或多个判别函数，用研究对象的大量资料确定判别函数中的待定系数，并计算判别指标。据此即可确定某一样本属于何类。根据判别标准不同，可分为距离判别、Bayes 判别法，根据判别函数的形式，可以分为线性判别和非线性判别；根据对变量的处理方式可分为整体判别和逐步判别。对各已知样品多种变量观测值建立判别函数，然后以判定判别函数对具体研究对象和未知样品进行判别的监督式学习方法，包括：线性判别分析、Bayes 判别分析和 K 最近邻判别分析是常用的判别分析法。

（1）线性判别分析（Linear discriminant analysis，LDA），是一种有监督模式的识别策略，最早由 Fisher 在 1936 年提出，亦称 Fisher 线性判别。其思想非常朴素：给定训练样例集，设法将样例投影到一条直线上，使得同类样例的投影点尽可能接近，异类样例的投影点尽可能远离；并根据新样本距离投影直线的位置来确定类别。一般根据样本类内方差最小且类间方差最大的原则构建 2 个新的判别函数（即 Function 1 和 Function 2），然后利用新建立的判别函数对待判样本进行分类。Giacomo 等[34]用 LDA 能够对来自意大利其他地区和阿布鲁佐四省的马铃薯土豆进行分类和鉴别，使得 Fucino 土豆与阿布鲁佐其他区域之间的实现净分离，并且 LDA 还区分了 Fucino 盆地种植的三种马铃薯品种。

（2）典型判别分析（Canonical discriminant analysis，CDA）是一种有监督模式的识别策略，其基本思想类似于主成分分析，通过数据的降维技术，找到能区分各类别的变量的线性组合。典型判别分析（Fisher 判别分析）方法的本质即为确定该线性判别函数。Anderson 等[32]采用 PCA - CDA 分析了从美国和加拿大收集的 680 个马铃薯样品的多元素电感耦合等离子使—原子发射光谱法（ICP - AES）数据，可以明确识别爱达荷州和非爱达荷州种植的马铃薯，但与采用装袋神经网络统计技术相比，识别率略低，神经网络分类具有最高可接近 100% 的正确分类。

（3）Bayes 判别分析（Bayes discriminant analysis，BDA）是一种基于对总体有一定认识的有监督学习模式识别策略。其基本思想是假定在抽样前对所研究的对象（总体）和样品已经有一定认识，用先验分布来描述这种认识，然后给予抽取样本对先验认识做修正，可以得到后验分布，再基于后验分布进行各种推断。BDA 分析既要考虑各个总体出现的先验概率，又要考虑的错判造成的损失。

（4）K 最近邻（k-Nearest neighbor，KNN）判别分析也称 KNN 分类算法，是最简单的机器学习算法之一。Padin 等[33]利用 KNN 分析成功地将西班牙加利西亚的 102 个土豆样品进行识别。其方法原理是：如果一个样本在特征空间中的 k 个（小于 20 的整数）最相似（即特征空间中最邻近）的样本中的大多数属于某一个类别，则该样本也属于这个类别。该算法中，所选择的邻居都是已经正确分类的对象。虽然从原理上依赖于极限定理，但在类别决策时，只与极少量的相邻样本有关。而不是靠判别类域的方法来确定所属类别的，因此对于类域的交叉或重叠较多的待分样本集来说，KNN 方法较其他方法更为适合。

（5）偏最小二乘判别分析（Partial least squares discriminant analysis，PLS - DA）是一种用于判别分析的多变量统计分析方法。其原理是多因变量对多自变量的回归建模，对不同处理样本（如观测样本、对照样本）或多变量（因变量、自变量）的特性分别进行训练，产生训练集，并检验训练集的可信度。偏最小二乘回归较好地解决了样本个数少于变量个数等问题，可以减少变量间多重共线性（一些自变量之间存在较强的线性关系）产生的影响。它与 PCA 都试图提取出反映数据变异的最大信息，但主成分分析法只考虑一个自变量矩阵，而偏最小二乘法还有一个"响应"矩阵，因此具有预测功能。

（6）支持向量机（Support vector machine，SVM）是通过一个非线性映射，将变量映射到一个高维特征空间。其本身是特征空间上间隔最大的线性分类器，其目的间隔最大化，最终可转化为一个凸二次规划问题的求解。由于 SVM 算法的复杂度取决于样本数据的个数，而不是输入空间的维数，因此样本数据越大，相应的二次规划问题将更复杂，计算速度会更慢。经优化建立的最小二乘支持向量机（Least squares support vector machine，LSS-VM）采用不同的优化目标函数，并且用等式约束代替不等式约束模型。SVM 和 LSSVM在解决小样本、非线性及高维模式识别中表现出许多特有的优势，并能够推广应用到函数拟合等其他机器学习问题中。

（7）人工神经网络（artificial neural network，ANN）是一种模拟人类大脑处理信息的方式的简化算法模型。通过多个神经元层的输入输出运算给出一个判断结果，是一种学习机器。Anderson 等[32]对采用神经网络模型和区分功能分析都成功地将马铃薯与其来源相对分类，并且使用装袋策略的神经网络获得了更高的正确分类率（98%～99%）。ANN的执行预测分析的能力不逊于其他传统技术，并且只需很少的统计或数学知识即可进行应用，常用的有反向传播人工神经网络（Back-propagation artificial neural network，BP-ANN）和径向基人工神经网络（Radial basisfunction artificial neural network，RBF-ANN）两种。

BP 网络是一种按误差逆传播算法训练的多层前馈网络，是全局逼近网络，学习过程分为两个阶段。广泛应用于函数逼近、模式识别与分类、数据压缩等。数学理论已证明它具有实现任何复杂非线性映射的功能。这使得它特别适合于求解内部机制复杂的问题，具有一定的推广、概括能力。具有很强的容错性和较快的处理速度，在学习和自动调整方面具有很大优势，它的缺点是对初值设置敏感、收敛易陷局部极小和学习速度慢。

RBF 网络源于数值分析中多变量插值的径向基函数方法。理论上三层的 RBF 网络具有可以逼近任意函数的能力。其原理是网络的隐含层相当于一个相似度计算网络，采用径向对称基的非线性函数来处理多维空间的输入数据，将其变换为以某多维空间点为中心的相似度值，然后，输出层通过比较每个 RBF 的贡献，调整其权系数，以达到期望值。RBF 神经网络结构简洁，学习速度快，避免了局部极小问题，推广能力强，且过拟和现象低。

（8）留交叉验证（Leave-one-out cross validation，LOO-CV）对判别结果进行验证。所谓 LOO-CV，是设原始数据有 N 个样本，那么 LOO-CV 就是 N-CV，即每个样本单独作为验证集，其余的 N-1 个样本作为训练集，所以 LOO-CV 会得到 N 个模型，用这 N个模型最终的验证集的分类准确率的平均数作为此下 LOO-CV 分类器的性能指标。Ariyama 等[44]利用 ICP-MS 和稳定同位素测定技术，并结合 LDA 和 KNN 等判别分析，对产自日本、美国、中国和泰国的大米进行判别，10 倍交叉验证率达到 97%，大大提高了判别准确率。

其他的分析方法如 DFA、简易分类法（SIMCA）等计量学方法也经常用于农产品产地溯源分析，但通常仅采用一种计量学方法的产地分类效果最佳，判别准确率也最有效，但多种方法结合使用则可以大大提高判别准确率。Padín 等[33]通过原子吸收光谱法对采自西班牙的土豆样品进行产地判别时，就应用聚类分析和主成分分析等多变量化学计量学技术，对数据结构进行优化，使用不同监督模式识别程序将样本分类为原产地质量认证品牌和非原产地质量认证品牌。并采用 LDA、KNN、SIMCA 和多层前馈神经网络（MFNN）模型结合分析判断，其中 LDA、KNN 和 MFNN 的结果对于非原产地质量认证品牌类是可接受的，而SIMCA 显示出对原产地质量认证品牌类更好的识别和预测能力。当采用自组织与自适应邻域网络（Self-organizing with adaptive neigbour hood network，简称 SOAN）和 MLF 网络相结合的更复杂的神经网络方法进行优化分类时，均能在两个类别中获得了在分类和预测能力方面的优异性能，成功率为 98%～100%。

因此，经过预处理的溯源数据，通常是采用 ANOVA 和 PCC 初步比较不同产地农产品中稳定同位素和矿物元素的变化情况，以分析其差异显著性和相关性，并筛选出具有显著性差异和相关性强的关键变量。在此基础上，再结合后续的分类和模式识别方法进行产地溯源。而分类和模式识别方法又分为有监督学习型和无监督学习型。有监督学习型判别法就是事先规定了分类的标准和种类的数目，通过大批已知样本和信息的处理得到判别函数，再预报所要判别的对象属于哪类，LDA、CDA、Fisher 判别和 ANN 均属于有监督学习型判别方法。无监督学习型判别法是事先没有规定分类的标准和种类的数目，要求通过信息处理找出合适的分类方法，常见的有 PCA 和 CA 等。对于同一数据，不同分类和模式识别方法在进行产地溯源时取得的结果不尽相同。不同分类和模式识别方法没有绝对的优劣，只有通过对实际样本的区分效果来评估。

9.3　马铃薯的矿质元素指纹溯源

内蒙古地域辽阔，资源环境各异，土壤矿质元素含量分布具有一定的地域特征，作为内蒙古的主要作物之一的马铃薯，矿物元素的组成信息与其生长地域来源有直接或间接的相关性，但国内尚未建立基于矿质元素指纹的马铃薯溯源模型和技术。因此，在借鉴前人完善的采样方法、检测技术，以及分析手段的基础上，研究团队利用 ICP - MS 对黑龙江、新疆、四川、广东等地以及内蒙古主产区的马铃薯进行多矿质元素分析，开展产地溯源技术的研究，建立适合本地区的有效的马铃薯产地鉴别的溯源技术，以期保护内蒙古优质马铃薯的品牌。

9.3.1　溯源指标选择

本研究团队测定了内蒙古、黑龙江、新疆、四川、广东等不同产地来源马铃薯样品中的钠、镁、铝、钾、钙、铁、硼、磷、钒、铬、锰、钴、镍、铜、锌、砷、硒、镉等 18 种矿质元素的含量，通过分析比较不同来源的产地马铃薯中各矿质元素含量的差异，利用 PCA、CA 和 DA 比较了各元素在马铃薯产地判别中的作用，探讨了矿质元素分析技术对马铃薯产地溯源的可行性和判别的效果，筛选出有效的判别指标，初步建立了判别模型，为马铃薯产地溯源提供理论和数据依据。

9.3.2　省际尺度鉴别

表 9 - 2 中，分别统计了内蒙古与黑龙江、新疆、四川、广东不同产地马铃薯中钠、镁、铝、钾、钙、铁、硼、磷、钒、铬、锰、钴、镍、铜、锌、砷、硒、镉等 18 种矿质元素的含量，方差分析显示，在 0.05 水平上，砷和硒的显著性 d 值分别为 0.07 和 0.095 7，大于 0.05，差异不显著，其他 16 种元素含量在 0.05 水平上，显著性 d 值均小于 0.05，说明马铃薯中绝大多数矿质元素在不同地区的含量存在显著性差异。

表9-2 不同产区矿质元素含量

元素	内蒙古		四川		广东		黑龙江		新疆	
	均值	标准差	均值	标准差	均值	标准差	均值	标准差	均值	标准差
钠	290.07	198.07	80.19	61.39	116.05	6.63	608.63	451.50	141.96	79.04
镁	959.80	269.51	689.11	92.50	709.15	86.79	1 041.55	285.05	901.51	196.55
铝	13.35	7.04	118.29	46.23	64.72	27.33	26.17	8.39	67.60	27.21
钾	17 736.62	4 317.39	13 964.22	2 109.62	15 705.49	4 337.14	17 654.53	3 073.45	15 927.36	4 540.79
钙	411.95	220.81	381.64	144.05	583.17	38.19	774.51	192.17	468.56	196.63
铁	36.12	11.76	112.98	29.74	82.08	7.76	52.44	15.02	86.48	37.31
硼	1.65	1.32	1.84	1.08	2.60	0.22	3.07	0.72	1.75	1.60
磷	1 210.35	901.16	1 609.85	947.29	2 022.77	68.38	1 665.51	760.08	934.50	930.05
钒	0.04	0.25	0.17	0.10	0.10	0.04	0.04	0.01	0.01	0.10
铬	0.21	0.25	0.84	0.59	0.44	0.12	0.51	0.29	0.39	0.38
锰	3.42	2.86	11.64	5.61	6.82	1.37	10.64	6.57	3.73	3.18
钴	0.08	0.08	0.26	0.13	0.56	0.09	0.14	0.15	0.08	0.09
镍	0.28	0.33	0.77	0.50	0.00	0.00	1.13	1.00	0.24	0.26
铜	2.24	2.10	5.00	3.17	5.42	0.61	4.49	1.29	6.11	4.83
锌	4.44	2.41	10.47	4.98	10.16	0.52	6.71	2.12	7.11	2.16
砷	0.07	0.11	0.06	0.04	0.04	0.00	0.09	0.05	0.07	0.09
硒	0.03	0.07	0.03	0.06	0.01	0.00	0.00	0.00	0.03	0.05
镉	0.04	0.04	0.13	0.10	0.26	0.00	0.12	0.16	0.07	0.07

9.3.2.1 主成分分析

对不同产区马铃薯18种矿物元素进行PCA，分析结果如表9-3所示，选取特征值大于1的成分作为主成分，提取了5个有效的主成分。第1主成分贡献率为33.747%，第2主成分贡献率为15.243%，第3主成分贡献率为9.344%，第4主成分贡献率为6.248%，第5主成分贡献率为5.973%，总贡献率达到了70.557%，5个主成分基本包括了不同元素含量和组成的大部分信息，可充分达到反映原始数据信息的目的。

表9-3 主成分因子载荷矩阵及累计方差贡献率

元素	成分				
	1	2	3	4	5
钠	0.146	0.660	0.264	−0.264	−0.173
镁	0.417	0.739	0.285	0.08	0.098
铝	0.423	−0.638	0.514	0.121	−0.091
钾	0.392	0.642	0.201	0.063	0.222
钙	0.46	0.459	0.414	−0.16	0.044
铁	0.528	−0.491	0.579	0.07	−0.005

（续）

元素	成　分				
	1	2	3	4	5
硼	0.817	0.301	−0.264	0.159	−0.169
磷	0.816	0.237	−0.334	0.062	−0.05
钒	0.064	−0.18	0.306	0.027	−0.618
铬	0.751	−0.141	−0.046	−0.049	−0.156
锰	0.839	−0.014	−0.143	−0.127	0.015
钴	0.665	−0.317	−0.139	−0.197	0.239
镍	0.504	−0.204	−0.096	−0.519	0.244
铜	0.794	0.021	−0.079	0.221	−0.221
锌	0.792	−0.075	0.184	0.274	0.097
砷	0.075	−0.053	−0.164	0.695	0.331
硒	−0.374	0.027	0.567	0.038	0.399
镉	0.593	−0.290	−0.075	−0.185	0.310
方差贡献率/%	33.747	15.243	9.344	6.241	5.973
累计贡献率/%	33.747	48.991	51.355	64.513	70.557

提取方法：主成分，已提取了 5 个成分。

　　根据元素的载荷大小逐步对元素进行筛选，第 1、第 2 主成分累积贡献率达 48.991%，接近 50%，选择第 1 主成分和第 2 主成分的因子载荷值作图，如图 9-1 所示，横坐标代表第 1 主成分载荷值，纵坐标代表第 2 主成分载荷值，成分因子载荷值的绝对值取值越大，代表元素的方差贡献率越大，即硼、磷、锰、铬、铜、锌元素载荷值均在 0.8 左右，在第一主成分上载荷值较大，这 6 个元素基本可以反映第 1 主成分的信息；镁、钠、钾、铝元素载荷值的绝对值在 0.6～0.7 之间，在第 2 主成分上载荷值较大，这 4 个元素基本可以反映第 2 主成分的信息，说明硼、磷、锰、铬、铜、锌、镁、钠、钾、铝等元素，携带了足够的区域特征信息，在很大程度上可以作为马铃薯产地溯源的特征矿质元素。利用第 1 主成分和第 2 主成分的因子得分绘制散点图，如图 9-2 所示，内蒙古和新疆、四川、广东、黑龙江等 5 地样品基本得到有效区分，内蒙古本地样品间也存在距离间隔，说明矿质元素可作为马铃薯产地鉴别的指标，在产地溯源上具有应用的可能性。

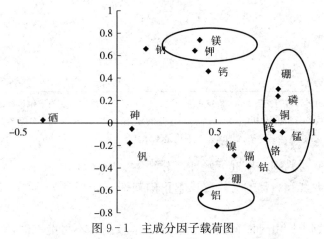

图 9-1　主成分因子载荷图

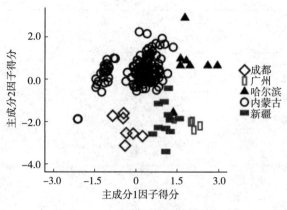

图 9-2　主成分因子得分图

9.3.2.2　判别分析

利用 18 种矿物元素作为分析指标，利用 Fisher 函数，对内蒙古与黑龙江、新疆、四川、广东不同产地马铃薯进行了整体判别。由表 9-4 分类结果显示：18 种矿质元素的初始整体判别率为 98.4%，广东和新疆的马铃薯样品 100% 的样品被正确识别，内蒙古、四川和黑龙江存在错判样品，数量分别是 1 份、3 份和 2 份，内蒙古、四川和黑龙江产地马铃薯样品判别率分别为 99.4%、85.7% 和 90.0%。

表 9-4　判别分析分类结果

省区		预测组成员					合计
		内蒙古	四川	广东	黑龙江	新疆	
初始	内蒙古	99.4	0	0	0.6	0	100.0
	四川	0	85.7	0	0	14.3	100.0
	广东	0	0	100.0	0	0	100.0
	黑龙江	10.0	0	0	90.0	0	100.0
	新疆	0	0	0	0	100.0	100.0
交叉验证	内蒙古	98.8	0	0	1.3	0	100.1d
	四川	0	71.4	0	0	28.6	100.0
	广东	0	0	100.0	0	0	100.0
	黑龙江	40.0	0	0	50.0	10.0	100.0
	新疆	9.1	0	0	9.1	81.8	100.0

注：a：仅对分析中的案例进行交叉验证。在交叉验证中，每个案例都是按照从该案例以外的所有其他案例派生的函数来分类的类。b：已对初始分组案例中的 91.4% 个进行了正确分类。c：已对交叉验证分组案例中的 89.4% 个进行了正确分类。d：表示 SPSS 计算过程中四舍五入的偏差，理论是 100。

利用 LOO-CV 对判别结果进行验证。分组案例中，有 94.2% 的马铃薯样本被正确分类，其中四川、黑龙江和新疆的马铃薯样本正确判别率分别为 71.4%、50% 和 81.8%，低于整体水平。

在实际产地判别中，由于时间成本和经济成本较高，不可能同时测定 18 种矿质元素。

为了提高实际应用的效率，需要进一步筛选有效信息，减少变量，通过改变变量的处理方式，利用逐步判别对不同地区马铃薯样品进行产地溯源。分析结果显示，在 0.01 显著水平下，有 8 种元素进入了判别模型，8 种元素分别是钠、铝、磷、锰、钴、镍、铜、镉，回代检验结果显示这 8 种元素的正确判别率也可达到 97.4%，交叉验证的正确判别率为 89.3%，判别率略低于 18 种元素的判别效果，但实际效率相对较高，采用这 8 种元素指标可以对不同产地进行判别，判别效果良好。由钠、铝、磷、锰、钴、镍、铜、镉 8 种元素所建立的判别函数系数如表 9-5 所示，根据函数系数获得不同地区的判别函数模型，利用判别模型可以用已知数据计算出不同产地的分类函数的 Y 值。

分类函数模型分别是：

$$Y_1 = 0.071X_1 - 1.906X_2 - 0.611X_3 - 0.49X_4 + 0.351X_5 - 0.113X_6 - 0.634X_7 - 0.47X_8 - 2.1 \tag{9-1}$$

$$Y_2 = -1.407X_1 + 17.472X_2 - 3.963X_3 + 5.294X_4 - 2.145X_5 - 0.62X_6 + 2.295X_7 + 2.666X_8 - 37.641 \tag{9-2}$$

$$Y_3 = 0.353X_1 + 5.169X_2 - 3.737X_3 - 0.055X_4 - 9.911X_5 - 6.901X_6 + 1.292X_7 + 3.210X_8 - 32.347 \tag{9-3}$$

$$Y_4 = 1.3597X_1 + 1.347X_2 - 1.717X_3 + 2.146X_4 - 2.533X_5 + 2.392X_6 + 0.404X_7 + 1.146X_8 - 6.404 \tag{9-4}$$

$$Y_5 = -1.177X_1 + 1.977X_2 - 2.162X_3 + 0.169X_4 - 2.091X_5 - 0.123X_6 + 4.974X_7 + 1.232X_8 - 13.009 \tag{9-5}$$

在实际应用时，通过测定未知产地样品的钠、铝、磷、锰、钴、镍、铜、镉 8 种元素含量，带入分类函数，与已知 Y 值进行比较，然后判别出未知样品的产地。

表 9-5　判别式分类函数系数

元素	省份				
	内蒙古（Y_1）	四川（Y_2）	广东（Y_3）	黑龙江（Y_4）	新疆（Y_5）
钠（X_1）	0.078	-1.407	0.353	1.359	-1.177
铝（X_2）	-1.906	17.472	5.169	1.347	8.977
磷（X_3）	0.681	-3.963	-3.737	-1.717	-2.862
锰（X_4）	-0.490	5.294	-0.055	2.846	0.169
钴（X_5）	0.358	-2.145	9.918	-2.533	-2.091
镍（X_6）	-0.183	-0.620	-6.901	2.392	0.123
铜（X_7）	-0.634	2.295	1.292	0.404	4.974
镉（X_8）	-0.470	2.666	3.280	1.846	1.232
常量	-2.100	-37.641	-32.347	-6.404	-13.009

本研究证明：PCA 和判别分析方法都能对内蒙古和新疆、四川、广东、黑龙江 5 地的马铃薯样品进行准确鉴别，两种方法均证明钠、铝、磷、锰和铜元素在马铃薯产地溯源中具有良好的产地指纹特征。

9.3.3 省内区域尺度鉴别

表 9-6 对内蒙古不同地区（包括呼和浩特、乌兰察布、包头、呼伦贝尔、兴安盟、通辽、锡林郭勒盟等地）马铃薯中钠、镁、铝、钾、钙、铁、硼、磷、钒、铬、锰、钴、镍、铜、锌、砷、硒、镉 18 种矿质元素的含量进行统计，方差分析显示，在 0.05 水平上，钒、镉和硒的显著性 d 值分别为 0.329、0.072 和 0.157，大于 0.05，地区间含量差异不显著，其他 16 种元素含量在 0.05 水平上，显著性 d 值均小于 0.05，说明马铃薯中不同矿物元素在不同地区的含量存在显著性差异。

表 9-6 不同产地矿质元素含量（均值）

元素	产 地							总计
	包头	呼和浩特	呼伦贝尔	通辽	乌兰察布	锡林郭勒盟	兴安盟	
钠	440.49	310.45	337.73	78.58	326.36	145.50	116.79	304.43
镁	946.02	984.99	1 073.26	671.90	1 043.61	935.76	868.11	991.71
铝	14.14	22.31	16.02	12.46	14.11	10.95	12.50	15.01
钾	16 628.11	18 305.02	19 533.40	15 216.21	19 081.67	16 854.16	16 766.50	18 144.72
钙	426.63	516.55	455.51	326.43	506.37	311.32	323.51	447.70
铁	38.67	48.13	48.03	30.60	37.61	30.01	29.91	39.20
硼	1.22	1.56	2.21	0.29	1.99	2.19	0.23	1.76
磷	901.44	1 134.01	1 521.79	185.13	1 496.20	1 366.49	789.48	1 275.29
钒	0.01	0.02	0.03	0.01	0.03	0.01	0.00	0.02
铬	0.14	0.28	0.51	0.00	0.23	0.24	0.00	0.25
锰	2.23	4.05	5.90	1.76	4.13	4.04	1.31	3.91
钴	0.05	0.08	0.12	0.08	0.09	0.13	0.15	0.10
镍	0.13	0.29	0.95	0.26	0.21	0.21	0.63	0.33
铜	2.32	2.35	3.87	0.57	2.87	2.40	0.21	2.51
锌	3.95	5.56	5.88	0.57	5.11	4.59	2.40	4.11
砷	0.04	0.05	0.04	0.04	0.06	0.17	0.12	0.07
硒	0.03	0.04	0.02	0.00	0.05	0.02	0.04	0.03
镉	0.02	0.06	0.05	0.05	0.06	0.06	0.09	0.05

9.3.3.1 主成分分析

利用 PCA 对内蒙古不同主产区 18 种矿物元素进行数据统计，分析结果如表 9-7 所示，选取特征值大于 1 的成分作为主成分，提取了 6 个有效的主成分。第 1 主成分贡献率为 33.451%，第 2 主成分贡献率为 11.219%，第 3 主成分贡献率为 10.364%，第 4 主成分贡献率为 7.046%，第 5 主成分贡献率为 6.213%，第 6 主成分贡献率为 5.906%，总贡献率达到了 74.199%，信息包含情况达到 70% 以上，能有效反映原始数据信息。

选择方差贡献率大于 10% 的第 1 主成分、第 2 主成分和第 3 主成分作图，如图 9-3 所示，第 1 主成分硼、磷、铬、锰、铜、锌 6 种元素的因子载荷值分别是 0.875、0.853、

0.731、0.871、0.714、0.735，均大于 0.7，这 6 个元素基本可以反映第 1 主成分的信息；第 2 主成分因子载荷值相对较大的是镁、钠；第 3 主成分中成因子载荷值相对较大的是铝和铁，其因子载荷值分别是 0.833 和 0.782。认为硼、磷、锰、铬、铜、锌、镁、钠、铝和铁这 10 种元素，携带有足够的区域特征信息，具有产地溯源的指纹特征，可作为马铃薯产地溯源的主要鉴别元素。

表 9-7　主成分因子载荷矩阵及累计方差贡献率

元素	主成分 1	主成分 2	主成分 3	主成分 4	主成分 5	主成分 6
钠	0.332	0.669	−0.015	−0.091	−0.256	−0.205
镁	0.576	0.65	−0.12	0.046	0.113	0.151
铝	0.244	−0.058	0.833	0.245	0.076	−0.159
钾	0.429	0.41	−0.067	−0.189	0.4	0.265
钙	0.412	0.5	0.007	0.131	−0.287	0.072
铁	0.466	0.013	0.782	0.052	0.067	−0.021
硼	0.875	−0.032	−0.291	0.071	0.135	−0.105
磷	0.853	−0.082	−0.348	0.024	0.073	−0.062
钒	0.397	−0.016	0.105	0.179	−0.343	−0.499
铬	0.731	−0.096	0.154	−0.4	0.116	−0.059
锰	0.871	−0.167	−0.079	−0.159	0.051	−0.046
钴	0.593	−0.544	0.003	−0.058	−0.229	0.315
镍	0.449	−0.206	0.234	−0.686	−0.055	0.087
铜	0.714	−0.05	−0.23	0.366	−0.1	−0.106
锌	0.735	−0.007	0.266	0.262	0.211	0.095
砷	0.028	−0.278	−0.131	0.346	0.616	−0.065
硒	−0.356	0.35	0.308	0.141	0.011	0.449
镉	0.459	−0.282	−0.056	0.311	−0.375	0.542
方差贡献率	33451	11.219	10.364	7.046	6.213	5.906
累计贡献率	33.451	44.670	55.034	62.080	68.293	74.199

提取方法：主成分已提取了 6 个成分。

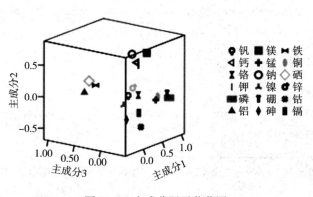

图 9-3　主成分因子载荷图

9.3.3.2 判别分析

同样以 18 种矿物元素为分析指标，利用 Fisher 函数，进行判别分析。判别分析获得 7 个判别函数，利用判别函数进行不同产地样品判别，判别结果如表 9-8 所示，18 种矿质元素的初始判别率为 77.6%，其中呼和浩特和乌兰察布的产地初始判别准确率分别为 57.1% 和 73.7%，低于平均水平，呼和浩特和乌兰察布的产地判别结果不理想。利用 LOO-CV 进行判别结果验证，有 65.0% 的马铃薯被正确分类，获得的交叉验证判别率为 65.0%，造成判别率低的主要原因在于呼和浩特样本的判别准确率较低，只有 21.4%，其他地区判别率均在 60% 以上。查证呼和浩特样品来源信息表发现，呼和浩特产地样品市场来源样品比例较大。

第一判别函数解释了 36.6% 的方差，第二判别函数解释了 29.2% 的方差，第三判别函数解释了 15.8% 的方差，累计方差 81.5%。以第一判别函数、第二判别函数和第三判别函数的判别得分做散点图，如图 9-4 所示。呼伦贝尔、锡林郭勒、包头、乌兰察布地区马铃薯基于 18 种矿物元素含量，在一定程度上能够进行有效的区分，乌兰察布和呼和浩特、包头呼和浩特和通辽地区样本重叠较多，判别效果较差，与判别函数的判别结果基本一致。

表 9-8 不同地区区域矿质元素判别分析分类结果

	大区	预测组成员							合计
		包头	呼和浩特	呼伦贝尔	通辽	乌兰察布	锡林郭勒盟	兴安盟	
初始 %	包头	85.7	4.8		9.5				99.3*
	呼和浩特	21.4	57.1	7.1		7.1	7.1		99.8*
	呼伦贝尔		5.0	80.0		15.0			100.0
	通辽				100.0				100.0
	乌兰察布	7.0	5.3		1.8	73.7	12.3		99.4*
	锡林郭勒盟	5.0				10.0	85.0		100.0
	兴安盟					16.7		83.3	100.0
交叉验证 %	包头	71.4	4.8		9.5	14.3			99.3*
	呼和浩特	28.6	21.4	14.3	7.1	14.3	14.3		100.0
	呼伦贝尔	5.0	5.0	70.0	5.0	15.0			100.0
	通辽		20.0		80.0				100.0
	乌兰察布	7.0	5.3	1.8	1.8	70.2	12.3	3.1	100.1*
	锡林郭勒盟	5.0				25.0	65.0	5.0	100.0
	兴安盟					16.7	16.7	66.7	100.1*

注：仅对分析中的案例进行交叉验证。在交叉验证中，每个案例都是按照从该案例以外的所有其他案例派生的函数来分类。

* 表示 SPSS 计算过程中四舍五入的偏差，理论是 100。

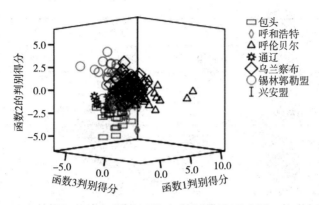

图 9-4　不同地区的矿质元素判别得分图

为避免重叠数据干扰，将呼和浩特、乌兰察布、包头、呼伦贝尔、兴安盟、通辽、锡林郭勒盟等地以生态区域进行划归，重新划分为阴山北麓、阴山南麓和大兴安岭岭东南。再对上述数据进行逐步判别分析，获得三地的判别函数分别为：

Y1（阴山北麓）＝ 0.787X_1（钠）－0.797X_2（镁）－3.148X_3（铝）－0.857X_4（钾）－0.696X_5（钙）－0.306X_6（铁）＋0.807X_7（硼）＋1.629X_8（磷）－2.011X_9（矾）＋0.888X_{10}（铬）－0.605X_{11}（锰）＋1.827X_{12}（钴）－2.503X_{13}（镍）－0.827X_{14}（铜）＋0.483X_{15}（锌）＋0.214X_{16}（砷）＋0.676X_{17}（硒）－1.034X_{18}（镉）－2.738

$$(9-6)$$

Y2（阴山南麓）＝－0.594X_1（钠）＋0.061X_2（镁）－0.703X_3（铝）＋1.568X_4（钾）＋1.818X_5（钙）＋1.444X_6（铁）－0.129X_7（硼）－1.551X_8（磷）－1.159X_9（矾）－0.501X_{10}（铬）＋0.493X_{11}（锰）－1.128X_{12}（钴）－1.061X_{13}（镍）－0.342X_{14}（铜）＋0.72X_{15}（锌）－0.111X_{16}（砷）－0.769X_{17}（硒））＋0.393X_{18}（镉）－2.919

$$(9-7)$$

Y3（大兴安岭岭东南）＝－0.457X_1（钠）＋2.9X_2（镁）－1.725X_3（铝）＋0.838X_4（钾）－1.215X_5（钙）＋1.098X_6（铁）－1.912X_7（硼）－1.855X_8（磷）－1.414X_9（矾）－1.207X_{10}（铬）－0.08X_{11}（锰）＋0.667X_{12}（钴）＋7.966X_{13}（镍）＋2.505X_{14}（铜）－1.066X_{15}（锌）＋0.072X_{16}（砷）－0.623X_{17}（硒）＋0.554X_{18}（镉）－7.668

$$(9-8)$$

利用判别函数进行判别，结果如表 9-9 所示，在初始分组案例中，阴山北麓、阴山南麓和大兴安岭岭东南的产地判别率分别为 96.2%、92.7% 和 95.8%，平均判别率为94.6%。通过 LOO-CV，平均判别率为 86.8%，即有 86.8% 的不同产地马铃薯样本可以被准确识别。

表 9-9　不同区域矿质元素判别分析分类结果

		预测组成员			合计
		阴山北麓	阴山南麓	大兴安岭岭东南地区	
初始/%	阴山北麓	96.2	2.6	1.3	100.1*

（续）

		预测组成员			合计
		阴山北麓	阴山南麓	大兴安岭岭东南地区	
	阴山南麓	7.3	92.7		100.0
	大兴安岭岭东南地区		4.2	95.8	99.3*
交叉验证/%	阴山北麓	92.3	6.4	1.3	100.0
	阴山南麓	22.0	78.0		100.0
	大兴安岭岭东南地区	8.3	12.5	79.2	100.0

注：仅对分析中的案例进行交叉验证。在交叉验证中，每个案例都是按照从该案例以外的所有其他案例派生的函数来分类。

* 表示 SPSS 计算过程中四舍五入的偏差，理论是 100。

以判别函数 1 和 2 的判别得分绘制散点图，如图 9-5 所示，阴山北麓、阴山南麓和大兴安岭岭东南 3 个产地的马铃薯样本在一定程度上能被区分开来，判别结果良好，与判别函数计算结果一致。

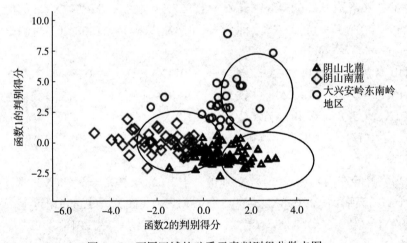

图 9-5　不同区域的矿质元素判别得分散点图

综上所述：内蒙古、黑龙江、新疆、四川、广东 5 地基于 18 种矿质元素的交叉验证产地判别正确率为 94.2%。基于钠、铝、磷、锰、钴、镍、铜、镉 8 种元素建立了 5 地的产地判别函数，8 种元素的验证判别率也可达到 89.3%，可以采用这 8 种元素指标对内蒙古、黑龙江、新疆、四川、广东 5 地马铃薯样本进行产地判别，判别效果良好。内蒙古不同主要产区基于 18 种矿质元素的交叉验证产地判别正确率为 77.6%，呼和浩特和乌兰察布的产地判别结果不理想，需要进一步开展研究；以阴山北麓、阴山南麓和大兴安岭岭东南地区划分内蒙古马铃薯产区，其产地判别率为 95.1%，通过 LOO-CV，有 86.0% 的马铃薯样本可以被准确识别，判别效果良好，但其判别结果是基于 18 种矿质元素的基础之上的，需要高灵敏度设备支持，分析成本增加，可以结合其他判别手段进一步进行优化。

9.4　马铃薯的稳定同位素溯源

9.4.1　溯源指标的选择

研究团队研究了内蒙古与黑龙江、新疆、四川、广东等地，内蒙古不同地区（包括呼和浩特、乌兰察布、包头、鄂尔多斯、呼伦贝尔、锡林郭勒盟等地）马铃薯中^{13}C/^{12}C 和^{15}N/^{14}N 的比值变化，比较了不同地区^{13}C/^{12}C 和^{15}N/^{14}N 的比值的差异，并用主成分分析、聚类分析和判别分析比较了^{13}C/^{12}C 和^{15}N/^{14}N 的比值在产地判别中的作用，探讨了稳定同位素分析技术对马铃薯产地溯源的可行性和判别的效果。

9.4.2　省际尺度鉴别

表 9-10 中，分别统计了内蒙古与黑龙江、新疆、四川和广东不同产地马铃薯中 δ^{13}C 值和 δ^{15}N 值，结果显示：不同地区的 δ^{13}C 值范围在 $-23.70‰\sim-38.55‰$，δ^{15}N 值的范围在 $-1.90‰\sim-3.08‰$，不同地区的 δ^{13}C 值和 δ^{15}N 值存在显著性差异，内蒙古与黑龙江、新疆、广东的 δ^{13}C 值分别存在显著性差异（$p<0.05$），内蒙古与黑龙江、新疆、四川、广东分别存在显著性差异（$p<0.05$），说明内蒙古马铃薯中的 δ^{13}C 值和 δ^{15}N 值与其他地区间有明显的分离趋势。

表 9-10　不同地区马铃薯碳和氮同位素比值差异分析

地区	样本量/个	δ^{13}C/‰	δ^{15}N/‰
内蒙古	67	-33.37 ± 2.09b	-1.90 ± 0.23a
黑龙江	9	-38.55 ± 1.73a	1.70 ± 1.8bc
新疆	10	-35.47 ± 0.85c	3.08 ± 0.22c
四川	7	-33.49 ± 0.109b	0.78 ± 0.91b
广东	7	-23.70 ± 1.85d	1.80 ± 0.21bc

注：a、b、c、d 表示 0.05 水平下的差异显著性。

以 δ^{13}C 值为横坐标，δ^{15}N 值为纵坐标作二维投射图，如图 9-6 所示，内蒙古样品与黑

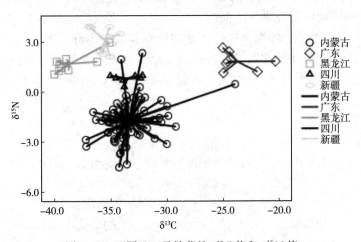

图 9-6　不同地区马铃薯的 δ^{13}C 值和 δ^{15}N 值

龙江、新疆、广东样品基本可以成功区分，说明这四地的 $\delta^{13}C$ 值和 $\delta^{15}N$ 值的组成差异较大，与方差分析结果一致。内蒙古样品与四川样品存在部分交叉现象，说明内蒙古与四川样品中 $\delta^{13}C$ 值和 $\delta^{15}N$ 值组成比较接近。

9.4.2.1 聚类分析

对不同地区样品中的 $\delta^{13}C$ 值和 $\delta^{15}N$ 值进行聚类分析，采用 Ward 聚类方法计算欧氏距离，产生聚类分析树状图，结果如图 9-7 所示。从图中可以看出，1.7 为分割线，所有样品可以分为 10 类，其中内蒙古与黑龙江、新疆和广东距离较远，被完全分离，其 $\delta^{13}C$ 值和 $\delta^{15}N$ 值的组成差异较大，内蒙古与四川样品存在交叉现象、黑龙江和新疆样品存在交叉现象。

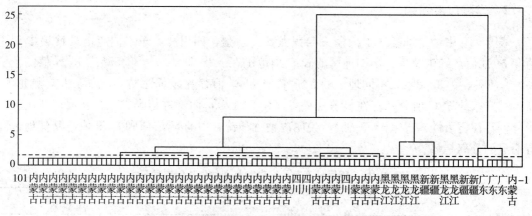

图 9-7　不同地区的 $\delta^{13}C$ 值和 $\delta^{15}N$ 值聚类分析

同时也发现，内蒙古地区样品也被划分为 5 类，内蒙古不同地区在其 $\delta^{13}C$ 值和 $\delta^{15}N$ 值的组成上也存在较大差异，表明可采用 $\delta^{13}C$ 值和 $\delta^{15}N$ 值的组成对内蒙古境内不同马铃薯产地的进行尝试鉴别研究。

9.4.2.2 判别分析

为了将 $\delta^{13}C$ 值和 δ^{N} 值转化为可通过函数计算，并能获得产地判别精度的目的，再一次应用判别分析的方法对不同地区的 $\delta^{13}C$ 值和 $\delta^{15}N$ 值进行分析。利用 Fisher 函数，获得 5 个判别函数，利用判别函数进行不同产地样品判别，判别结果如表 9-11 所示，初始判别率为 91.0%，其中内蒙古和黑龙江的产地初始判别准确率分别为 89.6% 和 77.8%，低于平均水平。利用 LOO-CV 交叉验证进行判别结果验证，交叉验证判别率与初始判别率相同，获得的交叉验证判别率为 91.0%，证明基于 $\delta^{13}C$ 值和 $\delta^{15}N$ 值的产地判别结果较好。

判别函数模型分别为：

Y_1（内蒙古）$=-9.527X_1+2.872X_2-158.119$，$Y_1$ 的均值为 154.38　　　　（9-9）

Y_2（广东）$=-7.169X_1+4.776X_2-90.891$，$Y_2$ 的均值为 72.90　　　　　（9-10）

Y_3（黑龙江）$=-11.496X_1+6.656X_2-228.879$，$Y_3$ 的均值为 214.07　　（9-11）

Y_4（四川）$=-9.896X_1+5.155X_2-169.386$，$Y_4$ 的均值为 163.27　　　（9-12）

Y_5（新疆）$=-10.780X_1+7.491X_2-204.402$，$Y_5$ 的均值为 188.75　　　（9-13）

实际判断时，可设定平均值的相对偏差范围，对未知样品进行 $\delta^{13}C$ 值和 $\delta^{15}N$ 值测定，测定值带入判别函数模型，与已有的分类 Y 值，进行比较，获得未知样品产地判别结果。

表 9 - 11　不同地区碳氮稳定同位素判别分析分类结果

		预测组成员					合计
		内蒙古	广东	黑龙江	四川	新疆	
初始/%	内蒙古	89.6	1.5	0	9.0	0	100.1*
	广东	0	100.0	0	0	0	100.0
	黑龙江	0	0	77.8	0	22.2	99.4*
	四川	0	0	0	100.0	0	100.0
	新疆	0	0	0	0	100.0	100.0
交叉验证/%	内蒙古	89.6	1.5	0	9.0	0	100.0
	广东	0	100.0	0	0	0	100.0
	黑龙江	0	0	77.8	0	22.2	99.4*
	四川	0	0	0	100.0	0	100.0
	新疆	0	0	0	0	100.0	100.0

注：仅对分析中的案例进行交叉验证。每个案例都是按照从该案例以外的所有其他案例派生的函数来分类的。

* 表示 SPSS 计算过程中四舍五入的偏差，理论是 100。

9.4.3　省内区域尺度鉴别

表 9 - 12 对内蒙古不同地区（包括包头、鄂尔多斯、呼和浩特、呼伦贝尔、乌兰察布、锡林郭勒盟等地）马铃薯中 $\delta^{13}C$ 值和 $\delta^{15}N$ 值进行统计，内蒙古不同地区 $\delta^{13}C$ 的平均值为 $-34.63‰$，$\delta^{15}N$ 的平均值为 $1.01‰$，不同地区的 $\delta^{13}C$ 值范围在 $-34.17‰ \sim -30.00‰$，$\delta^{15}N$ 值范围在 $-3.31‰ \sim 1.28‰$，$\delta^{15}N$ 值的变异范围相对更大。方差分析显示，不同地区间 $\delta^{13}C$ 值和 $\delta^{15}N$ 值差异性不显著，说明包头、鄂尔多斯、呼和浩特、呼伦贝尔、乌兰察布、锡林郭勒盟等地不同地区中 $\delta^{13}C$ 值和 $\delta^{15}N$ 值组成比较接近。

表 9 - 12　不同地区马铃薯碳和氮同位素比值差异分析

地区	样本量/个	$\delta^{13}C/‰$	$\delta^{15}N/‰$
包头	31	-33.54 ± 1.27	1.28 ± 1.66
鄂尔多斯	29	-33.90 ± 1.41	-3.31 ± 2.01
呼和浩特	12	-34.87 ± 0.19	-1.68 ± 0.89
呼伦贝尔	6	-34.65 ± 1.23	-0.22 ± 2.79
乌兰察布	10	-34.10 ± 1.08	-0.41 ± 0.44
锡林郭勒盟	15	-30.00 ± 4.16	-1.54 ± 0.52
合计	103	-34.63 ± 6.11	-1.01 ± 2.39

对不同地区马铃薯的 $\delta^{13}C$ 值和 $\delta^{15}N$ 值进行产地判别分析，初始判别率为 43.5.％，证明基于 $\delta^{13}C$ 值和 $\delta^{15}N$ 值的判别结果不好。

针对上述产区碳氮稳定同位素判别结果不理想的问题，再次以生态区域进行方差分析，表 9-13 结果显示：大兴安岭岭东南区的 $\delta^{13}C$ 值与阴山北麓和阴山南麓样品存在显著性差异 （p＜0.05），大兴安岭岭东南区马铃薯中的 $\delta^{13}C$ 值和 $\delta^{15}N$ 值与阴山北麓和阴山南麓样品有明显的分离趋势，不同地区 δ15N 值没有存在显著性差异，说明地区间 $\delta^{15}N$ 值组成比较接近。

表 9-13　不同生态区马铃薯碳和氮同位素比值差异分析

生态区	样本量/个	$\delta^{13}C$/‰	$\delta^{15}N$/‰
阴山北麓	41	-33.22 ± 3.80b	-0.53 ± 0.234a
阴山南麓	42	-34.49 ± 1.35b	-1.28 ± 2.80a
大兴安岭岭东南区	20	-37.82 ± 1.24a	-1.46 ± 1.12a

注：a、b、c、d 表示 0.05 水平下的差异显著性。

判别分析结果如表 9-14 所示，三个地区的初始判别率为 70.8％，阴山北麓、阴山南麓和大兴安岭岭东南区判别率分别为 67.1％、60.7％和 84.5％，大兴安岭岭东南区的判别率较高，说明其地区的 $\delta^{13}C$ 值和 $\delta^{15}N$ 值组成与阴山北麓和阴山南麓的差别较大，LOO-CV 的判别结果，为 67.4％，略低于初始判别率，不同地区的判别效果与初始判别相同，大兴安岭岭东南区的判别率较高。总体来说，基于 $\delta^{13}C$ 值和 $\delta^{15}N$ 值的内蒙古产区的马铃薯产地判别能力较矿质元素弱。

研究表明，植物中的 $\delta^{13}C$ 不仅取决于光合作用（C3 或 C4 两种类型）和成熟度，同时还受相对湿度、温度、降雨量与水分胁迫的影响。而 $\delta^{15}N$ 值则主要受植物的种类、生长土壤中细菌的活力以及使用的化肥等影响。但是立足于内蒙古本地区，在空间尺度相对较小时，其环境影响、土壤环境、农艺措施不足以导致 $\delta^{13}C$ 值和 $\delta^{15}N$ 值的组成差异，所以基于 $\delta^{13}C$ 值和 $\delta^{15}N$ 值在内蒙古产区的马铃薯产地判别效果不佳，需要综合其他指标因素，才能获得理想效果。

表 9-14　不同地区碳氮稳定同位素判别分析分类结果

		预测组成员			合计
		阴山北麓	阴山南麓	大兴安岭岭东南区	
初始/％	阴山北麓	67.1	32.9	0	100.0
	阴山南麓	39.3	60.7	0	100.0
	大兴安岭岭东南区	0	15.5	84.5	100.0
交叉验证/％	阴山北麓	54.1	45.9	0	100.0
	阴山南麓	36.3	63.7	0	100.0
	大兴安岭岭东南区	0	15.5	84.5	100.0

注：①仅对分析中的案例进行交叉验证。在交叉验证中，每个案例都是按照从该案例以外的所有其他案例派生的函数来分类的；②已对初始分组案例中的 70.8％ 个进行了正确分类；③已对交叉验证分组案例中的 67.4％ 个进行了正确分类。

综上所述，内蒙古、黑龙江、新疆、四川、广东 5 地基于 $\delta^{13}C$ 值和 $\delta^{15}N$ 值的产地判别正确率 91.0%，产地判别结果较好。在内蒙古地区，以阴山北麓、阴山南麓和大兴安岭岭东南区划分的马铃薯产地分区中，基于 $\delta^{13}C$ 值和 $\delta^{15}N$ 值的产地判别正确率 67.4%，产地判别结果相对较差，需要进步提高鉴别精度。

9.4.4　联合技术鉴别

从数据获得的手段和实际验证效果看，矿质元素、稳定同位素技术单独应用于马铃薯产地溯源时，存在其利用成本较高、工作效率较低或者判别效果不理想等问题。因此，总结前人研究经验，利用前章马铃薯营养品质数据，综合矿质元素、稳定同位素技术，探寻综合指标下，适合于内蒙古地区的产地判别联合技术。

统计了内蒙古不同地区（包括呼和浩特、乌兰察布、包头、呼伦贝尔、兴安盟、通辽、锡林郭勒盟等地）马铃薯中 18 种矿质元素含量（钠、镁、铝、钾、钙、铁、硼、磷、钒、铬、锰、钴、镍、铜、锌、砷、硒、镉）、2 种稳定同位素（$\delta^{13}C$ 和 $\delta^{15}N$）比值、17 种氨基酸［异亮氨酸、亮氨酸、缬氨酸、苏氨酸、苯丙氨酸、甲硫氨酸（蛋氨酸）、赖氨酸、酪氨酸、胱氨酸、谷氨酸、组氨酸、甘氨酸、丙氨酸、脯氨酸、精氨酸、丝氨酸和天冬氨酸］、12 种脂肪酸脂（十五碳酸、棕榈酸、十七碳酸、硬脂酸、顺-9-十八碳一烯酸、亚油酸 γ-亚麻酸、顺-11-二十碳一烯酸、花生四烯酸、二十三碳酸、二十四碳酸、顺-5，8，11，14，17-二十碳五烯酸）等众多指标参数，进行产地判别指标筛选。

对呼和浩特、乌兰察布、包头、呼伦贝尔、兴安盟、通辽、锡林郭勒盟等地以生态区域进行划归，划分为阴山北麓、阴山南麓和大兴安岭岭东南。再对上述数据进行步进式逐步判别分析（表 9-15）。

判别分析获得 2 个判别函数，第一判别函数解释了 75.3% 的方差，第二判别函数解释了 24.7% 的方差，累计方差 100.0%。

因此，以第一判别函数和二判别函数的判别得分做散点图，如图 9-8 所示，阴山北麓、阴山南麓和大兴安岭岭东南 3 个产地的马铃薯样本在一定程度上能被区分开来，判别结果良好。

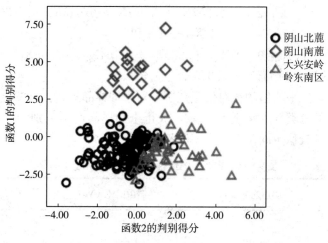

图 9-8　不同地区的联合判别得分散点图

表9-15 不同区域联合判别分析分类结果

		预测组成员			合计
		阴山北麓	阴山南麓	大兴安岭岭东南区	
初始/%	阴山北麓	116	0	3	119
	阴山南麓	0	19	0	19
	大兴安岭岭南区	2	0	42	44
	阴山北麓	97.4	0	2.6	100.0
	阴山南麓	0	100.0	0	100.0
	大兴安岭岭南区	4.5	0	95.5	100.0
交叉验证/%	阴山北麓	110	1	8	119
	阴山南麓	0	19	0	19
	大兴安岭岭南区	4	1	39	44
	阴山北麓	92.4	0.8	6.7	99.9 *
	阴山南麓	0	100.0	0	100.0
	大兴安岭岭南区	9.1	2.3	88.6	100.0

注：仅对分析中的案例进行交叉验证。在交叉验证中，每个案例都是按照从该案例以外的所有其他案例派生的函数来分类的。

* 表示 SPSS 计算过程中四舍五入的偏差，理论是 100。

判别分析分类结果显示：初始分类结果中，有 97.6% 的马铃薯样本被正确识别，交叉验证结果中，有 93.7% 的马铃薯样本被正确识别。判别结果理想，在 0.01 显著水平下，有 10 种参数进入了判别模型，10 种参数分别是铁、镉、锌、硒、甘氨酸、棕榈酸、硬脂酸、亚油酸、二十三碳酸和二十碳五烯酸。这 10 种溯源指标所建立的判别函数系数如表 9-16 所示，根据函数系数获得不同地区的判别函数模型，可以用来预测内蒙古阴山北麓、阴山南麓和大兴安岭岭东南区 3 个产区的马铃薯样本来源，其函数模型分别是：

$$Y_1 (阴山北麓) = -2.657X_1 - 0.104X_2 - 0.584X_3 + 0.727X_4 + 1.045X_5 + 0.926X_6 - 2.014X_7 + 0.224X_8 + 1.701X_9 - 0.575X_{10} - 2.706 \tag{9-14}$$

$$Y_2 (阴山南麓) = -0.112X_1 - 2.297X_2 + 2.097X_3 + 0.645X_4 + 0.426X_5 + 4.565X_6 + 14.708X_7 - 07.848X_8 - 5.101X_9 + 2.361X_{10} - 11.948 \tag{9-15}$$

$$Y_3 (大兴安岭岭南区) = 0.309X_1 + 0.886X_2 + 0.164X_3 - 0.965X_4 - 1.046X_5 - 6.671X_6 + 2.679X_7 + 3.455X_8 + 1.555X_9 - 0.516X_{10} - 3.310 \tag{9-16}$$

实际判断时，可设定平均值的相对偏差范围，对未知样品进行指标测定，测定值带入判别函数模型，与已有的分类 Y 值，进行比较，获得未知样品产地判别结果。较单一的使用矿质元素判别，尤其是较稳定同位素判别率明显提高。

表9-16 Fisher 的线性判别式函数系数

参 数	阴山北麓（Y_1）	阴山南麓（Y_2）	大兴安岭岭南区（Y_3）
铁（X_1）	-2.657	-0.112	0.309
铬（X_2）	-0.104	-2.297	0.886

（续）

参　数	阴山北麓（Y_1）	阴山南麓（Y_2）	大兴安岭岭南区（Y_3）
锌（X_3）	-0.584	2.097	0.164
硒（X_4）	0.727	0.645	-0.965
甘氨酸（X_5）	1.045	0.426	-1.046
棕榈酸（X_6）	0.926	4.565	-6.671
硬脂酸（X_7）	-2.014	14.708	2.679
亚油酸（X_8）	0.224	-7.848	3.455
二十三碳酸（X_9）	1.701	-5.101	1.555
二十碳五烯酸（X_{10}）	-0.575	2.361	-0.516
常量	-2.706	-11.948	-3.310

　　同样联合参数为溯源指标，利用 Fisher 函数，进行判别分析。判别分析获得 7 个判别函数，利用判别函数进行不同产地样品判别，判别结果如表 9-17 所示，联合参数的初始判别率平均为 84.3%，较单一矿质元素提高 6.7 个百分点，其中呼和浩特的产地初始判别准确率有所提高，达到 63.1%但仍在 7 个地区的识别率最低，低于平均水平 21.2 个百分点。

表 9-17　不同地区联合判别分析分类结果

		预测组成员							合计
		包头	呼和浩特	呼伦贝尔	通辽	乌兰察布	锡林郭勒	兴安盟	
初始/%	包头	88.7	4.4		6.9				100.0
	呼和浩特	19.4	63.1	5.8		5.8	5.8		100.0
	呼伦贝尔		5.0	83.0		12.0			100.0
	通辽				99.0		1.0		100.0
	乌兰察布	5.0	2.3		1.7	83.8	7.2		100.0
	锡林郭勒	5.0			10.0		85.0		100.0
	兴安盟				12.6			87.4	100.0
交叉验证/%	包头	81.8	3.6		7.3	7.3			100.0
	呼和浩特	24.6	52.9	7.5		7.5	7.5		100.0
	呼伦贝尔	4.6	4.6	81.1	4.6	5.1			100.0
	通辽		16.7		83.3				100.0
	乌兰察布	5.6	3.7	1.8	1.8	79.1	8.4	1.6	100.0
	锡林郭勒	5.0				16.1	75.0	3.9	100.0
	兴安盟					11.9	11.9	76.2	100.0

　　注：仅对分析中的案例进行交叉验证。在交叉验证中，每个案例都是按照从该案例以外的所有其他案例派生的函数来分类。

　　利用 LOO-CV 进行判别结果验证，有 75.6% 的马铃薯被正确分类，获得的交叉验证判别率为 75.6%，较单一矿质元素提高 10.6 个百分点，呼和浩特样本的交叉验证判别依然较低，只有 52.9%。仍然需要进一步开展判别精度的研究。总体上呼伦贝尔、锡林郭勒、通辽、兴安盟、包头、乌兰察布地区马铃薯基于联合参数进行判别的识别率为 75.0%～83.3%，在一定程度上能够进行有效的区分。

2011 年，Longobardi 等[7]利用 HS－SPME／GC－MS 对马铃薯的天然挥发性和半挥发性进行分析，获得可 14 个可以作为产地溯源的指标，包括（E，Z）－2，6－非二烯醛、2－甲氧基－4－乙烯基苯酚、（E）－2－壬烯醛、6，10－二甲基－5，9－十一碳二烯－2－酮、十二烷醛、壬醛、十四烷辛醛和 3－甲基丁醛等，结合一定的多元统计技术，实现了意大利中部和北部三个地区组的完全分离，并且每类的初始识别能力为 100%，交叉验证的预测能力为 86.1%。西班牙人 Casan'as 等[45]利用马铃薯块茎的淀粉、直链淀粉、葡萄糖＋果糖的含量，结合一定的化学计量学统计技术可以区分进口马铃薯的新旧生产时间。

近年来，我国科研人员利用农产品的营养成分差异进行产地判别，在一定程度上也可以得到好的效果。例如，卢锡纯等[46]发现棕榈酸、十七烷酸、硬脂酸、顺－13－十八烯酸和花生酸 5 种脂肪酸可作为黑龙江省北安、哈尔滨、建三江和齐齐哈尔 4 个大豆主产区产地溯源的特征指标，且对大豆产地整体正确判别率为 97.7%。石伊凡等[47]以咖啡因、茶多酚、羟脯氨酸、苏氨酸、茶氨酸、酚氨比及镁、铬等 9 个参数形成的 Fisher 逐步判别模型方程，基本能判别出龙井茶的产地，准确率在 80%以上。同样，鹿保鑫等[48]建立了基于蛋白质、脂肪、可溶性总糖、灰分含量和矿质元素的综合指标模型，其对大豆产地的整体正确判别率为 96.4%。可见，以有机成分含量差异建立产地溯源指标具有独特的优势。

综上所述，溯源指标的差异直接影响产地识别的能力。受气候变化、环境条件以及种植制度的影响，碳氮稳定同位素溯源技术更适合于马铃薯空间大尺度的产地识别，对内蒙古、黑龙江、新疆、四川、广东 5 省份判别正确率为 91.0%，不适合内蒙古马铃薯的省内鉴别。而基于铁、镉、锌、硒、甘氨酸、棕榈酸、硬脂酸、亚油酸、二十三碳酸和二十碳五烯酸 10 种参数混合技术溯源的马铃薯产地判别在区分内蒙古阴山北麓、阴山南麓和大兴安岭岭东南区产区判别效果良好，交叉验证的判别率达 93.7%，且对呼伦贝尔、锡林郭勒、通辽、兴安盟、包头、乌兰察布 6 个地市级地区马铃薯的交叉验证的判别率达到 75.6%。可见，根据这 10 种参数建立的判别函数可以用来预测内蒙古不同生态产区和部分盟市马铃薯的产地来源，为马铃薯地理标志产品保护和产地鉴别提供了理论支持。

【参考文献】

[1] Todea A，Roian I，Holonec L，et al. Legal protection for geographical indications and designations of origin for agricultural products and foodstuffs [J]. Bulletin of University of Agricultural Sciences and Veterinary Medicine Cluj-Napoca，2009（66）：463－466.

[2] 中华人民共和国农业部. 农产品地理标志管理办法：中华人民共和国农业部令第 11 号 [S]. 北京：中华人民共和国农业部，2007.

[3] 陈晓华. 持续发展"三品一标"，努力确保农产品质量安全 [J]. 农产品质量与安全，2010（4）：5－8.

[4] 曹海禄，焦炜，黄憬，等. 国内外农产品质量安全追溯体系建设概述田 [J]. 中国现代中药，2013（3）：233－237.

[5] 郭波莉，魏益民，潘家荣. 同位素指纹分析技术在食品产地溯源中的应用进展 [J]. 农业工程学报，

2007（3）：284-289.

[6] KELLY S D，HEATON K，HOOGEWRFF J. Tracing the geographical origin of food：the application of multi-element and multi-isotope analysis [J]. Trends in Food Science & Technology，2005，16（12）：555-567.

[7] Longobardi F，Casiello G，Sacco D，et al. Characterisation of the geographical origin of Italian potatoes, based on stable isotope and volatile compound analyses [J]. Food Chemistry 2011（124）：1708-1713.

[8] 谭莉，李汴生. 农产品与加工食品产地溯源技术研究进展 [J]. 农产品加工学刊，2014（15）：81-85.

[9] 张勇，王督，李雪，等. 基于近红外光谱技术的农产品产地溯源研究进展 [J]. 食品安全质量检测学报，2018，9（23）：6161-6166.

[10] 孟维君. 核磁共振波谱和近红外光谱应用于茶叶产地溯源及年份分析 [D]. 厦门：厦门大学，2017.

[11] 宋君，雷绍荣，郭灵安，等. DNA指纹技术在食品掺假、产地溯源检验中的应用 [J]. 安徽农业科学，2012，40（6）：3226-3228，3233.

[12] 田晓静，龙鸣，王俊，等. 基于电子鼻气味信息和多元统计分析的的枸杞子产地溯源研究 [J]. 浙江农业学报，2018，30（9）：1604-1611.

[13] 周健，成浩，曾建明，等. 基于近红外的多相偏最小二乘模型组合分析实现茶叶原料品种鉴定与溯源的研究 [J]. 光谱学与光谱分析 2010，30（10）：2650-2653.

[14] Cozzolino D，Smyth H E，Gishen M. Feasibility study on the use of visible and near-infrared Spectroscopy together with chemometrics to discriminate between commercial white wines of different varietal origins [J]. Journal of Ag ricultural and Food Chemistry，2003，51（26）：7703-7708.

[15] Arana I，Jaren C，Arazuri S. Maturity，variety and origin determination in white grapes（Vitis Vinifera L.）using near infrared reflectance technology [J]. Journal of Near Infrared Spectroscopy，2005，13（6）：349-357.

[16] 庞艳苹，刘坤，问军颖，等. 近红外光谱法快速鉴别成安草莓 [J]. 现代食品科技，2013，29（5）：1160-1162.

[17] 吴建虎，雷俊桃，杨琪. 利用可见近红外光谱判别干枣品种 [J]. 食品安全质量检测学报，2016（5）：1870-1875.

[18] Kim H J，Rhyu M R，Kim J M. Authentication of rice using near-infrared reflectance spectroscopy [J]. Cere Chem，2003，80（3）：346-349.

[19] 宋雪健，钱丽丽，周义，等. 近红外漫反射光谱技术对小米产地溯源的研究 [J]. 食品研究与开发，2017，38（11）：134-139.

[20] 张智峰，韩小平，秦刚，等. 近红外光谱结合主成分分析和灰色关联分析的苦荞产地溯源 [J]. 食品与发酵工业，2019，45（19）：266-268.

[21] Franke B M，Gremaud G，Hadorn R，et al. Geographic origin of meat-elements of an analytical approach to its authentication [J]. European Food Research and Technology，2005，221（3）：493-503.

[22] Baxter M J，Crews H M，Dennis M J，et al. The determination of the authenticity of wine from its trace element composition [J]. Food Chem，1997（60）：443-450.

[23] Perez A L，Smith B W，Anderson K A. Stable isotope and trace element profiling combined with classification models to differentiate geographic growing origin for three fruits：Effects of subregion and variety [J]. Journal of Agricultural and Food Chemistry，2006（54）：4506-4516.

[24] pilgrim T S，Watling R J，Grice K. Application of trace element and stable isotope signatures to determine the provenance of tea（Camellia sinensis）Samples [J]. Food Chemistry，2010（118）：921-926.

[25] 马奕颜. 称猴桃产地溯源指纹信息筛选与验证研究 [D]. 北京：中国农业科学院，2014.

［26］胡琳，杨蕾，李愈娴，等. 柴达木枸杞叶汁矿质元素含量测定与分析［J］. 中国食品添加剂，2017（7）：192-195.

［27］kelly S，Baxter M，Chapman S. The application of isotopic and elemental analysis to determine the geographical origin of premium long grain rice［J］. European food resource and technology，2002（214）：72-71.

［28］邵圣枝，陈元林，张永志. 稻米中同位素与多元素特征及其产地溯源 PCA-LDA 判别［J］. 核农学报，2015，29（1）：119-127.

［29］张强，李艳琴. 基于矿质元素的苦荞产地判别研究［J］. 中国农业科学，2011，44（22）：4653-4659.

［30］李向辉，李旭照，白玉胜，等. 基于矿质元素指纹的山药产地溯源研究［J］. 河南科学，2018，5（36）：712-716.

［31］鹿保鑫. 基于电感耦合等离子体质谱仪分析矿质元素含量的大豆产地溯源［J］. 食品科学，2018，8（39）：288-294.

［32］Anderson K A，Magnuson B A，Tschirgi M，L，et al. Determining the geographic origin of potatoes with trace metal analysis using statistical and neural network classifiers［J］. Agric. Food Chem，1999（47）：1568-1575.

［33］Padin，P. M.，Peña，M. R.，et al. Characterization of Galician（N. W. Spain）quality brand potatoes：a comparison study of several pattern recognition techniques［J］. Analyst 2001，126：97-103.

［34］Giacomo F D，Signore A D，Giaccio M. Determining the geographic origin of potatoes using mineral and trace element content［J］. Food Chemistry，2007（55）：860-866.

［35］Camin F，Larcher R，Perini，M，et al. Characterisation of authentic Italian extra-virgin olive oils by stable isotope ratios of C，O and H and mineral composition［J］. Food Chemistry，2010（118）：901-909.

［36］Schmidt O，Quilter J M，Bahar B，et al. Inferring the origin and dietary history of beef from C，N and S stable isotope ratio analysis［J］. Food Chemistry，2005（91）：545-549.

［37］孙淑敏. 羊肉产地指纹图谱溯泊技术研究［D］. 杨凌：西北农林科技大学，2012.

［38］Simpkins W A，Patel G，Harrison M，et al. Stable carbon isotope ratio analysis of Australian orange juices［J］. Food Chemistry，2000，70（3）：385-390.

［39］张遴，蔡砚. 中国富士苹果碳同位素比的含量和分布特征［J］. 食品安全质量检测学报，2013，4（2）：501-503.

［40］Chung I M，Kim J K，Prabakaran M，et al. Authenticity of rice（Oryza sativa L.）geographical origin based on analysis of C，N，O and S stable isotope ratios：a preliminary case report in Korea，China and Philippine［J］. Journal of the Science of Food and Agriculture，2015，96（7）：2433-2439.

［41］陈天金. 基于稳定同位素及矿质元素分析的稻米产地溯源技术研究［D］. 北京：中国农业科学院，2016.

［42］张文彤. SPSS 统计分析基础教程第三版［M］. 北京：高等教育出版社，2017.

［43］李政，赵姗姗，郄梦洁，等. 动物源性农产品产地溯源技术研究，农产品质量与安全［J］. 2019（3）：57-64.

［44］Ariyama K，Shinozaki M，Kawasaki A. Determination of the geographic origin of rice by chemometrics with strontium and lead isotope ratios and multielement concentrations［J］. Journal of Agricultural and Food Chemistry，2012，60（7）：1628-1634.

［45］Casañas，R，Gonza'lez M，Rodrı'guez E，et al. Chemometric studies of chemical compounds in five cultivars of potatoes from Tenerife［J］. Agric. Food Chem. 2002（50）：2076-2082.

［46］卢锡纯. 基于脂肪酸含量的大豆产地溯源的研究［J］. 食品研究与开发，2018，39（16）：55 - 59.

［47］石伊凡，吴连成，石元值. 基于生化成分与矿质元素的龙井茶产地溯源研究［J］. 浙江农业科学，2017，58（9）：1541 - 1545.

［48］鹿保鑫，马楠，王霞，等. 大豆有机成分辅助矿物元素指纹特征产地溯源食品科学［J］. 食品科学，2019，40（4）：338 - 344.

附　　录

1. 马铃薯中粗淀粉测定分析测定程序——旋光度法[*]

1.1　原理

淀粉是多糖聚合物，在一定酸性条件下，以氯化钙溶液为分散介质，淀粉可均匀分散在溶液中，并能形成稳定的具有旋光性的物质。而旋光度的大小与淀粉含量成正比，所以可用旋光法测定。

1.2　仪器与设备

1.2.1　分析天平：感量 0.001g。

1.2.2　实验用粉碎机。

1.2.3　电热恒温甘油浴锅：119±1℃，浴锅内放入工业甘油，液层厚度为 2cm左右。

1.2.4　旋光仪：钠灯，灵敏度 0.01℃。

1.2.5　锥形瓶：150mL，250mL。

1.2.6　容量瓶：100mL。

1.2.7　滤纸直径：15～18cm，中速。

1.3　试剂配制

1.3.1　氯化钙-乙酸溶液：将氯化（$CaCl_2 \cdot 2H_2O$，分析纯）500g 溶解于 600 mL 蒸馏水中，冷却后，过滤。其澄清液以波美比重计测定，在 20℃条件下调溶液比重为 1.3±0.02；用精密 pH 试纸检查，滴加冰乙酸（见 GB 676 冰乙酸，分析纯），粗调氯化钙溶液 pH 值为 2.3 左右，然后再用酸度计准确调 pH 为 2.3±0.05。

1.3.2　30％硫酸锌溶液（W/V）：取硫酸锌（$ZnSO_4 \cdot 7H_2O$，见 GB 666 硫酸锌，分析纯）30g，用蒸馏水溶解并稀释至 100 mL。

1.3.3　15％亚铁氰化钾溶液（W/V）：取亚铁氰化钾［$K_4Fe(CN)_6 \cdot 3H_2O$，见 GB1273 亚铁氰化钾，分析纯］15g，用蒸馏水溶解并稀释至 100 mL。

1.4　样品的选取和制备

1.4.1　将样品挑选干净（带壳种子需脱壳），按四分法缩减取样约 20 g。

---

[*] 本程序部分借鉴 GB/T 5006 谷物籽粒粗淀粉测定法。

1.4.2　将选取的样品充分风干或在 60～65℃的条件下约烘 6h 后粉碎，使 95％的样品通过 60 目筛，混匀，装入磨口瓶备用。

1.5　测定步骤

1.5.1　称样：称取样品 2.5g，准确至 0.001g。按 GB 3523－83《种子水分测定法》测定水分含量。

1.5.2　水解：将称好的样品放入 250 mL 锥形瓶中，在水解前 5min 左右，先加 10 mL 氯化钙－乙酸溶液湿润样品，充分摇匀，不留结块，必要时可加几粒玻璃珠，使其加速分散，并沿瓶壁加 50 mL 氯化钙－乙酸溶液，轻轻摇匀，避免颗粒黏附在液面以上的瓶壁上。加盖小漏斗，置于 119±1℃甘油浴中，要求在 5min 内达到所需温度，此时瓶中溶液开始微沸，继续加热 25min。取出放入冷水槽，冷却至室温。

注：通过实测得知氯化钙－乙酸溶液的沸点为 118～120℃，当甘油浴的温度回升至 119±1℃时，样品瓶中溶液开始微沸，因此也可根据瓶中液体沸腾程度，校准控温仪的温度。

1.5.3　提取：将水解液全部转入 100 mL 容量瓶中，用 30 mL 蒸馏水多次冲洗锥形瓶，洗液并入容量瓶中。加 1 mL 硫酸锌溶液，摇匀，再加 1 mL 亚铁氰化钾溶液，充分摇匀以沉淀蛋白质。若有泡沫，可加几滴无水乙醇消除。用蒸馏水定容，摇匀，过滤，弃去 10～15mL 初滤液，滤液供 5.4 测定。

1.5.4　测定：测定前，用空白液（氯化钙－乙酸液：蒸馏水＝6：4）调整旋光仪零点，再将滤液装满旋光管，在 20±1℃下进行旋光测定，取两次读数平均值。

1.6　分析结果的表述

粗淀粉（干基）的含量按式（1）计算：

$$X=\frac{a\times10^6}{L\times m\times(100-H)\times203} \tag{1}$$

式中：

　　X——粗淀粉含量，％；

　　a——在旋光仪上读出的旋转角度；

　　L——旋光管长度，g；

　　m——样品重，g；

　　203——淀粉比旋度；

　　H——样品水分含量，％。

平行测定的数据用算术平均值表示，保留小数后两位。

1.7　允许相对误差

谷物籽粒粗淀粉含量的两个平行测定结果的相对误差不得大于 1.0％。

2. 马铃薯中蛋白质的分析测定程序——凯氏定氮法*

2.1 原理

食品中的蛋白质在催化加热条件下被分解，产生的氨与硫酸结合生成硫酸铵。碱化蒸馏使氨游离，用硼酸吸收后以硫酸或盐酸标准滴定溶液滴定，根据酸的消耗量计算氮含量，再乘以换算系数，即为蛋白质的含量。

2.2 试剂和材料

2.2.1 试剂

除非另有说明，本方法所用试剂均为分析纯，水为 GB/T6682 规定的三级水。

2.2.1.1 硫酸铜（$CuSO_4 \cdot 5H_2O$）。

2.2.1.2 硫酸钾（K_2SO_4）。

2.2.1.3 硫酸（H_2SO_4）。

2.2.1.4 硼酸（H_3BO_3）。

2.2.1.5 甲基红指示剂（$C_{15}H_{15}N_3O_2$）。

2.2.1.6 溴甲酚绿指示剂（$C_{21}H_{14}Br_4O_5S$）。

2.2.1.7 亚甲基蓝指示剂（$C_{16}H_{18}ClN_3S \cdot 3H_2O$）。

2.2.1.8 氢氧化钠（NaOH）。

2.2.1.9 95%乙醇（C_2H_5OH）。

2.2.2 试剂配制

2.2.2.1 硼酸溶液（20 g/L）：称取 20 g 硼酸，加水溶解后并稀释至 1 000 mL。

2.2.2.2 氢氧化钠溶液（400 g/L）：称取 40 g 氢氧化钠加水溶解后，放冷，并稀释至 100 mL。

2.2.2.3 硫酸标准滴定溶液 $[c\ (1/2H_2SO_4)]$ 0.0500 mol/L 或盐酸标准滴定溶液 $[c(HCl)]$ 0.0500 mol/L。

2.2.2.4 甲基红乙醇溶液（1 g/L）：称取 0.1 g 甲基红，溶于 95%乙醇，用 95%乙醇稀释至 100 mL。

2.2.2.5 亚甲基蓝乙醇溶液（1 g/L）：称取 0.1 g 亚甲基蓝，溶于 95%乙醇，用 95%乙醇稀释至 100 mL。

2.2.2.6 溴甲酚绿乙醇溶液（1 g/L）：称取 0.1 g 溴甲酚绿，溶于 95%乙醇，用 95%乙醇稀释至 100mL。

2.2.2.7 A混合指示液：2 份甲基红乙醇溶液与 1 份亚甲基蓝乙醇溶液临用时混合。

2.2.2.8 B混合指示液：1 份甲基红乙醇溶液与 5 份溴甲酚绿乙醇溶液临用时混合。

2.3 仪器和设备

2.3.1 天平：感量为 1 mg。

---

* 本程序部分借鉴 GB 5009.5 食品安全国家标准。

2.3.2　自动凯氏定氮仪。

2.4　分析步骤

称取充分混匀的固体试样 0.2～2 g、半固体试样 2～5 g 或液体试样 10～25 g（相当于 30～40 mg 氮），精确至 0.001 g，至消化管中，再加入 0.4 g 硫酸铜、6 g 硫酸钾及 20 mL 硫酸于消化炉进行消化。当消化炉温度达到 420℃之后，继续消化 1 h，此时消化管中的液体呈绿色透明状，取出冷却后加入 50 mL 水，于自动凯氏定氮仪（使用前加入氢氧化钠溶液、盐酸或硫酸标准溶液以及含有混合指示剂 A 或 B 的硼酸溶液）上实现自动加液、蒸馏、滴定和记录滴定数据的过程。

2.5　分析结果的表述

试样中蛋白质的含量按式（2）计算：

$$X = \frac{(V_1 - V_2) \times c \times 0.0140}{m \times V_3 / 100} \times F \times 100 \tag{2}$$

式中：

X——试样中蛋白质的含量，g/100 g；

V_1——试液消耗硫酸或盐酸标准滴定液的体积，mL；

V_2——试剂空白消耗硫酸或盐酸标准滴定液的体积，mL；

c——硫酸或盐酸标准滴定溶液浓度，mol/L；

0.014 0——1.0 mL 硫酸 [$c(1/2H_2SO_4)$ ＝1.000 mol/L] 或盐酸 [$c(HCl)$ ＝1.000 mol/L] 标准滴定溶液相当的氮的质量，g；

m——试样的质量，g；

V_3——吸取消化液的体积，mL；

F——氮换算为蛋白质的系数，各种食品中氮转换系数见附录 A；

100——换算系数。

蛋白质含量≥1 g/100 g 时，结果保留三位有效数字；蛋白质含量＜1 g/100 g 时，结果保留两位有效数字。注：当只检测氮含量时，不需要乘蛋白质换算系数 F。

2.6　精密度

在重复条件下获得的两次独立测定结果的绝对差值不得超过算术平均值的 10%。

3　马铃薯中还原糖的分析测定程序——直接滴定法*

3.1　原理

试样经除去蛋白质后，以亚甲蓝作指示剂，在加热条件下滴定标定过的碱性酒石酸铜溶液（已用还原糖标准溶液标定），根据样品液消耗体积计算还原糖含量。当称样量为 5 g 时，

---

* 本程序部分借鉴 GB 5009.7 食品安全国家标准。

定量限为每 100g 含 0.25 g。

3.2 试剂和材料

除非另有说明，本方法所用试剂均为分析纯，水为 GB/T6682 规定的三级水。

3.2.1 试剂

3.2.1.1 盐酸（HCl）。

3.2.1.2 硫酸铜（$CuSO_4 \cdot 5H_2O$）。

3.2.1.3 亚甲蓝（$C_{16}H_{18}ClN_3S \cdot 3H_2O$）。

3.2.1.4 酒石酸钾钠（$C_4H_4O_6KNa \cdot 4H_2O$）。

3.2.1.5 氢氧化钠（NaOH）。

3.2.1.6 乙酸锌 [$Zn(CH_3COO)_2 \cdot 2H_2O$]。

3.2.1.7 冰乙酸（$C_2H_4O_2$）。

3.2.1.8 亚铁氰化钾 [$K_4Fe(CN)_6 \cdot 3H_2O$]。

3.2.2 试剂配制

3.2.2.1 盐酸溶液（体积比 1:1）：量取盐酸 50 mL，加水 50 mL 混匀。

3.2.2.2 碱性酒石酸铜甲液：称取硫酸铜 15 g 和亚甲蓝 0.05 g，溶于水中，并稀释至 1 000 mL。

3.2.2.3 碱性酒石酸铜乙液：称取酒石酸钾钠 50 g 和氢氧化钠 75 g，溶解于水中，再加入亚铁氰化钾 4 g，完全溶解后，用水定容至 1 000 mL，贮存于橡胶塞玻璃瓶中。

3.2.2.4 乙酸锌溶液：称取乙酸锌 21.9 g，加冰乙酸 3 mL，加水溶解并定容至 100 mL。

3.2.2.5 亚铁氰化钾溶液（106 g/L）：称取亚铁氰化钾 10.6 g，加水溶解并定容至 100 mL。

3.2.2.6 氢氧化钠溶液（40 g/L）：称取氢氧化钠 4 g，加水溶解后，放冷，并定容至 100 mL。

3.2.3 标准品

3.2.3.1 葡萄糖（$C_6H_{12}O_6$）CAS：50997，纯度≥99%。

3.2.3.2 果糖（$C_6H_{12}O_6$）CAS：57487，纯度≥99%。

3.2.3.3 乳糖（含水）（$C_6H_{12}O_6 \cdot H_2O$）CAS：5989811，纯度≥99%。

3.2.3.4 蔗糖（$C_{12}H_{22}O_{11}$）CAS：57501，纯度≥99%。

3.2.4 标准溶液配制

3.2.4.1 葡萄糖标准溶液（1.0 mg/mL）：准确称取经过 98~100℃烘箱中干燥 2 h 后的葡萄糖 1 g，加水溶解后加入盐酸溶液 5 mL，并用水定容至 1000 mL。此溶液每毫升相当于 1.0 mg 葡萄糖。

3.2.4.2 果糖标准溶液（1.0 mg/mL）：准确称取经过 98~100℃干燥 2 h 的果糖 1 g，加水溶解后加入盐酸溶液 5 mL，并用水定容至 1 000 mL。此溶液每毫升相当于 1.0 mg 果糖。

3.2.4.3 乳糖标准溶液（1.0 mg/mL）：准确称取经过 94~98℃干燥 2 h 的乳糖 1 g，加水溶解后加入盐酸溶液 5 mL，并用水定容至 1 000 mL。此溶液每毫升相当于 1.0 mg 乳糖。

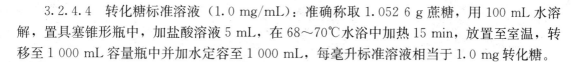

3.2.4.4　转化糖标准溶液（1.0 mg/mL）：准确称取 1.052 6 g 蔗糖，用 100 mL 水溶解，置具塞锥形瓶中，加盐酸溶液 5 mL，在 68～70℃水浴中加热 15 min，放置至室温，转移至 1 000 mL 容量瓶中并加水定容至 1 000 mL，每毫升标准溶液相当于 1.0 mg 转化糖。

3.3　仪器和设备

3.3.1　天平：感量为 0.1 mg。

3.3.2　水浴锅。

3.3.3　可调温电炉。

3.3.4　酸式滴定管：25 mL。

3.4　分析步骤

3.4.1　试样制备

称取粉碎或混匀后的试样 10～20 g（精确至 0.001 g），置 250 mL 容量瓶中，加水 200 mL，在 45℃水浴中加热 1 h，并时时振摇，冷却后加水至刻度，混匀，静置，沉淀。移取 200.0 mL 上清液置于另一 250 mL 容量瓶中，缓慢加入乙酸锌溶液 5 mL 和亚铁氰化钾溶液 5 mL，加水至刻度，混匀，静置 30 min，用干燥滤纸过滤，弃去初滤液，取后续滤液备用。

3.4.2　碱性酒石酸铜溶液的标定

吸取碱性酒石酸铜甲液 5.0 mL 和碱性酒石酸铜乙液 5.0 mL，于 150 mL 锥形瓶中，加水 10 mL，加入玻璃珠 2～4 粒，从滴定管中加葡萄糖标准溶液（3.2.4.1）［或其他还原糖标准溶液（3.2.4.2、3.2.4.3，或 3.2.4.4）］约 9 mL，控制在 2 min 中内加热至沸，趁热以每 2 秒 1 滴的速度继续滴加葡萄糖（或其他还原糖标准溶液），直至溶液蓝色刚好褪去为终点，记录消耗葡萄糖（或其他还原糖标准溶液）的总体积，同时平行操作 3 份，取其平均值，计算每 10 mL（碱性酒石酸甲、乙液各 5 mL）碱性酒石酸铜溶液相当于葡萄糖（或其他还原糖）的质量（mg）。注：也可以按上述方法标定 4～20 mL 碱性酒石酸铜溶液（甲、乙液各半）来适应试样中还原糖的浓度变化。

3.4.3　试样溶液预测

吸取碱性酒石酸铜甲液 5.0 mL 和碱性酒石酸铜乙液 5.0 mL 于 150 mL 锥形瓶中，加水 10 mL，加入玻璃珠 2～4 粒，控制在 2 min 内加热至沸，保持沸腾以先快后慢的速度，从滴定管中滴加试样溶液，并保持沸腾状态，待溶液颜色变浅时，以每 2s 1 滴的速度滴定，直至溶液蓝色刚好褪去为终点，记录样品溶液消耗体积。

3.4.4　试样溶液测定

吸取碱性酒石酸铜甲液 5.0 mL 和碱性酒石酸铜乙液 5.0 mL，置于 150 mL 锥形瓶中，加水 10 mL，加入玻璃珠 2～4 粒，从滴定管滴加比预测体积少 1 mL 的试样溶液至锥形瓶中，控制在 2min 内加热至沸，保持沸腾继续以 1 滴/2s 的速度滴定，直至蓝色刚好褪去为终点，记录样液消耗体积，同法平行操作三份，得出平均消耗体积（V）。

3.5　分析结果的表述

试样中还原糖的含量（以某种还原糖计）按式（3）计算：

$$X = \frac{m_1}{m \times F \times V/250 \times 1\,000} \times 100 \qquad (3)$$

式中：

X ——每 100g 试样中还原糖的含量（以某种还原糖计），g

m_1 ——碱性酒石酸铜溶液（甲、乙液各半）相当于某种还原糖的质量，mg；

m ——试样质量，g；

F ——系数，为 0.8；

V ——测定时平均消耗试样溶液体积，mL；

250——定容体积，为 mL；

1 000——换算系数。

当浓度过低时，试样中还原糖的含量（以某种还原糖计）按式（4）计算：

$$X = \frac{m_2}{m \times F \times 10/250 \times 1\,000} \times 100 \qquad (4)$$

式中：

X ——试样中还原糖的含量（以某种还原糖计），g/100g；

m_2 ——标定时体积与加入样品后消耗的还原糖标准溶液体积之差相当于某种还原糖的质量，mg；

m ——试样质量，g；

F ——系数，为 0.8；

10——样液体积，mL；

250——定容体积，mL；

1 000——换算系数。

还原糖含量≥10 g/100 g 时，计算结果保留三位有效数字；还原糖含量＜10 g/100 g时，计算结果保留两位有效数字。

3.6 精密度

在重复性条件下获得的两次独立测定结果的绝对差值不得超过算术平均值的 5%。

4 马铃薯中水分的分析测定程序——直接干燥法 *

4.1 原理

利用食品中水分的物理性质，在 101.3 kPa（一个大气压），温度 101～105℃ 下采用挥发方法测定样品中干燥减失的重量，包括吸湿水、部分结晶水和该条件下能挥发的物质，再通过干燥前后的称量数值计算出水分的含量。

4.2 仪器和设备

4.2.1 扁形铝制或玻璃制称量瓶。

---

* 本程序部分借鉴 GB 5009.3 食品安全国家标准。

4.2.2　电热恒温干燥箱。

4.2.3　干燥器：内附有效干燥剂。

4.2.4　天平：感量为 0.1 mg。

4.3　分析步骤

取洁净铝制或玻璃制的扁形称量瓶，置于 101～105℃ 干燥箱中，瓶盖斜支于瓶边，加热 1.0 h，取出盖好，置干燥器内冷却 0.5 h，称量，并重复干燥至前后两次质量差不超过 2 mg，即为恒重。将混合均匀的试样迅速磨细至颗粒小于 2 mm，不易研磨的样品应尽可能切碎，称取 2～10 g 试样（精确至 0.000 1 g），放入此称量瓶中，试样厚度不超过 5 mm，如为疏松试样，厚度不超过 10 mm，加盖，精密称量后，置于 101～105℃ 干燥箱中，瓶盖斜支于瓶边，干燥 2～4 h 后，盖好取出，放入干燥器内冷却 0.5 h 后称量。然后再放入 101～105℃ 干燥箱中干燥 1 h 左右，取出，放入干燥器内冷却 0.5h 后再称量。并重复以上操作至前后两次质量差不超过 2 mg，即为恒重。

注：两次恒重值在最后计算中，取质量较小的一次称量值。

4.4　分析结果的表述

试样中的水分含量，按式（5）进行计算：

$$X = \frac{m_1 - m_2}{m_1 - m_3} \times 100 \tag{5}$$

式中：

　　　　X——试样中水分的含量，g/100g；

　　　　m_1——称量瓶（加海砂、玻棒）和试样的质量，g；

　　　　m_2——称量瓶（加海砂、玻棒）和试样干燥后的质量，g；

　　　　m_3——称量瓶（加海砂、玻棒）的质量，g；

　　　　100——单位换算系数。

水分含量≥1 g/100 g 时，计算结果保留三位有效数字；水分含量＜1 g/100 g 时，计算结果保留两位有效数字。

4.5　精密度

在重复性条件下获得的两次独立测定结果的绝对差值不得超过算术平均值的 10%。

5　马铃薯矿质元素的分析检测程序——ICP - MS 法*

5.1　原理

样品消解后，由电感耦合等离子体发射光谱仪测定，以元素的特征谱线波长定性；待测元素谱线信号强度与元素浓度成正比进行定量分析。

---

*　本程序部分借鉴 GB 5009.268—2016 食品安全国家标准。

5.2　试剂和材料

除非另有说明，本方法所用试剂均为优级纯，水为 GB /T 6612 规定的一级水。

5.2.1　试剂

5.2.1.1　硝酸（HNO_3）。

5.2.1.2　$HClO_4$。

5.2.1.3　氩气（Ar）：氩气（≥99.995%）或液氩。

5.2.2　试剂配制

5.2.2.1　高氯酸与硝酸的混合溶液（1∶9）：取 100 mL 高氯酸与 900 mL 硝酸混匀。

5.2.2.2　1% 硝酸溶液，取 10 mL 硝酸用一级水定容至 1 000mL。

5.2.3　标准品

元素贮备液（1 000 mg /L 或 100 mg /L）：铅、镉、砷、汞、硒、铬、锡、铜、铁、锰、锌、镍、铝、锑、钾、钠、钙、镁、硼、钡、锶、钼、铊、钛、钒和钴，采用经国家认证并授予标准物质证书的单元素或多元素标准贮备液。

5.2.4　标准溶液配制

混合标准工作溶液：吸取适量单元素标准贮备液或多元素混合标准贮备液，用硝酸溶液（5.2.2.2）逐级稀释配成混合标准工作溶液系列。

5.3　仪器和设备

5.3.1　电感耦合等离子体质谱仪（ICP‑MS）。

5.3.2　天平：感量为 0.1 mg 和 1 mg。

5.3.3　微波消解仪：配有聚四氟乙烯消解内罐。

5.3.4　控温电热板。

5.4　分析步骤

5.4.1　微波消解法

称取固体样品 0.2～0.5g（精确至 0.001g，含水分较多的样品可适当增加取样量至 1g）或准确移取液体试样 1.00～3.00mL 于微波消解内罐中，含乙醇或二氧化碳的样品先在电热板上低温加热除去乙醇或二氧化碳，加入 5～10mL 硝酸，加盖放置 1h 或过夜，旋紧罐盖，按照微波消解仪标准操作步骤进行消解。冷却后取出，缓慢打开罐盖排气，用少量水冲洗内盖，将消解罐放在控温电热板上或超声水浴箱中，于 100℃ 加热 30min 或超声脱气 2～5min，用水定容至 25mL 或 50mL，混匀备用，同时做空白试验。

5.4.2　标准曲线的制作

将混合标准溶液注入电感耦合等离子体质谱仪中，测定待测元素的信号响应值，以待测元素的浓度为横坐标，待测元素响应信号值的为纵坐标，绘制标准曲线。

5.4.3　试样溶液的测定

将空白溶液和试样溶液分别注入电感耦合等离子体质谱仪中，测定待测元素的信号响应值，根据标准曲线得到消解液中待测元素的浓度。

5.5　分析结果的表述

5.5.1　低含量待测元素的计算

试样中低含量待测元素的含量按式（6）计算：

$$X = \frac{(\rho - \rho_0) \times V \times f}{m \times 1\,000} \tag{6}$$

式中：

X——试样中待测元素含量，mg/kg 或 mg/L；

ρ——试样溶液中被测元素质量浓度，μg/L；

ρ_0——试样空白液中被测元素质量浓度，μg/L；

V——试样消化液定容体积，mL；

f——试样稀释倍数；

m——试样称取质量或移取体积，g 或 mL；

1 000——换算系数。

计算结果保留三位有效数字。

5.5.2　高含量待测元素的计算

$$X = \frac{(\rho - \rho_0) \times V \times f}{m} \tag{7}$$

式中：

X——试样中待测元素含量，mg/kg 或 mg/L；

ρ——试样溶液中被测元素质量浓度，μg/L；

ρ_0——试样空白液中被测元素质量浓度，μg/L；

V——试样消化液定容体积，mL；

m——试样称取质量或移取体积，g 或 mL；

计算结果保留三位有效数字。

6. 马铃薯中氨基酸的分析测定程序——LCMSMS 法

6.1　原理

试样经微波消解后，在盐酸介质中，将蛋白质快速水解成游离氨基酸，水解液用水稀释后，在电喷雾离子源以正离子多反应监测模式下通过液相色谱—串联质谱测定，外标法定量。

6.2　试剂和材料

除另有规定外，本方法所用试剂均为分析纯，水为 GB/T 6682 规定的一级水。

6.2.1　试剂

6.2.1.1　浓盐酸。

6.2.1.2　正辛醇。

6.2.1.3　甲酸：色谱纯。

6.2.1.4　乙腈：色谱纯。

6.2.2　试剂配制

6.2.2.1　6 mol／L 盐酸溶液：浓盐酸与水 1∶1 混合。

6.2.2.2　5 ％ 甲酸溶液（体积分数）：取 5.0 mL 甲酸加水稀释至 100 mL。

6.2.2.3　15 ％ 甲酸溶液（体积分数）：取 15.0 mL 甲酸加水稀释至 100 mL。

6.2.2.4　100 mmol／L 乙酸铵溶液：称取 7.7 g 乙酸铵，用水稀释并定容至 1 000 mL 容量瓶中。

6.2.2.5　500 mmol／L 乙酸铵溶液：38.5 g 乙酸铵，用水稀释并定容至 1 000 mL 容量瓶中。

6.2.2.6　流动相 A：取 5 ％ 甲酸溶液（6.2.2.2）100 mmol／L 乙酸铵溶液（6.2.2.4）各 5.0mL，用水（6.2）稀释并定容至 500 mL 容量瓶中。

6.2.2.7　流动相 B：取 15 ％ 甲酸溶液（6.2.2.3）500 mmol／L 乙酸铵溶液（6.2.2.5）各 5.0mL，用乙腈稀释并定容至 500 mL 容量瓶中。

6.2.3　标准品

甘氨酸、丙氨酸、亮氨酸和异亮氨酸、半胱氨酸、结氨酸、脯氨酸、精氨酸、苏氨酸、丝氨酸、苯丙氨酸、酪氨酸、天冬氨酸、甲硫氨酸、谷氨酸、组氨酸、赖氨酸标准品：纯度大于 98 ％。

6.2.4　标准溶液

6.2.4.1　标准储备液：

准确称取适量的甘氨酸、丙氨酸、亮氨酸、异亮氨酸、半胱氨酸、结氨酸、脯氨酸、精氨酸、苏氨酸、丝氨酸、苯丙氨酸、酪氨酸、天冬氨酸、甲硫氨酸、谷氨酸、组氨酸、赖氨酸标准品，用甲醇分别配制成 1 000 mg/L 的标准储备液，保存于 −18 ℃冰箱内，可使用 12 个月。

6.2.4.2　混合标准储备液：

分别准确吸取 1.00mL 甘氨酸、丙氨酸、亮氨酸和异亮氨酸、半胱氨酸、颉氨酸、脯氨酸、精氨酸、苏氨酸、丝氨酸、苯丙氨酸、酪氨酸、天冬氨酸、甲硫氨酸、谷氨酸、组氨酸、赖氨酸标准储备液至 100 mL 容量瓶内，用甲醇稀释定容至刻度，配制成 10 mg/L 的混合标准储备液，于 −18 ℃冰箱内避光保存，可使用 3 个月。

6.2.4.3　混合标准工作液：

根据需要，系列稀释混合标准工作液，使用前临时配制。

6.2.5　材料

微孔过滤膜（尼龙）：13 mm × 0.2 μm。

6.3　仪器和设备

6.3.1　高效液相色谱—串联质谱联用仪：配有电喷雾离子源（ESI）。

6.3.2　分析天平：感量 0.000 1 g。

6.3.3　微波溶剂萃取系统。

6.4　试样制备

按照 GB/T 8855 中有关规定采集样品，去杂质后匀浆处理，－20℃ 冷冻保存。

6.5　分析步骤

6.5.1　消解

称取 1.00 g 试样（精确到 0.000 1 g）置于微波消解罐中，加入 10 mL 盐酸溶液（6.2.2.1），摇匀，再加入 3～4 滴正辛醇（6.2.1.2），摇匀，然后充入高纯氮气 1～2min，然后迅速盖上并拧紧安全阀，安装好保护套，将消解罐放入微波消解仪内，设置微波消解程序：微波功率为 1 200W，以 10℃/min 升至 150℃，保持 15 min，消解待测样品。消解结束后，取出冷却。

打开消解罐，将水解液过滤后，用去离子水多次冲洗水解罐，将水解液全部转移至 50 mL 容量瓶中，用水定容至刻度，摇匀，再从中吸取 1.0 mL 滤液于 100 mL 容量瓶中，用水稀释并定容至刻度，样品经微孔过滤膜后，上机待测。

6.5.2　测定

设定仪器最佳条件，配置混合标准工作液曲线，测定试样中氨基酸含量。

6.5.2.1　测定条件

6.5.2.1.1　色谱柱：BEH Amide，100 mm × 2.1 mm（内径），粒径，1.7 μm。

6.5.2.1.2　流动相：A，乙酸铵和甲酸的水溶液（6.2.2.6），B，乙酸铵和甲酸的乙腈溶液（6.2.2.8）。

6.5.2.1.3　柱温：40 ℃。

6.5.2.1.4　进样量：1 μL。

6.5.2.1.5　离子源：ESI。

6.5.2.1.6　扫描方式：正离子扫描模式。

6.5.2.1.7　检测方式：多反应监测（MRM）。

6.5.2.1.8　电离电压：2 500 V。

6.5.2.1.9　离子源温度：120 ℃。

6.5.2.1.10　雾化温度：450 ℃。

6.5.2.1.11　锥孔气流速：50 L/h。

6.5.2.1.12　雾化气流速：650 L/h。

6.5.2.2　定性测定

在相同实验条件下进行样品测定时，如果样品中待测物质的色谱峰保留时间与标准品色谱峰保留时间相差在±2.5% 以内，且样品色谱图中定性离子的相对离子丰度与浓度相近的基质标准工作液色谱图中对应的定性离子相对丰度进行比较，相对偏差不超过表 1 规定的范围，则可判定样品中存在该种待测物。

表 1　定性确证时相对离子丰度 K 的最大允许误差/%

相对离子丰度	K＞50	20＜K＜50	10＜K＜20	K≤10
允许最大偏差	±20	±25	±30	±50

6.5.2.3 定量测定

在仪器最佳工作条件下，对混合标准工作液（6.2.4.3）进行色谱分析，以峰面积为纵坐标，混合标准工作液浓度为横坐标绘制标准工作曲线，用标准工作曲线对样品进行定量，混合标准工作液和试样中响应值均应在仪器测定的线性范围内。

6.5.2.4 重复实验

按上述步骤，对同一试样进行平行试验测定。

6.5.2.5 空白实验

除不称取试样外，均按上述分析步骤进行。

6.6 结果计算和表述

试样中待测组分的测定结果可由仪器工作软件计算，待测组分可按式（8）计算：

$$X = c \times \frac{V}{m} \times \frac{V_1}{V_2} \times \frac{1\,000}{1\,000} \tag{8}$$

式中：

X——试样中待测组分含量，$\mu g/kg$；

c——从标准曲线得到的试样中待测组分的浓度，$\mu g/L$；

V——试样溶液定容体积，mL；

V_1——试样溶液提取体积，mL；

V_2——试样溶液分取体积，mL；

m——试样的质量，g；

1 000——折算系数。

计算结果应扣除空白值，保留两位有效数字。

6.7 精密度

在实验室内重复性条件下获得的两次独立测定结果的绝对差值不超过算数平均值10％，在实验室间再现性条件下获得的两次独立测定结果的绝对差值不超过算数平均值的20％。

6.8 检出限

本标准试样中甘氨酸、丙氨酸、亮氨酸和异亮氨酸、半胱氨酸、缬氨酸、脯氨酸、精氨酸、苏氨酸、丝氨酸、苯丙氨酸、酪氨酸、天冬氨酸、甲硫氨酸、谷氨酸、组氨酸、赖氨酸含量的检出限为2～100$\mu g/kg$，定量限为10～300 $\mu g/kg$。

7. 马铃薯中脂肪酸的分析测定程序——GC法

7.1 原理

试样中的脂肪经正己烷和异丙醇混合溶液提取后，在碱性条件下皂化和甲酯化，生成脂肪酸甲酯，经毛细管柱气相色谱分析，外标法定量测定脂肪酸甲酯含量。依据各种脂肪酸甲酯含量和转换系数计算出各类脂肪酸含量。

7.2　试剂及规格

除另有规定外，本方法所用试剂均为分析纯，水分 GB/T 6682 规定的一级水。

7.2.1　试剂

7.2.1.1　盐酸（HCl），浓度为 36%～38%。

7.2.1.2　焦性没食子酸（$C_6H_6O_3$）。

7.2.1.3　甲醇（CH_3OH）：色谱纯。

7.2.1.4　氢氧化钠（NaOH）。

7.2.1.5　正己烷 $[CH_3(CH_2)_5CH_3]$：色谱纯。

7.2.2　标准品

37 种游离脂肪酸甲酯溶液，贮存于 −10℃ 以下冰箱。

7.2.3　试剂配制

7.2.3.1　正己烷与异丙醇混合液（体积比 3∶2）：取 600mL 正己烷加 400mL 异丙醇混合，超声均匀。

7.2.3.2　氢氧化钠甲醇溶液（0.4mol/L）：取 1.87g 氢氧化钠溶于 100mL 甲醇中，过滤。

7.2.3.3　盐酸甲醇溶液（体积比 10%）：取 10mL 盐酸，用 90mL 甲醇稀释，混匀。

7.3　仪器、设备

7.3.1　气相色谱仪：配置氢火焰离子检测器（FID）。

7.3.2　毛细管色谱柱：聚二氰丙基硅氧烷强极性固定相，柱长 100m，内径 0.25mm，膜厚 0.2μm。

7.3.3　分析天平：感量 0.1mg。

7.3.4　超声波清洗机。

7.3.5　氮吹仪。

7.3.6　实验室用组织粉碎机和研磨机。

7.3.7　涡旋混合仪、离心机。

7.4　试样制备

选取形状相似、大小基本一致的马铃薯样品经削皮、匀浆后于 70℃ 下烘干，经粉碎、研墨制得待测样品，粒径大小 0.15～2.00mm，制备过程中，应避免试样污染。

7.5　测定步骤

7.5.1　试样前处理

准确称取 2g（精确至 0.001g）马铃薯干基样品于 50mL 离心管内，加入 50mg 焦性没食子酸，加入 10mL 正己烷与异丙醇混合液（体积比 3∶2），涡旋 5min，50℃ 超声提取 30min，7 000r/min 离心 10min，取上清液 5.0mL，于 50℃ 下氮吹。氮吹至近干后加入 2.0mL 0.4mol/L 氢氧化钠甲醇溶液，60℃ 超声 30min，加 2.0mL 10% 盐酸甲醇溶液 60℃ 震荡 1h，加 2.0mL 正己烷涡旋，待分层后取上清液上机。

7.5.2 色谱测定条件

7.5.2.1 毛细管色谱柱：聚二氰丙基硅氧烷强极性固定相，柱长 100m，内径 0.25mm，膜厚 0.2um。

7.5.2.2 进样器温度：270℃。

7.5.2.3 检测器温度：210℃。

7.5.2.4 程序升温：初始温度 100℃，持续 15min；100～110℃，升温速率 10℃/min，保持 5min；110～200℃，升温速率 1℃/min，保持 20min；200～230℃，升温速率 4℃/min，保持 10min。

7.5.2.5 载气：氮气，99.999%。

7.5.2.6 分流比：100：1。

7.5.2.7 进样体积：1.0μL。

7.5.3 重复实验

按上述步骤，对同一试样进行平行试验测定。

7.5.4 空白实验

除不称取试样外，均按上述分析步骤进行。

7.6 分析结果的表述

试样中待测组分的测定结果可由仪器工作软件计算，样品中待测组分可按式（9）计算：

$$w = \rho \times \frac{V}{m} \times \frac{V_1}{V_2} \times \frac{1\,000}{1\,000} \times r \qquad (9)$$

式中：

w——试样中脂肪酸含量，mg/kg；

ρ——脂肪酸甲酯浓度，ug/mL；

V——定容体积，mL；

V_1——试样提取体积，mL；

V_2——分取体积，mL；

m ——样的质量，g；

1 000——转换系数；

r——脂肪酸甲酯与脂肪酸转换系数，具体参照 GB 5009.168—2016。

7.7 精密度

在重复性条件下获得的两次独立测定结果的绝对差值不得超过算术平均值的 10%。

8. 马铃薯中维生素的分析测定程序——LCMSMS 法

8.1 原理

试样中维生素 A、α-生育酚、γ-生育酚、δ-生育酚、维生素 D_2、维生素 D_3、维生素 K_1 和维生素 K_3 脂溶性维生素，和维生素 C、维生素 B_1、维生素 B_2、维生素 B_3、维生素

B₅、维生素 B₆、维生素 B₉ 水溶性维生素经提取净化后，用液相色谱—串联质谱进行测定，外标法定量。

8.2　试剂和材料

除另有规定外，本方法所用试剂均为分析纯，水为 GB/T 6612 规定的一级水。

8.2.1　试剂

8.2.1.1　异丙醇：色谱纯。

8.2.1.2　正己烷：色谱纯。

8.2.1.3　抗坏血酸。

8.2.1.4　甲醇：色谱级。

8.2.1.5　2，6-二叔丁基对甲酚，简称 BHT。

8.2.1.6　硅胶，粒径 50～150 μm。

8.2.1.7　中性氧化铝，粒径 50～150 μm。

8.2.2　试剂配制

8.2.2.1　1％甲酸溶液（体积分数）：取 0.1 mL 甲酸加水稀释至 100mL。

8.2.2.2　1％甲酸水—甲醇溶液（体积比 90∶10）。

8.2.2.3　1％甲酸水—甲醇溶液（体积比 90∶10）

8.2.3　标准品

维生素 A、α-生育酚、γ-生育酚、δ-生育酚、维生素 D₂、维生素 D₃、维生素 K₁ 和维生素 K₃ 纯度均大于 95 ％。维生素 C、维生素 B₁、维生素 B₂、维生素 B₃、维生素 B₅、维生素 B₆、维生素 B₉ 纯度均大于 91 ％。

8.2.4　标准溶液配制

8.2.4.1　维生素 A 标准储备液：准确称取维生素 A 标准品 50.0 mg，用无水乙醇溶解并转移至 100 mL 容量瓶中，定容至刻度，此溶液浓度为 0.5 mg/mL，将溶液转移至棕色试剂瓶内，在−20℃下避光密封保存，有效期 1 周。

8.2.4.2　维生素 E 标准储备液：分别准确称取 α-生育酚、β-生育酚、γ-生育酚和 δ-生育酚各 100.0 mg，用无水乙醇溶解并转移至 100 mL 容量瓶中，定容至刻度，溶液浓度为 1.0 mg/mL，将溶液转移至棕色试剂瓶内，在−20 ℃下避光密封保存，有效期 6 个月。

8.2.4.3　维生素 K 标准储备液：分别准确称取维生素 K₁ 和 K₃ 标准样品 10.0 mg，用甲醇溶解并转移至 10ml 容量瓶中，定容至刻度，溶液浓度为 1.0 mg/mL，将溶液转移至棕色试剂瓶内，在−20 ℃下避光密封保存，有效期 2 个月。

8.2.4.4　维生素 D 标准储备液：分别准确称取维生素 D₂ 和 D₃ 标准样品 10.0 mg，用无水乙醇溶解并转移至 100 mL 容量瓶中，定容至刻度线，溶液浓度为 100 μg/mL。在−20℃下避光密封保存，有效期 3 个月。

8.2.4.5　维生素 C 标准储备液：准确称取维生素 C 标准品 5.0 mg，用水溶解定容至 10 mL 容量瓶中，此溶液浓度为 0.5 mg/mL，将溶液转移至棕色试剂瓶内，置于 0～4 ℃冰箱避光保存，有效期 1 周。

8.2.4.6　维生素 B 标准储备液：分别准确称取维生素 B₁、维生素 B₂、维生素 B₃、维生素 B₅、维生素 B₆ 和维生素 B₉ 标准品 10.0 mg，用水溶解并至 10 mL 容量瓶中，溶液浓度为 1 mg/mL，将溶液转移至棕色试剂瓶内，置于 0～4 ℃冰箱避光保存，有效期 3 个月。

8.2.4.7　脂溶性维生素混合标准储备液：分别准确吸取 0.10 mL 维生素 E（α-生育酚、β-生育酚、γ-生育酚和 δ-生育酚）、维生素 K_1 和 K_2 标准储备液，0.2 mL 维生素 A 标准储备液，1mL 维生素 D_3 和 D_2 至 10 mL 容量瓶内，用甲醇稀释定容至刻度，配制成 10 mg/L 的混合标准储备液，于−22 ℃冰箱内避光保存，有效期半个月。

8.2.4.8　水溶性维生素混合标准储备液：分别准确吸取 0.20 mL 维生素 C 标准储备液和 0.1 mL 维生素 B_1、维生素 B_2、维生素 B_3、维生素 B_5、维生素 B_6、维生素 B_9 于 10 mL 容量瓶配制成 10 mg/L 的混合标准储备液，置于 0～4 ℃冰箱避光保存，有效期 7d。

8.2.4.9　上机标准系列准工作液：根据实际需要，用上述 10 mg/L 的混合标准储备液进行稀释配制工作液，现用现配。

8.2.5　材料

8.2.5.1　净化吸附剂。

8.2.5.2　微孔过滤膜（尼龙）：13 mm ×0.2 μm。

8.3　仪器和设备

8.3.1　高效液相色谱—串联质谱联用仪：配有电喷雾离子源（ESI）。

8.3.2　分析天平：感量 0.01 mg 和 0.01 g。

8.3.3　离心机：转数 6000 r/min 以上。

8.3.4　涡旋混合器。

8.3.5　超声波清洗器。

8.4　试样制备和保存

按照 GB/T 1155 中有关规定采集样品，去杂质后匀浆处理，在−11 ℃冷冻条件下避光储藏，留样的储藏时间不得超过 6 个月。

8.5　测定步骤

8.5.1　脂溶性维生素提取

称取 1 g 试样（精确到 0.01 g）于 50 mL 离心管中，加入 0.1g 抗坏血酸，加入 10.0 mL 异丙醇，涡旋振荡 1 min，再加入 40 mL 正己烷，涡旋振荡 1min，超声提取 30 min，10 000 r/min离心 10 min，上清液转移至 100 mL 旋蒸瓶内，再加 40 mL 正己烷第二次提取，合并提取液，35 ℃下浓缩至近干，加 5 mL 甲醇进行溶解，待净化。

8.5.2　水溶性维生素提取

称取 1 g 试样（精确到 0.01 g）于 50 mL 容量瓶中，加入 0.5 g BHT（8.2.1.5），加入 40.0 mL 一级水，充分振摇 3 min，超声 30 min 后静置 10 min，一级水定容至 5.0 mL，摇匀，过膜上机。

8.5.3　净化

取硅胶和中性氧化铝于 5 mL 带微孔滤膜的注射器内，充分混合并压实，将上述甲醇溶解液全部转移至注射器内，过膜将滤液移至 50 mL 旋蒸瓶内，再加 10 mL 甲醇淋洗 1 次，合并甲醇溶液，于 35 ℃ 旋转浓缩至近干，定容至 5.0 mL，摇匀，上机。

8.5.4　测定

8.5.4.1　液相色谱—质谱法测定条件

8.5.4.1.1　色谱柱：C11，100 mm × 2.1 mm（内径），粒径，1.7 μm。

8.5.4.1.2　流动相：A：甲醇（8.2.1.4），B：一级水。

8.5.4.1.3　柱温：40 ℃。

8.5.4.1.4　进样量：1 μL。

8.5.4.1.5　离子源：ESI。

8.5.4.1.6　扫描方式：正离子扫描模式。

8.5.4.1.7　检测方式：多反应监测（MRM）。

8.5.4.1.8　电离电压：2 500 V。

8.5.4.1.9　离子源温度：120 ℃。

8.5.4.1.10　雾化温度：450 ℃。

8.5.4.1.11　锥孔气流速：50 L/h。

8.5.4.1.12　雾化气流速：650 L/h。

8.5.4.2　定性测定

在相同实验条件下进行样品测定时，如果样品中待测物质的色谱峰保留时间与标准品色谱峰保留时间相差在±2.5 % 以内，且样品色谱图中定性离子的相对离子丰度与浓度相近的标准工作液色谱图中对应的定性离子相对丰度进行比较，相对偏差不超过表 2 规定的范围，则可判定样品中存在该种待测物。

表 2　定性确证时相对离子丰度 K 的最大允许误差/%

相对离子丰度	K> 50	20<K<50	10<K<20	K≤10
允许最大偏差	±20	±25	±30	±50

8.5.4.3　定量测定

在仪器最佳工作条件下，对混合标准工作液进行色谱分析，以峰面积为纵坐标，混合标准工作液浓度为横坐标绘制标准工作曲线，用标准工作曲线对样品进行定量，混合标准工作液和试样中响应值均应在仪器测定的线性范围内。

8.5.5　重复实验

按上述步骤，对同一试样进行平行试验测定。

8.5.6　空白实验

除不称取试样外，均按上述分析步骤进行。

8.6　结果计算与表述

试样中待测组分的测定结果可由仪器工作软件计算，样品中待测组分可按式（10）计算：

$$X = c \times \frac{V}{m} \times \frac{V_1}{V_2} \times \frac{1\ 000}{1\ 000} \tag{10}$$

式中：

X——试样中待测组分含量，$\mu g/kg$；

c——从标准曲线得到的试样中待测组分的浓度，$\mu g/L$；

V——试样溶液定容体积，mL；

V_1——试样溶液提取体积，mL；

V_2——试样溶液分取体积，mL；

m——试样的质量，g；

1 000——转换系数。

计算结果应扣除空白值，保留两位有效数字。

8.7 检出限和精密度

8.7.1 检出限

本标准试样中维生素 A、α-生育酚、β-生育酚、γ-生育酚、维生素 D_2、维生素 D_3、维生素 K_1、维生素 K_3、维生素 C、维生素 B_1、维生素 B_2、维生素 B_3、维生素 B_5、维生素 B_6 和维生素 B_9 的检出限为 $20\sim100\mu g/kg$，定量限为 $50.0\sim300.0\mu g/kg$。

8.7.2 精密度

在实验室内重复性条件下获得的两次独立测定结果的绝对差值不超过算数平均值10％，在实验室间再现性条件下获得的两次独立测定结果的绝对差值不超过算数平均值的20％。

9. 马铃薯中农药残留快速测定程序——LCMSMS 法

9.1 原理

试样用乙腈匀浆提取，盐析分层后，利用稀释进化法稀释后，用液相色谱—串联质谱进行测定，外标法定量。

9.2 试剂和材料

除另有规定外，本方法所用试剂均为分析纯，水为 GB/T 6682 规定的一级水。

9.2.1 试剂

9.2.1.1 乙腈：色谱纯。

9.2.1.2 甲酸：色谱纯。

9.2.1.3 氯化钠：分析纯。

9.2.2 试剂配制

0.1％甲酸溶液（体积分数）：取 0.1 mL 甲酸加水稀释至 100mL。

9.2.3 标准品

农药及相关化学品标准物质：1 000ug/mL。

9.2.4　标准溶液配制

9.2.4.1　标准储备液：准确吸取标准品 1.00 mL，用甲醇溶解定容至 10.00 mL 容量瓶中，此溶液浓度为 100.00 ug/mL，将溶液转移至棕色试剂瓶内，置于－20℃冰箱避光保存，有效期 6 个月。

9.2.4.2　混合标准储备液：分别准确吸取 1.00 mL 标准储备液于 10.00 mL 容量瓶配制成 10.00 mg/L 的混合标准储备液，置于－20 ℃冰箱避光保存，有效期 3 个月。

9.2.4.3　标准系列准工作液：根据实际需要，用上述 10 mg/L 的混合标准储备液进行稀释配制工作液，现用现配。

9.2.5　材料

9.2.5.1　微孔过滤膜（尼龙）：13 mm ×0.2 μm。

9.2.6　仪器和设备

9.2.6.1　高效液相色谱-串联质谱联用仪：配有电喷雾离子源（ESI）。

9.2.6.2　分析天平：感量 0.01 mg 和 0.01 g。

9.2.6.3　匀浆提取设备。

9.2.6.4　涡旋混合器。

9.3　试样制备和保存

按照 GB/T 8855 中有关规定采集样品，去杂质后匀浆处理，－20℃ 冷冻保存。

9.4　测定步骤

9.4.1　提取

称取 20.00g 试样（精确到 0.01 g）于匀浆杯中，加入 40.0 mL 乙腈，匀浆提取 1 min，过滤于 100.0 mL 具塞量筒，具塞量筒提前加入 5～8g 氯化钠，加盖振摇后，静置 20min，取上层乙腈层 1.00 mL，用 0.1 ％甲酸溶液定容至 2.0 mL，经 0.2μm 滤膜过滤后待测。

9.4.2　测定

9.4.2.1　液相色谱—质谱法测定条件：

9.4.2.1.1　色谱柱：C18，100 mm × 2.1 mm（内径），粒径，1.7 μm。

9.4.2.1.2　流动相：A：乙腈（4.1），B：0.1％甲酸水。

9.4.2.1.3　柱温：40 ℃。

9.4.2.1.4　进样量：1 μL。

9.4.2.1.5　离子源：ESI。

9.4.2.1.6　扫描方式：正离子扫描模式。

9.4.2.1.7　检测方式：多反应监测（MRM）。

9.4.2.1.8　电离电压：2 500 V。

9.4.2.1.9　离子源温度：120 ℃。

9.4.2.1.10　雾化温度：450 ℃。

9.4.2.1.11　锥孔气流速：50 L/h。

9.4.2.1.12　雾化气流速：650 L/h。

9.4.2.2　定性测定

在相同实验条件下进行样品测定时，如果样品中待测物质的色谱峰保留时间与标准品色谱峰保留时间相差在±2.5％以内，且样品色谱图中定性离子的相对离子丰度与浓度相近的标准工作液色谱图中对应的定性离子相对丰度进行比较，相对偏差不超过表3规定的范围，则可判定样品中存在该种待测物。

表3　定性确证时相对离子丰度 K 的最大允许误差/％

相对离子丰度	K＞50	20＜K＜50	10＜K＜20	K≤10
允许最大偏差	±20	±25	±30	±50

9.4.2.3　定量测定

在仪器最佳工作条件下，对混合标准工作液（9.4.2.3）进行色谱分析，以峰面积为纵坐标，混合标准工作液浓度为横坐标绘制标准工作曲线，用标准工作曲线对样品进行定量，混合标准工作液和试样中响应值均应在仪器测定的线性范围内。

9.4.3　重复实验

按上述步骤，对同一试样进行平行试验测定。

9.4.4　空白实验

除不称取试样外，均按上述分析步骤进行。

9.5　结果计算与表述

试样中待测组分的测定结果可由仪器工作软件计算，样品中待测组分可按式（11）计算：

$$X = c \times \frac{V}{m} \times \frac{V_1}{V_2} \times \frac{1\,000}{1\,000} \tag{11}$$

式中：

X ——试样中待测组分含量，$\mu g/kg$；

c ——从标准曲线得到的试样中待测组分的浓度，$\mu g/L$；

V ——试样溶液定容体积，mL；

V_1——试样溶液提取体积，mL；

V_2——试样溶液分取体积，mL；

m——试样的质量，g。

计算结果应扣除空白值，保留两位有效数字。

9.6　检出限和精密度

9.6.1　检出限

试样中农药的检出限为 $5\sim20\mu g/kg$，定量限为 $50.0\sim200\mu g/kg$。

9.6.2　精密度

在实验室内重复性条件下获得的两次独立测定结果的绝对差值不超过算数平均值10％，在实验室间再现性条件下获得的两次独立测定结果的绝对差值不超过算数平均值的 20％。

10. 马铃薯的碳氮同位素分析测定程序——同位素质谱法

10.1　原理

干燥粉碎的马铃薯样品通过元素分析仪燃烧氧化，产生的 CO_2、N_2 离子化后进入稳定同位素比质谱仪，测定 $^{13}C/^{12}C$ 和 $^{15}N/^{14}N$ 比值，经标准物质标定，获得样品的 $\delta^{13}C$、$\delta^{15}N$ 值。

10.2　试剂和材料

10.2.1　尿素标准物质：IVA33802174。

10.2.2　乙醚：分析纯。

10.2.3　锡杯：8mm×5mm CO_2。

10.2.4　参考气：纯度 99.99%。

10.2.5　N_2 参考气：纯度 99.99%。

10.3　仪器设备

10.3.1　稳定同位素质谱仪（配元素分析仪，带固体进样器）。

10.3.2　冷冻干燥机。

10.3.3　索式抽提器。

10.3.4　天平：感量 0.01 mg。

10.4　样品制备

将 50 g 样品切成小于 $1cm^3$ 的小块，冷冻干燥 24 h，球磨粉碎，用索式抽提器加入乙醚抽提 6h，收集脱脂样品，挥干，过 0.15mm 筛，备用。

10.5　测定步骤

10.5.1　装样

称取制备好的样品 0.5~1.0mg 包入锡杯，排尽空气，放入元素分析仪的固体进样器依次进样。

10.5.2　测定

10.5.2.1　元素分析仪条件：

固体进样器吹扫流量为 10 mL/min，载气氦气流量为 90mL/min，燃烧炉温度为 960 ℃，柱温为 70 ℃。

10.5.2.2　同位素质谱条件：

真空度为 $6.0×1^{-6}$ mbar，电离电压为 3.0 kV，CO_2 参考气压力为 0.6 bar，N_2 参考气压力为 1.0 bar。

10.5.2.3　钢瓶气标定

用尿素标准物质进行钢瓶气 CO_2 和 N_2 的标定。

10.5.2.4 样品测定

使用元素分析仪固体进样器依次进样，经元素分析仪燃烧后进入质谱仪，通过相应的同位素$^{13}C/^{12}C$、$^{15}N/^{14}N$ 的信号强度测定其相对 δ 值，经标准物质校准，获得样品的 $\delta^{13}C$、$\delta^{15}N$ 值。

10.5.3 重复实验

按上述步骤，对同一试样进行平行试验测定。

10.5.4 空白实验

除不称取试样外，均按上述分析步骤进行。

10.6 结果计算与表述

10.6.1 分析结果的表述

样品中 CO_2 和 N_2 气体的稳定同位素组成以其对标准物质中相应同位素比值的千分差表述，CO_2 按式（12），N_2 按式（13）计算：

$$\delta^{13}C = \frac{(^{13}C/_{12}C)_{SA} - (^{13}C/_{12}C)_{ST}}{(^{13}C/_{12}C)_{ST}} \times 1\,000‰ \qquad (12)$$

$$\delta^{15}N = \frac{(^{15}N/_{14}N)_{SA} - (^{15}N/_{14}N)_{ST}}{(^{15}C/_{14}C)_{ST}} \times 1\,000‰ \qquad (13)$$

式（12）中：

$\delta^{13}C$——样品中 CO_2 气体 $^{13}C/^{12}C$ 测定结果的算术平均值相对于 CO_2 标准气 $^{13}C/^{12}C$ 测定结果算术平均值得千分差；

$(^{13}C/^{12}C)_{SA}$——样品的 CO_2 气体的测定结果的算术平均值；

$(^{13}C/^{12}C)_{SA}$——示 CO_2 标准气的测定结果的算术平均值；

式（13）中：

$\delta^{15}N$——样品中 N_2 气体 $^{15}N/^{14}N$ 测定结果的算术平均值相对于 N_2 标准气 $^{15}N/^{14}N$ 测定结果算术平均值得千分差；

$(^{15}N/^{14}N)_{SA}$——样品的 N_2 气体的测定结果的算术平均值；

$(^{15}N/^{14}N)_{SA}$——N_2 标准气的测定结果的算术平均值。

结果保留两位小数。

10.6.2 结果计算

所测定的碳和氮稳定同位素组成结果按式（14）、（15）校准至国际基准 PDB 值：

$$\delta^{13}C_{PDB} = \delta^{13}C + \delta^{13}C_{ST-PDB} + \delta^{13}C \times \delta^{13}C_{ST-PDB} \times 1\,000 \qquad (14)$$

$$\delta^{15}N_{PDB} = \delta^{15}N + \delta^{15}N_{ST-PDB} + \delta^{15}N \times \delta^{15}N_{ST-PDB} \times 1\,000 \qquad (15)$$

式（14）中：

$\delta^{13}C_{PDB}$——样品中的 CO_2 气体 $^{13}C/^{12}C$ 相对于 PDB 的 $^{13}C/^{12}C$ 的千分差；

$\delta^{13}C$——样品中 CO_2 气体 $^{13}C/^{12}C$ 测定结果的算术平均值相对于 CO_2 标准气 $^{13}C/^{12}C$ 测定结果算术平均值得千分差；

$\delta^{13}C_{ST-PDB}$——CO_2 标准气的 $^{13}C/^{12}C$ 相对于 PDB 的 $^{13}C/^{12}C$ 的千分差。

式（15）中：

$\delta^{15}N_{PDB}$——样品中的 N_2 气体 $^{15}N/^{14}N$ 相对于 PDB 的 $^{15}N/^{14}N$ 的千分差；

$\delta^{15}N$——样品中 N_2 气体 $^{15}N/^{14}N$ 测定结果的算术平均值相对于 N_2 标准
气 $^{15}N/^{14}N$ 测定结果算术平均值得千分差；

$\delta^{15}N_{ST-PDB}$——N_2 标准气的 $^{15}N/^{14}N$ 相对于 PDB 的 $^{15}N/^{14}N$ 的千分差。

10.7　精密度

数据的精度按照 GB/T6379.2 的规定确定，重复性和再现性的值以 95% 的可信度计算。

10.7.1　重复性

在重复性条件下，两次对立测试所得结果的绝对值不应超过重复性限（r）：$r=0.58\%$。如果差值超过重复性限（r），应舍弃试验结果并重新完成两次单个试验的测定。

10.7.2　再现性

在再现性条件下，两次独立测试所得结果的绝对差值不应超过再现性（R）：$R=1.33\%$。

图书在版编目（CIP）数据

北方马铃薯质量优势与鉴别：以内蒙古为例 / 张福
金，姚一萍编著 . —北京：中国农业出版社，2020.1
ISBN 978-7-109-26447-2

Ⅰ.①北… Ⅱ.①张… ②姚… Ⅲ.①马铃薯—质量
检验 Ⅳ.①S532.037

中国版本图书馆 CIP 数据核字（2020）第 020062 号

中国农业出版社出版

地址：北京市朝阳区麦子店街 18 号楼
邮编：100125
责任编辑：刁乾超　文字编辑：黄璟冰
版式设计：王　怡　责任校对：张楚翘
印刷：中农印务有限公司
版次：2020 年 1 月第 1 版
印次：2020 年 1 月北京第 1 次印刷
发行：新华书店北京发行所
开本：787mm×1092mm　1/16
印张：16.5
字数：400 千字
定价：68.00 元